Hochschultext

Hartmut Kamp

Physikalische Chemie

Grundlagen für Biowissenschaftler

Mit 63 Abbildungen

Springer-Verlag
Berlin Heidelberg New York
London Paris Tokyo

Dr. Hartmut Kamp
Hirschanger 21
D-4300 Essen 15

ISBN-13: 978-3-540-19497-2 e-ISBN-13: 978-3-642-87846-6
DOI: 10.1007/978-3-642-87846-6

CIP-Titelaufnahme der Deutschen Bibliothek: Kamp, Hartmut: Physikalische Chemie : Grundlagen für Biowiss. / Hartmut Kamp. – Berlin ; Heidelberg ; New York ; London ; Paris ; Tokyo : Springer, 1988 (Hochschultext) ISBN 3-540-19497-5 (Berlin ...) brosch. ISBN 0-387-19497-5 (New York ...) brosch.

Dieses Werk ist urheberrechtlich geschützt. Die dadurch begründeten Rechte, insbesondere die der Übersetzung, des Nachdrucks, des Vortrags, der Entnahme von Abbildungen und Tabellen, der Funksendung, der Mikroverfilmung oder der Vervielfältigung auf anderen Wegen und der Speicherung in Datenverarbeitungsanlagen, bleiben, auch bei nur auszugsweiser Verwertung, vorbehalten. Eine Vervielfältigung dieses Werkes oder von Teilen dieses Werkes ist auch im Einzelfall nur in den Grenzen der gesetzlichen Bestimmungen des Urheberrechtsgesetzes der Bundesrepublik Deutschland vom 9. September 1965 in der Fassung vom 24. Juni 1985 zulässig. Sie ist grundsätzlich vergütungspflichtig. Zuwiderhandlungen unterliegen den Strafbestimmungen des Urheberrechtsgesetzes.

© Springer-Verlag Berlin Heidelberg 1988
Softcover reprint of the hardcover 1st edition 1988

Die Wiedergabe von Gebrauchsnamen, Handelsnamen, Warenbezeichnungen usw. in diesem Werk berechtigt auch ohne besondere Kennzeichnung nicht zu der Annahme, daß solche Namen im Sinne der Warenzeichen- und Markenschutz-Gesetzgebung als frei zu betrachten wären und daher von jedermann benutzt werden dürften.

Produkthaftung: Für Angaben über Dosierungsanweisungen und Applikationsformen kann vom Verlag keine Gewähr übernommen werden. Derartige Angaben müssen vom jeweiligen Anwender im Einzelfall anhand anderer Literaturstellen auf ihre Richtigkeit überprüft werden.

Druck- und Bindearbeiten: Druckhaus Beltz, 6944 Hemsbach/Bergstr.
2131/3130-543210 – Gedruckt auf säurefreiem Papier

Dem Andenken der genialen Forscher

Hermann von Helmholtz (1821 - 1894),
Jacobus Henricus van't Hoff (1852 - 1911) und
Walther Nernst (1864 - 1941),

deren Arbeiten wesentlich zum Verständnis
der physikalisch-chemischen Grundlagen
biologischer Vorgänge beigetragen haben,
in Bewunderung und Verehrung gewidmet

Vorwort

Die Behauptung, daß die Chemie sich immer mehr zu einem Teilgebiet der Physik entwickelt, nämlich zu einer Physik der stofflichen Zustände und Umwandlungen sowie der stofflich-energetischen Wechselwirkungen, und daß vermutlich die Chemie eines Tages in der Physik aufgegangen sein wird, beunruhigt die meisten Chemiker wahrscheinlich kaum. Als Provokation empfinden dagegen manche Biologen die von nicht gerade wenigen Fachgenossen vertretene Einschätzung, daß es keine für die lebende Materie spezifischen Naturgesetze gibt und daß alles Geschehen im Bereich des Belebten letztendlich im Prinzip, wenn auch - aufgrund des hohen Komplexitätsgrades - häufig nicht de facto auf die im Bereich des Unbelebten gültigen Gesetze der Physik und (noch) Chemie zurückzuführen ist.

Biologie = Physik und Chemie der Lebensvorgänge ? Was immer man von dieser in der Wissenschaftstheorie als Reduktionismus bezeichneten Vorstellung halten mag, es wird wohl von keinem wissenschaftlich geschulten Biologen ernsthaft bestritten, daß man wesentliche Einblicke in das Ursache-Wirkung-Gefüge des Lebens nicht ohne die konsequente Anwendung physikalischer und chemischer Gesetze und Methoden gewinnen kann. Mit Recht beanspruchen daher Physik und Chemie den ihnen gebührenden Anteil an der Hochschulausbildung in der Biologie und deren Anwendungsgebieten.

Das vorliegende Buch soll Studierenden biowissenschaftlicher Disziplinen am Studienbeginn eine elementare Einführung in diejenigen physikalisch-chemischen Gesetzmäßigkeiten vermitteln, die für das Verständnis vieler Lebensvorgänge von Bedeutung sind. Bei dem mit dem Verlag vereinbarten Umfang des Textes war es nicht möglich, sämtliche für die Biowissenschaften relevanten Bereiche der Physikalischen Chemie zu berücksichtigen. Ich hoffe jedoch, mit der getroffenen Auswahl die Erwartungen und Bedürfnisse des angesprochenen Interessentenkreises zu befriedigen. Statt eine große Materialfülle darzubieten, schien es mir sinnvoller zu sein, wichtige quantitative Beziehungen sorgfältig aufzuzeigen, so präzise wie möglich herzuleiten oder wenigstens plausibel zu machen und ihre Anwendung durch insgesamt zahlreiche numerische Beispiele zu verdeutlichen. An manchen Stellen mußte ich auf eine graphische Darstellung der meistens in Tabellen zusammengefaßten Meßdaten verzichten (z. B. im Zusammenhang mit den Tabellen 10.1, 10.2, 10.3, 11.1, 11.2, 14.3 und 14.4). In solchen Fällen wäre es dem Verständnis förderlich, wenn Sie, verehrter Leser, die graphische Auswertung selbst vornehmen und die daraus abzulesenden oder herzuleitenden Größen ermitteln bzw. bestätigen. Der Anhang enthält ein recht umfangreiches Zahlenmaterial, mit dessen Hilfe sich zu Übungszwecken weitere rechnerische Beispiele in den Bereichen Thermodynamik und Elektrochemie konstruieren lassen, die den in den Text eingefügten analog sind oder (nach einiger Übung) auch darüber hinausgehen können. Der Absicht entsprechend, lediglich Übungsmaterial bereitzustellen, wurden die Zahlenwerte gerundet. Leser, die exaktere Daten benötigen, seien auf die im Literaturverzeichnis aufgeführten Tabellenwerke und Handbücher aufmerksam gemacht. Hinweise zur Behandlung einiger mathematischer Probleme und zur Verknüpfung wichtiger physikalischer Größen finden sich ebenfalls im Anhang des Buches.

Es ließ sich leider nicht vermeiden, daß eine Reihe von Symbolen in mehrfacher Bedeutung auftritt, so z. B. das Symbol C für Kapazität, Molwärme und die Einheit Coulomb, das Symbol R für die Gaskonstante und den elektrischen Widerstand. Aus dem jeweiligen Zusammenhang geht aber die Bedeutung dieser Symbole eindeutig hervor.

Meinen Kindern Uta und Hartwig danke ich für ihre intensive Hilfe und Unterstützung bei der Übertragung des Manuskriptes in die zur Reproduktion geeignete Form, Herrn Holger Ziedek für die Ausführung der Zeichnungen und Herrn Dr. Czeschlik und seinen Mitarbeitern beim Springer-Verlag für ihr freundliches Entgegenkommen und ihre Beratung in vielen Details. Die B. Braun Melsungen AG, Projektbereich Biotechnik, stellte mir Vorlagen für die Abbildungen 2.6 und 2.7 zur Verfügung und erlaubte mir die Wiedergabe in diesem Buch, wofür ich meinen verbindlichen Dank ausspreche.

Ich wünsche mir nun, daß der von mir vorgelegte Text dem angesprochenen Leserkreis von Nutzen ist und darüber hinaus einige an der Biologie und ihren Anwendungsgebieten Interessierte dazu motiviert, sich mit den physikalisch-chemischen Grundlagen von Lebensvorgängen intensiver zu befassen.

Essen, im Sommer 1988 Hartmut Kamp

Inhaltsverzeichnis

1 Die Stoffmenge

1.1 STOFFMENGENBEZOGENE GRÖSSEN UND IHRE VERKNÜPFUNGEN

Die im Internationalen Einheitensystem oder Système International d'Unités (SI-System) festgelegten und definierten Einheiten gelten in der BRD seit dem 5. Juli 1970 (Gesetz über Einheiten im Meßwesen). Die SI-Einheit der Stoffmenge ist das Mol. Die Stoffmenge trägt das Symbol (Formelzeichen) n und das Einheitenzeichen mol. Die Definition lautet:

1 mol ist die Stoffmenge eines Systems bestimmter Zusammensetzung, das aus ebenso vielen Teilchen besteht, wie Atome in 12 g des Nuclids ^{12}C enthalten sind, nämlich aus $N_L = 6{,}0221 \cdot 10^{23}$ Teilchen. Die Teilchenart (z. B. Atome, Moleküle, "Formeleinheiten", Ionen, Protonen, Neutronen, Elektronen) muß angegeben werden.

Die Beziehung zwischen Mol (Großschreibung) und mol (Kleinschreibung) ist analog zu folgenden Beziehungen: Einheit der Länge (Formelzeichen l) ist das Meter mit dem Einheitenzeichen m; Einheit der Masse (Formelzeichen m) ist das Kilogramm mit dem Einheitenzeichen kg etc.

Die dimensionslose Größe N_L heißt Loschmidt-Zahl (1865 von J. Loschmidt zum ersten Mal näherungsweise bestimmt).

Beispiele:

55,847 g Eisen (Fe) enthalten N_L Fe-Atome (1 mol);

18,015 g Wasser (H_2O) enthalten N_L H_2O-Moleküle (1 mol);

30,974 g weißer Phosphor enthalten N_L P-Atome (1 mol), aber 0,25 N_L P_4-Moleküle (0,25 mol);

58,442 g Natriumchlorid enthalten N_L "Formeleinheiten" NaCl, aber N_L Na^+-Ionen und N_L Cl^--Ionen, also insgesamt 2 N_L Ionen;

286,1415 g Natriumcarbonat-decahydrat (Soda) enthalten N_L "Formeleinheiten"

Na_2CO_3 10 H_2O, aber 2 N_L Na^+-Ionen, N_L CO_3^{2-}-Ionen und 10 N_L H_2O-Moleküle; 286,1415 g Natriumcarbonat (kristallwasserfrei) enthalten 2,7 N_L "Formeleinheiten" Na_2CO_3, also 5,4 N_L Na^+-Ionen und 2,7 N_L CO_3^{2-}-Ionen.

Im Gegensatz zur Loschmidt-Zahl (N_L) hat die Avogadro-Konstante (N_A) die Einheit mol^{-1}:

(1.1) $N_A = 6{,}0221 \quad 10^{23}\ mol^{-1}$

Diese wichtige Naturkonstante gibt die Zahl der Teilchen in der Stoffmenge n = 1 mol an. Methoden zur Bestimmung dieser Konstanten werden im Abschn. 1.2 besprochen.

Da die absoluten Massen der Atome und Moleküle sehr klein (Masse eines Wasserstoff-Atoms z. B. 1,6735 10^{-24} g) und daher rechnerisch unbequem sind, verwendet man i. a. die relativen Atom- und Molekülmassen (häufig auch als Atom- bzw. Molekulargewichte bezeichnet). Die Atomgewichtskommission der IUPAC (International Union of Pure and Applied Chemistry) legte 1961 fest, daß die (relativen) Atom- und Molekülmassen auf das Nuclid ^{12}C zu beziehen sind. 1 atomare Masseneinheit (1 u) ist der 12. Teil der Masse eines Atoms des Nuclids ^{12}C:

(1.2) $1\ u = m(1\ ^{12}C\text{-Atom})/12$

Die (relative) Atommasse des Nuclids ^{12}C wurde auf 12,000000 u festgesetzt. Natürlich sind die Beträge der relativen Atom- und Molekülmassen (in u) den Beträgen der absoluten Atom- und Molekülmassen (in g oder kg) proportional. Der Proportionalitätsfaktor ist N_L. Es gilt:

(1.3) Betrag der relativen Atommasse = N_L Betrag der absoluten Atommasse

Dementsprechend ist die absolute Masse eines Atoms des Nuclids ^{12}C

(1.4) $m(1\ ^{12}C\text{-Atom}) = (12/N_L)\ g$

Aus (1.2) und (1.4) folgt

(1.5) $1\ u = (1/N_L)\ g = 1{,}66055 \quad 10^{-24}\ g$

Die in Tabellen angegebenen Atommassen beziehen sich stets auf die in der Natur vorkommenden Isotopen-Gemische der betreffenden Elemente. So ist z. B. das Isotop ^{12}C mit 98,893 % neben den Isotopen ^{13}C (1,107 %) und ^{14}C (in Spuren) am natürlichen Isotopen-Gemisch des Kohlenstoffs beteiligt. Wegen des geringen Anteils der C-Isotope größerer Massenzahlen ist die Atommasse des Kohlenstoffs auch etwas größer als 12 u, nämlich 12,011 u.

Die Molekülmasse (in u) eines aus mehreren Atomen zusammengesetzten Teilchens ist die Summe der Atommassen (in u) der das Teilchen aufbauenden Atome. Bei Salzen sollte man von der Masse der Formeleinheit statt von der Molekülmasse sprechen.

Die molare Masse (M) einer chemisch reinen Substanz ist der Quotient aus deren Masse (m) und Stoffmenge (n):

(1.6) $M = m/n$ (Einheit g/mol)

Beispiel:

Die in 9 g Glucose (M = 180 g/mol) enthaltene Stoffmenge ist
$n(\text{Glucose}) = m/M = 9\ \text{g}/180\ \text{g mol}^{-1} = 0{,}05\ \text{mol}$

Die absolute Masse eines Teilchens einer Substanz erhält man, indem man die molare Masse der Substanz durch N_A dividiert:

(1.7) $m = M/N_A$

Beispiel:

Die absolute Masse eines Sauerstoff-Moleküls ist
$m(1\ O_2\text{-Molekül}) = 31{,}9988\ \text{g mol}^{-1}/N_A = 5{,}313\ \ 10^{-23}\ \text{g}$

Das molare Volumen (V_m) einer chemisch reinen Substanz ist der Quotient aus deren Volumen (V) und Stoffmenge (n):

(1.8) $V_m = V/n$ (Einheiten cm^3/mol oder dm^3/mol)

Besonders bei Gasen und Dämpfen hängen V_m und V stark vom Druck und von der Temperatur ab. Häufig bezieht man sich auf Normbedingungen (NB): Normdruck p_o = 1,01325 bar = 101,325 kPa; Normtemperatur T_o = 273,15 K. Das unter NB gemessene molare Volumen eines Gases nennt man das molare Normvolumen ($V_{m,o}$). Das molare Normvolumen eines idealen Gases (s. Abschn. 2.1) beträgt $V_{m,o}$ (ideales Gas) = 22,414 dm^3/mol = 22,414 l/mol.

Beispiel:

Unter der Annahme idealen Verhaltens ist die in 1 l Sauerstoff bei NB enthaltene Stoffmenge $n(O_2) = 1\ \text{l}/22{,}414\ \text{l mol}^{-1} = 0{,}0446\ \text{mol}$.

Die Dichte (ρ) eines Stoffes ist der Quotient aus dessen Masse und Volumen:

(1.9) $\rho = m/V$ (Einheit g/cm^3 oder g/dm^3)

Stellt man diesen Term nach V um und setzt M anstelle von m, erhält man das molare Volumen:

(1.10) $V_m = M/\rho$

Beispiel:

Wasserstoff hat bei NB die Dichte ρ = 0,0899 g/l. Daraus folgt
$V_{m,o}(H_2)$ = 2,016 g mol^{-1}/0,0899 g l^{-1} = 22,42 l/mol

Weil der Radius einer Kugel $r = \sqrt[3]{3\ V/4\ \pi}$ ist, kann man den Radius eines Atoms näherungsweise berechnen, wenn man sich das Atom als eine kleine Kugel vorstellt. Das Volumen eines Atoms eines Elementes X ist

(1.11) $V(X\text{-Atom}) = V_m(X)/N_A = M(X)/(\rho(X)\ N_A)$

Damit ist der Radius eines X-Atoms

(1.12) $r(X\text{-Atom}) = \sqrt[3]{\dfrac{3\ M(X)}{4\ \pi\ \rho(X)\ N_A}}$

Beispiel:

Eisen hat bei Raumtemperatur die Dichte ρ = 7,86 g/cm^3; also ist

$$r(\text{Fe-Atom}) = \sqrt[3]{\frac{3\ \ 55{,}847\ g/mol}{4\ \pi\ 7{,}86\ g/cm^3\ N_A}} = 1{,}412\ \ 10^{-8}\ cm$$

Die Teilchenzahl (N) einer beliebigen Stoffportion erhält man durch folgende Beziehungen

(1.13) $N = n\ N_A = m\ N_A/M = V\ N_A/V_m$

Beispiel:

Sauerstoff hat bei NB die Dichte ρ = 1,429 g/l und das molare Volumen $V_{m,o}$ = 22,392 l/mol. Die Zahl der O_2-Moleküle in 1 l Sauerstoff ist gemäß (1.13) $N = 1{,}429\ g\ N_A/32\ g\ mol^{-1} = 2{,}69\ \ 10^{22}$ bzw. $N = 1\ l\ N_A/22{,}392\ l\ mol^{-1} = 2{,}69\ \ 10^{22}$.

Im Jahre 1811 gelangte A. Avogadro zu einer sehr wichtigen Erkenntnis: Gleiche Volumina idealer Gase enthalten bei gleichem Druck und gleicher Temperatur die gleiche Anzahl von Teilchen (Satz von Avogadro oder Avogadro'sches Gesetz).

Dieses Gesetz erklärt die Tatsache, daß Reaktionen zwischen Gasen stets in kleinen, ganzzahligen Volumenverhältnissen stattfinden (Volumengesetz von Gay-Lussac) und daß man aus den stöchiometrischen Koeffizienten gasförmiger Reaktanten in Reaktionsschemata unmittelbar auf die miteinander reagierenden Volumina schließen kann.
Ferner folgt aus dem Satz von Avogadro, daß die Beträge der Dichten von sich ideal verhaltenden Gasen bei konstantem Druck und konstanter Temperatur im Verhältnis der Beträge der Molekülmassen (oder molaren Massen) der entsprechenden Gase zueinander stehen müssen.
Die (Stoffmengen-) Konzentration (c) eines gelösten Stoffes ist der Quotient aus dessen Stoffmenge (n) und dem Volumen der Lösung:

(1.14) $c = n/V = m/(M\ V)$ (Einheit mol/l)

Unter der Massenkonzentration (c^*) versteht man den Quotienten aus der Masse (m) des gelösten Stoffes und dem Volumen der Lösung:

(1.15) $c^* = m/V = (n\ M)/V$

1.2 DIE BESTIMMUNG DER AVOGADRO'SCHEN KONSTANTEN

Aus der großen Zahl der Verfahren, mit denen diese wichtige Naturkonstante bestimmbar ist, kann nur eine kleine Auswahl besprochen werden.

(1) Die Ölfleck-Methode

Man bringt einen Tropfen einer Lösung von Ölsäure-triglycerid (Triolein), im folgenden kurz "Öl" genannt, in Hexan (Verdünnung 1 : 2000) auf eine Wasseroberfläche. Das Hexan verdunstet rasch und hinterläßt einen kreisförmigen Ölfleck auf dem Wasser. Aus der Tatsache, daß die Flächen der von 1, 2, 3... Tropfen auf dem Wasser gebildeten Ölflecke sich wie 1 : 2 : 3... verhalten, kann man schließen, daß das Öl in einer monomolekularen Schicht auf dem Wasser liegt und einen sehr flachen, nämlich in seiner Höhe nur aus einer Molekülschicht bestehenden Zylinder darstellt. Die Moleküle des Öls denkt man sich als winzige Würfel, die in dichtester Packung den Zylinder ausfüllen.

Beispiel:

V(Tropfen) = 0,02 cm^3 = 2 10^{-2} cm^3; V(Öl) = 1 10^{-5} cm^3 (1 : 2000!);
r(Öl) = 5,25 cm; M(Öl) = 884 g/mol; ρ(Öl) = 0,91 g/cm^3

Das Volumen des zylinderförmigen Ölflecks ist V(Öl) = $r^2 \pi h$, das Volumen eines Öl-Moleküls gemäß der o. g. Vorstellung V(Öl-Molekül) = h^3 = $[V(Öl)]^3/(r^6 \pi^3)$. Nach (1.10) ist V_m(Öl) = M/ρ und folglich V(Öl-Molekül) = $M/(\rho N_A)$. Durch Gleichsetzen der beiden für V(Öl) angegebenen Terme und Umformung ergibt sich

$$(1.16) \quad N_A = \frac{M r^6 \pi^3}{\rho [V(Öl)]^3}$$

Aus den gegebenen Werten erhält man $N_A = 6{,}3 \quad 10^{23} \text{ mol}^{-1}$.
Dieses Verfahren liefert keinen sehr genauen Wert, hat aber den Vorteil, daß alle benötigten Größen mit einfachen Mitteln zu bestimmen sind.

(2) Berechnung aus dem Ionenabstand im NaCl-Kristallgitter

Für diese Methode muß man den aus der Beugung von Röntgenstrahlen an einem Kristallgitter zu bestimmenden Ionenabstand kennen. Er beträgt beim NaCl (kubisches Gitter) $l = 2{,}815 \quad 10^{-8}$ cm. Mit Ausnahme der in den Außenflächen liegenden Ionen gehört jedes Na^+- und jedes Cl^--Ion 8 Elementarzellen des Gitters an, wie man sich anhand eines Modells schnell klarmachen kann. Die Ecken jeder Elementarzelle bilden 4 Na^+- und 4 Cl^--Ionen. Daher entfallen auf 1 Elementarzelle (EZ) 4/8 Na^+- und 4/8 Cl^--Ionen, also 1/2 Na^+- und 1/2 Cl^--Ion. Das Volumen einer Elementarzelle ist V(EZ) = $l^3 = 22{,}31 \quad 10^{-24} \text{ cm}^3$. Mit der Dichte von NaCl ($\rho = 2{,}17 \text{ g/cm}^3$) erhält man nach (1.10) V_m(NaCl) = $M/\rho = 58{,}4427 \text{ g mol}^{-1}/2{,}17 \text{ g cm}^{-3} = 26{,}932 \text{ cm}^3/\text{mol}$. Die Anzahl der EZ pro mol NaCl beträgt V_m/V(EZ), und daher ist

$$(1.17) \quad N_A = 0{,}5 \; V_m/V(EZ)$$

Die Rechnung führt zu $N_A = 6{,}036 \quad 10^{23} \text{ mol}^{-1}$.

(3) Bestimmung aus dem radioaktiven Zerfall des Radiums

1 g Ra emittiert beim Zerfall pro s $3{,}7 \quad 10^{10}$ α-Teilchen (He-Kerne). Jedes α-Teilchen stammt aus einem Ra-Atomkern. Das Volumen des beim Ra-Zerfall entstehenden He wird gemessen. Während eines Jahres (= $3{,}15 \quad 10^7$ s) erhält man $0{,}043 \text{ cm}^3$ He (bei NB).
Gemäß (1.8) beträgt folglich die Stoffmenge des Heliums n(He) = $V_o/V_{m,o}$ = $0{,}043 \quad 10^{-3} \text{ l}/22{,}414 \text{ l mol}^{-1} = 1{,}918 \quad 10^{-6}$ mol. Da in 1 Jahr von 1 g Ra $N = 11{,}65 \quad 10^{17}$ α-Teilchen emittiert werden, ergibt sich die Avogadro-Konstante mit (1.13) $N_A = N/n = 11{,}65 \quad 10^{17}/1{,}918 \quad 10^{-6} \text{ mol} = 6{,}07 \quad 10^{23} \text{ mol}^{-1}$.

(4) Berechnung aus der Elementarladung

Mit Hilfe der durch den Millikan-Versuch bestimmbaren Elementarladung (e_o) gelangt man zu N_A, indem man z. B. eine $AgNO_3$-Lösung elektrolysiert und zur Auswertung Gl. (13.1) verwendet.

2 Gase

2.1 DIE GESETZE EINES IDEALEN GASES

In einem idealen Gas haben die Teilchen ein vernachlässigbares Eigenvolumen (man denkt sie sich als punktförmige Massen) und üben keine Wechselwirkungen aufeinander aus. Von keinem Gas werden diese Forderungen perfekt erfüllt. Jedes materiell existierende Gas ist also ein reales Gas, das sich dem Grenzfall idealen Verhaltens umso mehr nähert, je kleiner seine Teilchen sind und je größer der Teilchenabstand ist, wobei letzterer mit zunehmender Temperatur und abnehmendem Druck wächst.
Der Zustand einer bestimmten Portion eines idealen Gases ist durch 3 Zustandsgrößen eindeutig bestimmt, durch den Druck (p), die Temperatur (T) und das Volumen (V). In den folgenden Überlegungen wird zunächst immer je eine dieser Zustandsgrößen als konstant betrachtet und eine Funktion dargestellt, die die Abhängigkeit der beiden anderen Zustandsgrößen voneinander beschreibt.

(1) Das Gesetz von Boyle und Mariotte

Es bezieht sich auf den Zusammenhang zwischen Druck und Volumen eines Gases bei konstanter Temperatur (bei isothermen Bedingungen): Bei konstanter Temperatur ist das Produkt aus Druck und Volumen einer bestimmten Gasportion konstant.

(2.1) $p_o V_o = p_1 V_1 = p_2 V_2 = \ldots = \text{konstant}$ (für T = konstant)

Abbildung 2.1 zeigt die graphische Darstellung des Boyle-Mariotte'schen Gesetzes für n = 1 mol eines idealen Gases im pV-Diagramm. Eine Isotherme verbindet alle pV-Wertepaare gleicher Temperatur.
Indem man für eine bestimmte Stoffmenge eines idealen Gases den Druck als Funktion des Volumens bei verschiedenen Temperaturen darstellt, erhält man eine Schar symmetrischer Hyperbeln (die Isothermen). Bei konstanter Tempe-

ratur sind alle Rechtecke, die sich durch Multiplikation eines beliebigen Volumens mit dem zugehörigen Druck ergeben, flächengleich.

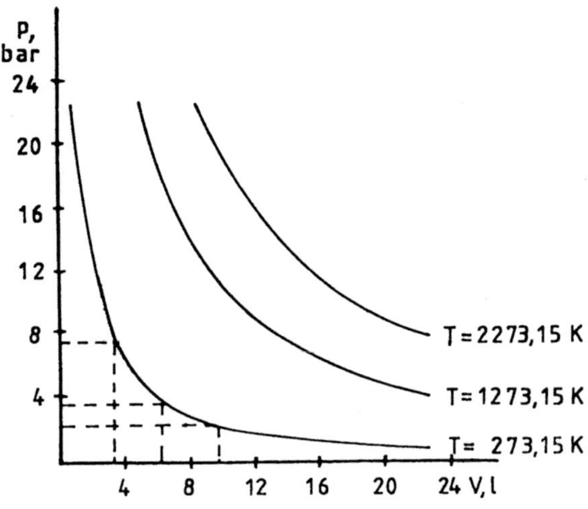

Abb. 2.1 Isothermen für n = 1 mol eines idealen Gases

(2) Das 1. Gay-Lussac'sche Gesetz

Es wurde 1802 von J. L. Gay-Lussac entdeckt und besagt: Erwärmt man eine abgeschlossene Gasportion bei konstantem Druck (unter isobaren Bedingungen), so nimmt ihr Volumen bei jedem Grad der Erwärmung um $\gamma = 1/273{,}15\ ^{o}C = 0{,}003661\ \text{Grad}^{-1}$ desjenigen Volumens zu, welches die Gasportion bei $\vartheta = 0\ ^{o}C$ besitzt. γ ist der thermische Ausdehnungskoeffizient bei konstantem Druck.

(2.2) $V_{\vartheta} = V_o + \gamma V_o \vartheta = V_o (1 + \gamma \vartheta) = V_o (1 + \vartheta/273{,}15\ ^{o}C)$

Aus (2.2) wird ersichtlich, daß jede Gasportion bei $\vartheta = -273{,}15\ ^{o}C$ (am absoluten Nullpunkt) das Volumen Null haben müßte, und bei einer Temperatur $\vartheta < -273{,}15\ ^{o}C$ wäre das Volumen negativ, was offensichtlich unmöglich ist. Für die Zahlenwerte $\{\vartheta\}$ und $\{T\}$ bestehen die Beziehungen

(2.3) $\{T\} = \{\vartheta\} + 273{,}15$ und $\{\vartheta\} = \{T\} - 273{,}15$

Damit ergibt sich aus (2.2)

(2.4) $V_{\vartheta} = V_o (1 + \frac{\{T\} - 273{,}15}{273{,}15}) = V_o \frac{\{T\}}{273{,}15} = V_o \gamma T$

Für 2 verschiedene Temperaturen ϑ_1 und ϑ_2 gilt

(2.5 a) $V_{\vartheta 1} = V_o \gamma T_1$

(2.5 b) $V_{\vartheta 2} = V_o \gamma T_2$

Man dividiert (2.5 a) durch (2.5 b) und erhält

(2.6) $V_{\vartheta 1}/V_{\vartheta 2} = T_1/T_2$, kürzer: $V_1/V_2 = T_1/T_2$ (für p = konstant)

Im Hinblick auf (2.6) läßt sich das 1. Gay-Lussac'sche Gesetz auch folgendermaßen formulieren: Die Volumina einer Gasportion bei verschiedenen Temperaturen verhalten sich zueinander wie die entsprechenden absoluten Temperaturen, sofern der Druck konstant bleibt.

(3) Das 2. Gay-Lussac'sche Gesetz (auch Gesetz von Amontons)

Dieses Gesetz lautet: Erwärmt man eine abgeschlossene Gasportion bei konstantem Volumen (unter isochoren Bedingungen), so nimmt ihr Druck bei jedem Grad der Erwärmung um $\gamma = 1/273{,}15\ ^{\circ}C = 0{,}003661\ \text{Grad}^{-1}$ desjenigen Druckes zu, welchen die Gasportion bei $\vartheta = 0\ ^{\circ}C$ besitzt. In diesem Fall ist γ der thermische Spannungs- oder Druckkoeffizient bei konstantem Volumen.

(2.7) $p_\vartheta = p_o\ (1 + \gamma\ \vartheta)$

Die analogen Umformungen wie beim 1. Gay-Lussac'schen Gesetz führen zu

(2.8) $p_1/p_2 = T_1/T_2$ (für V = konstant)

Man kann also das 2. Gay-Lussac'sche (Amontons'sche) Gesetz auch so zum Ausdruck bringen: Die Drücke einer Gasportion bei verschiedenen Temperaturen verhalten sich zueinander wie die entsprechenden absoluten Temperaturen, sofern das Volumen konstant bleibt.

(4) Die allgemeine Zustandsgleichung eines idealen Gases

Eine bestimmte Gasportion mit T_1, V_1, p_1 wird in 2 Schritten in T_2, V_2, p_2 übergeführt:

Zustand 1	Zwischenzustand	Zustand 2
p_1	p_1	p_2
V_1	V_Z	V_2
T_1	T_2	T_2

Im 1. Schritt wird bei konstantem Druck p_1 die Temperatur von T_1 auf T_2 gebracht. Nach dem 1. Gay-Lussac'schen Gesetz gilt: $V_1/V_Z = T_1/T_2$; also $V_Z = (V_1\ T_2)/T_1$.

Im 2. Schritt ändert man bei konstanter Temperatur T_2 den Druck von p_1 auf p_2. Nach dem Gesetz von Boyle und Mariotte ist $p_1\ V_Z = p_2\ V_2$; also $V_Z = (p_2\ V_2)/p_1$. Setzt man die beiden Terme für V_Z gleich, erhält man nach Umordnen die allgemeine Zustandsgleichung für ein ideales Gas

$$(2.9)\quad \frac{p_1\, V_1}{T_1} = \frac{p_2\, V_2}{T_2} = \ldots = \frac{p_o\, V_o}{T_o} = \text{konstant}$$

Mit Hilfe der Gl. (2.9) kann man Drücke, Volumina und Temperaturen einer bestimmten Gasportion von gegebenen Ausgangs- in beliebige Endbedingungen umrechnen, wenn von 6 Größen der Zustandsgleichung 5 gegeben sind.

Beispiel:

Bei NB (p_o = 1,013 bar; T_o = 273,15 K) beansprucht 1 mol eines idealen Gases das Volumen V_o = 22,414 l. Bei T_1 = 293,15 K und p_1 = 1 bar ist das Volumen des Gases gemäß (2.9)

$$V_1 = \frac{p_o\, V_o\, T_1}{T_o\, p_1} = \frac{1{,}013 \text{ bar } 22{,}414 \text{ l } 293{,}15 \text{ K}}{273{,}15 \text{ K } 1 \text{ bar}} = 24{,}37 \text{ l}$$

(5) Die universelle Gasgleichung

Setzt man gemäß (2.9) für n = 1 mol eines idealen Gases p_o = 1,01325 bar = 1,01325 10^5 N m^{-2} = 101,325 kPa; $V_o = V_{m,o}$ = 22,414 10^{-3} m^3 mol^{-1} und T_o = 273,15 K, so erhält man

$$\frac{p_o\, V_{m,o}}{T_o} = \frac{1{,}01325\ 10^5 \text{ N m}^{-2}\ 22{,}414\ 10^{-3} \text{ m}^3 \text{ mol}^{-1}}{273{,}15 \text{ K}}$$

$$\frac{p_o\, V_{m,o}}{T_o} = 8{,}3144 \text{ N m K}^{-1} \text{ mol}^{-1} = 8{,}3144 \text{ J K}^{-1} \text{ mol}^{-1} = R$$

Diese Größe stellt eine Naturkonstante dar. Sie wird durch das Symbol R gekennzeichnet und heißt universelle Gaskonstante. Für beliebige Bedingungen (p, V, T), denen 1 mol eines idealen Gases ausgesetzt ist, gilt stets

$$(2.10)\quad p\, V_m/T = R$$

Für eine beliebige Stoffmenge eines idealen Gases schreibt man, da nach (1.8) $V_m = V/n$ ist

$$(2.11)\quad p\, V/T = n\, R \quad \text{oder} \quad p\, V = n\, R\, T$$

Von dieser außerordentlich wichtigen universellen Gasgleichung wird an vielen Stellen dieses Buches Gebrauch gemacht. Man kann für Rechnungen wie in dem letzten Beispiel auch diese Gleichung benutzen und erhält mit den dort gegebenen Größen

$$V = \frac{1 \text{ mol } 8{,}3144 \text{ N m K}^{-1} \text{ mol}^{-1}\ 293{,}15 \text{ K}}{10^5 \text{ N m}^{-2}} = 0{,}02437 \text{ m}^3 = 24{,}37 \text{ l}$$

Indem man gemäß (1.6) in (2.11) n durch m/M ersetzt und die Gl. nach M umstellt, erhält man eine Beziehung, mit deren Hilfe man die molare Masse von Gasen und Dämpfen bestimmen kann, soweit sich diese wie ideale Gase verhalten:

(2.12) $$M = \frac{m\,R\,T}{p\,V}$$

Beispiel:

An einen großen Rund- oder Erlenmeyerkolben mit doppelt durchbohrtem Stopfen, durch den ein Thermometer und ein rechtwinklig gebogenes Glasrohr geführt werden, schließt man gemäß Abb. 2.2 über einen Schlauch einen Kolbenprober mit 3-Wege-Hahn an.

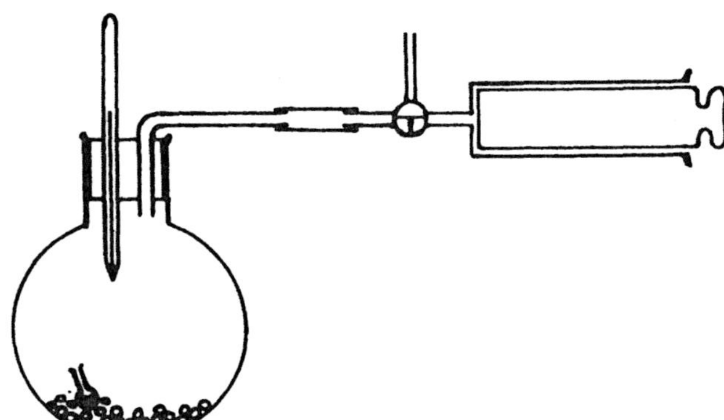

Abb. 2.2 Bestimmung der molaren Masse einer leicht verdampfbaren Substanz (Erklärung im Text)

Auf dem Boden des Kolbens befinden sich Glaskügelchen. Ein dünnwandiges Probenröhrchen, dessen geschlossenes Ende zu einer Kugel aufgeblasen ist, wird mit einer genau gewogenen Probe der Substanz gefüllt und zwischen die Kügelchen gestellt. Der Stopfen wird nun aufgesetzt, der Stempel des Kolbenprobers (nach Öffnen des 3-Wege-Hahns nach außen) ganz hineingeschoben und der Hahn dann so eingestellt, daß die ganze Apparatur nach außen hin abgeschlossen ist. Beim Schütteln des Kolbens zerschmettern die Kügelchen das Probenröhrchen, die Substanz verdampft und verdrängt ein dem Dampfvolumen entsprechendes Luftvolumen, das an der Skala des Kolbenprobers abgelesen wird. Das Thermometer zeigt die Temperatur des Dampfes an. Beim Stillstand des Stempels muß der Druck innerhalb der geschlossenen Apparatur dem Luftdruck der Umgebung entsprechen, der mittels eines Barometers gemessen wird.

Zahlenbeispiel: Einwaage an Chloroform m = 158,4 mg; Temperatur des Dampfes T = 293 K; Dampfvolumen V = 32 ml; Druck des Dampfes (= Luftdruck) p = 990 mbar

Daraus ergibt sich mit (2.12)

$$M = \frac{158,4 \quad 10^{-3} \text{ g } 8,31 \text{ N m K}^{-1} \text{ mol}^{-1} \text{ } 293 \text{ K}}{0,99 \quad 10^{5} \text{ N m}^{-2} \text{ } 32 \quad 10^{-6} \text{ m}^{3}} = 121,7 \text{ g/mol}$$

2.2 GEMISCHE IDEALER GASE

In einem äquimolaren Gemisch verschiedener idealer Gase ist jedes Gas mit dem gleichen Partialdruck am Gesamtdruck (p_{ges}) des Gasgemisches beteiligt. Allgemein setzt sich der Gesamtdruck eines Gasgemisches additiv aus den Partialdrücken der Komponenten zusammen:

(2.13) $p_{ges} = p_1 + p_2 + p_3 + \ldots + p_i$

Wenn V_{ges} das Gesamtvolumen und n_1, n_2, $n_3, \ldots,$ n_i die Stoffmengen der einzelnen Gase des Gemischs darstellen, gilt die universelle Gasgleichung in der modifizierten Form

(2.14) $p_{ges} V_{ges} = (n_1 + n_2 + n_3 + \ldots + n_i) R T$

$$p_{ges} = \frac{(n_1 + n_2 + n_3 + \ldots + n_i) R T}{V_{ges}}$$

Der Partialdruck p_1 der 1. Komponente ist dann z. B.

(2.15) $p_1 = n_1 R T/V_{ges}$

Wenn man (2.15) durch (2.14) dividiert, erhält man

(2.16) $p_1/p_{ges} = n_1/(n_1 + n_2 + n_3 + \ldots + n_i) = X_1$

Den Quotienten in der Mitte von (2.16) nennt man den Molenbruch (die Molfraktion) X_1 der Komponente 1. Der Molenbruch der Komponente 2 ist entsprechend $X_2 = n_2/(n_1 + n_2 + \ldots + n_i)$. Der Begriff des Molenbruchs läßt sich sinngemäß auch auf Gemische von Feststoffen sowie auf die Komponenten einer Lösung anwenden (s. Abschn. 3.2 und 9.4). Wie eine einfache Überlegung zeigt, ergibt die Summe der Molenbrüche eines Mehrkomponentensystems immer 1. Aus (2.16) erhält man

(2.17) $p_1/p_{ges} = X_1$; $p_2/p_{ges} = X_2$ usw.

Aus diesen Überlegungen folgt das Dalton'sche Partialdruckgesetz: In einem Gasgemisch ist jedes Gas im Verhältnis seines Molenbruchs am Gesamtdruck beteiligt.

Der Molenbruch jeder Komponente eines Gasgemisches ist gleich dem Quotienten aus dem Partialvolumen dieser Komponente und dem Gesamtvolumen des Gemisches;

denn unter der Voraussetzung, daß sich alle Komponenten wie ideale Gase verhalten, gilt entsprechend der universellen Gasgleichung
für Gas 1: $n_1 = (p_{ges}\ V_1)/R\ T$; für Gas 2: $n_2 = (p_{ges}\ V_2)/R\ T$ usw.
Daher ist der Molenbruch des Gases 1

$$(2.18)\quad X_1 = \frac{n_1}{n_1 + n_2 + \ldots + n_i} = \frac{p_{ges}\ V_1/R\ T}{p_{ges}\ V_1/R\ T + p_{ges}\ V_2/R\ T + \ldots}$$

$$(2.19)\quad X_1 = V_1/(V_1 + V_2 + \ldots + V_i) = V_1/V_{ges}$$

Beispiel:

Es sei vereinfachend angenommen, daß die Luft aus 20 Volumen-% O_2 und 80 Volumen-% N_2 besteht. Dann sind die Molenbrüche dieser beiden Gase in der Luft
$X(O_2) = 200\ ml/(200\ ml + 800\ ml) = 0,2$; $X(N_2) = 800\ ml/(200\ ml + 800\ ml) = 0,8$
$X(O_2) + X(N_2) = 1,0$
Unter der Voraussetzung, daß der Luftdruck $p_{ges} = 101,3$ kPa ist, sind die Partialdrücke der beiden Gase in der Luft gemäß (2.17)
$p(O_2) = X(O_2)\ p_{ges} = 0,2\ \ 101,3\ kPa = 20,26\ kPa$
$p(N_2) = X(N_2)\ p_{ges} = 0,8\ \ 101,3\ kPa = 81,04\ kPa$
$p(O_2) + p(N_2) = p_{ges} = 101,3\ kPa$

Auf eine praktische Anwendung der Gesetzmäßigkeiten von Gasgemischen sei noch hingewiesen: Fängt man in einer Gassammelwanne ein Gas über Wasser auf und verdrängt das Wasser aus dem Gassammelrohr genau bis zum Niveau des Wassers in der Wanne, dann entspricht der Gasdruck im Sammelrohr dem Luftdruck der Umgebung, weil dann kein hydrostatischer Über- oder Unterdruck auf das Gas wirkt. Nun besteht aber das Gas im Sammelrohr nicht nur aus dem aufgefangenen Gas, sondern zusätzlich auch noch aus Wasserdampf. Man muß also von dem herrschenden Luftdruck den Dampfdruck des Wassers bei der betreffenden Temperatur abziehen, um den Druck des aufgefangenen Gases zu berechnen. Hat das Wasser die Temperatur $\vartheta = 25\ ^oC$, beträgt sein Dampfdruck allerdings nur $p = 0,032$ bar $= 3,2$ kPa. Bei höheren Temperaturen oder bei Sperrflüssigkeiten, die bereits bei niedrigen Temperaturen relativ hohe Dampfdrücke besitzen, kann die Nichtbeachtung dieser Zusammenhänge zu erheblichen Fehlern führen.

2.3 GRUNDLAGEN DER KINETISCHEN GASTHEORIE

Druck und Temperatur eines Gases lassen sich als Äußerungen der Bewegung der Gasmoleküle deuten. Die mittlere kinetische Energie der Moleküle wächst mit zunehmender Temperatur, und der Druck kommt durch den ständigen Aufprall von Gasmolekülen auf die Innenwände des Behälters zustande. Die Theorie geht von folgenden wohlbegründeten Vorstellungen aus:

1. Die Gasmoleküle haben ein vernachlässigbares Eigenvolumen.
2. Es herrschen keine intermolekularen Wechselwirkungen (Anziehungs- und Abstoßungskräfte).
3. Die Gasmoleküle bewegen sich geradlinig mit sehr hoher Geschwindigkeit. Dabei stoßen sie ständig mit anderen Gasmolekülen und mit den Gefäßwänden zusammen, wodurch ihre Bewegungsrichtung immer wieder geändert wird.
4. Die Bewegung der Gasmoleküle ist regellos, es gibt dabei keine bevorzugte Raumrichtung.
5. Die Zusammenstöße der Gasmoleküle miteinander und mit den Gefäßwänden sind voll elastisch, so daß (bei konstant bleibender Temperatur) die gesamte kinetische Energie aller Moleküle erhalten bleibt.
6. Bei einer bestimmten Temperatur haben nicht alle Moleküle die gleiche Geschwindigkeit und damit die gleiche kinetische Energie.

Den Anteil des Eigenvolumens der Gasmoleküle an dem Gesamtvolumen (Annahme 1), welches das Gas bei einer bestimmten Temperatur und einem bestimmten Druck hat, kann man näherungsweise berechnen, wenn man sich ein Gasteilchen kugelförmig vorstellt. Die Atome der Edelgase entsprechen dieser Vorstellung am besten. Das Helium-Atom hat z. B. (nach L. Pauling) den Radius r = 93 pm $= 0{,}93 \quad 10^{-8}$ cm. Also ist das Volumen eines He-Atoms V(1 He-Atom) = $(4/3)\ \pi\ r^3$ $= 3{,}37 \quad 10^{-24}$ cm^3 (s. Abschn. 1.1), das Volumen von N_L He-Atomen V(N_L He-Atome) = 2,03 cm^3. Da N_L He-Atome (1 mol) bei NB, ideales Verhalten vorausgesetzt, das molare Volumen $V_{m,o} = 22{,}414 \quad 10^3$ cm^3/mol beanspruchen, macht das Eigenvolumen der He-Atome am Gesamtvolumen nur (2,03 cm^3/22414 cm^3) 100 % = 0,009 % aus. Bei NB (allgemein: bei mäßigem Druck und mäßiger Temperatur) ist also der weitaus größte Teil des von einem Gas eingenommenen Volumens materieleer.

Bei elastischen Stößen (Annahme 5) der Moleküle untereinander und mit den Gefäßwänden bleibt die Summe der Impulse aller Moleküle erhalten:

(2.20) $m_1\ v_1 + m_2\ v_2 + m_3\ v_3 + \ldots + m_i\ v_i = \text{konstant}$

Unter dem Impuls eines Teilchens versteht man das Produkt aus dessen Masse und Geschwindigkeit. Die Änderung des Impulses in einer bestimmten Zeit ist die Kraft:

(2.21) $F = \Delta(m\ v)/\Delta t$

Prallt ein Molekül auf die innere Wand des Behälters, so wird die Geschwindigkeit des Moleküls auf Null gebremst. Da der Aufprall elastisch ist, wird das Molekül beim Abprall auf die gleiche Geschwindigkeit wie vor dem Aufprall (aber in umgekehrter Richtung) beschleunigt. Das Molekül hat also seinen Impuls um den Betrag $m\ v - (-\ m\ v) = 2\ m\ v$ geändert.
Man denke sich nun gemäß Abb. 2.3 einen würfelförmigen Gasbehälter mit der Kantenlänge l ($V = l^3$). In dem Behälter mögen sich N Gasmoleküle befinden, von denen jedes die Masse m besitzt. Es sei vereinfachend angenommen, daß die Moleküle sich parallel zu den Achsen eines 3-dimensionalen, rechtwinkligen Koordinatensystems bewegen, wobei die Geschwindigkeit in jeder Richtung gleich sein soll, so daß keine Richtung bevorzugt ist (Annahme 4).

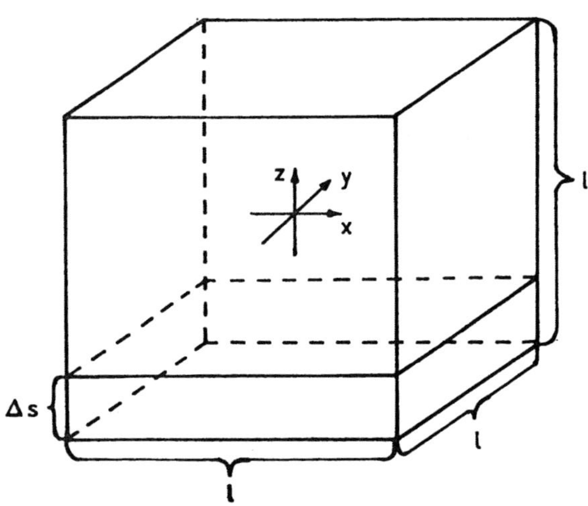

Abb. 2.3 Zur Veranschaulichung der kinetischen Gastheorie (Erklärungen im Text)

Auch die Geschwindigkeit eines sich in beliebiger Richtung bewegenden Moleküls ließe sich vektoriell in ihre Komponenten parallel zu den Koordinatenachsen zerlegen, so daß die obige Annahme keine unzulässige Vereinfachung darstellt. Da es unter dieser Annahme 6 Richtungen gibt, bewegen sich in jeder Richtung N/6 Moleküle. Die Zahl Z der Moleküle, die sich in dem (gedanklich abgeteilten) Quader mit dem Volumen $V' = l^2\ \Delta s$ befinden, beträgt

(2.22) $Z = (l^2\ \Delta s\ N)/l^3$

Hiervon fliegt 1/6 in Richtung der unteren Fläche des Würfels (und des Quaders), also

(2.23) $Z/6 = (l^2 \Delta s N)/6 l^3 = (\Delta s N)/6 l$

und prallt in der Zeit Δt auf diese Fläche, wobei jedes von ihnen nach dem oben Gesagten die Impulsänderung 2 m v erfährt. Die Geschwindigkeit eines Moleküls ist $v = \Delta s/\Delta t$, so daß sich aus (2.23) ergibt:

(2.24) $Z/6 = (v \Delta t N)/6 l$

Die Z/6 Moleküle erhalten durch Auf- und Rückprall die Impulsänderung

(2.25) $\Delta(m v) = (v \Delta t N 2 m v)/6 l$

und dabei wirkt gemäß (2.21) die Kraft

(2.26) $F = \Delta(m v)/\Delta t = (N m v^2)/3 l$

auf diese Wand, folglich der Druck

(2.27) $p = F/A = F/l^2 = (N m v^2)/3 l^3 = (N m v^2)/3 V$

Auf die anderen 5 Wände des würfelförmigen Behälters muß entsprechend der Annahme 4 der gleiche Druck wirken.
Nun haben nicht alle Moleküle die gleiche Geschwindigkeit (Annahme 6), sondern die Geschwindigkeiten der Moleküle unterliegen der Maxwell-Boltzmann-Verteilung (Abb. 2.4).

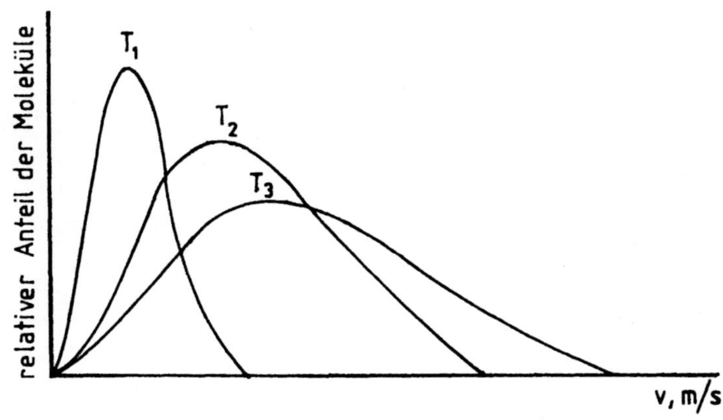

Abb. 2.4 Verteilung der Geschwindigkeit von Gasmolekülen mit zunehmender Temperatur

Mit zunehmender Temperatur wächst die mittlere Geschwindigkeit. Die relative Zahl der Moleküle, die diese mittlere Geschwindigkeit besitzen, nimmt dabei aber ab. Die Geschwindigkeitsverteilung wird zunehmend breiter. In (2.27) ersetzt man wegen der Geschwindigkeitsverteilung v^2 durch das mittlere Geschwindigkeitsquadrat $\overline{v^2}$, wobei gilt:

(2.28) $\overline{v^2} = (v_1{}^2 + v_2{}^2 + v_3{}^2 + \ldots + v_N{}^2)/N$

So erhält man den genaueren Ausdruck

(2.29) $p = (N\ m\ \overline{v^2})/3\ V$

Bezieht man sich auf 1 mol, kann man (2.29) folgendermaßen schreiben:

(2.30) $p = (N_A\ m\ \overline{v^2})/3\ V_m$

und unter Berücksichtigung von (1.7)

(2.31) $p = (M\ \overline{v^2})/3\ V_m$ oder $p\ V_m = M\ \overline{v^2}/3$

In (2.31) sind bei konstanter Temperatur alle Größen auf der rechten Seite konstant, was eine Bestätigung des empirisch gefundenen Gesetzes von Boyle und Mariotte durch die kinetische Gastheorie bedeutet. Unter Anwendung der universellen Gasgleichung (2.10) für 1 mol wird aus (2.31)

(2.32) $p\ V_m = M\ \overline{v^2}/3 = N_A\ m\ \overline{v^2}/3 = R\ T$

Da die kinetische Energie eines Teilchens $E_{kin} = 1/2\ (m\ v^2)$ ist, muß für die mittlere kinetische Energie von 1 mol Gasmolekülen gelten:

(2.33) $\overline{E}_{kin} = 1/2\ (N_A\ m\ \overline{v^2})$

Wenn man nach (2.32) statt $m\ \overline{v^2}$ den Ausdruck $(3\ R\ T)/N_A$ in (2.33) einsetzt, bekommt man

(2.34) $E_{kin} = (3/2)\ R\ T = (3/2)\ p\ V_m$

Aus (2.34) folgt, daß die mittlere kinetische Energie der Gasmoleküle allein von der Temperatur abhängt. Durch Umstellen von (2.32) erhält man

(2.35) $\overline{v} = \sqrt{(3\ R\ T)/M}$

Mit dieser Gl. läßt sich die Wurzel aus dem mittleren Geschwindigkeitsquadrat von Gasmolekülen bei konstanter Temperatur berechnen.

Beispiel:

Für ein H_2-Molekül bei T = 273,15 K ist

$$\overline{v}(H_2) = \sqrt{\frac{3\ \ 8{,}31\ J\ K^{-1}\ mol^{-1}\ 273{,}15\ K}{2{,}016\ \ 10^{-3}\ kg\ mol^{-1}}}$$

$1\ J = 1\ N\ m = 1\ kg\ m^2\ s^{-2}$

$\bar{v}(H_2) = \sqrt{3{,}38 \quad 10^6 \; m^2 \; s^{-2}} = 1838 \; m/s$

Natürlich fliegt ein H_2-Molekül in 1 s nicht diese Strecke geradeaus, sondern es ändert durch Zusammenstöße mit anderen Molekülen und mit den Behälterwänden immer wieder seine Richtung (Annahme 3). Aus (2.35) geht hervor, daß alle anderen Gasmoleküle bei gleicher Temperatur eine geringere mittlere Geschwindigkeit haben müssen als ein H_2-Molekül, denn für alle anderen Fälle ist $M > M(H_2)$.

Bei idealen Gasen mit monoatomaren Teilchen, m. a. W. bei den Edelgasen (sofern sie sich wie ideale Gase verhalten), kann die kinetische Energie nur aus der Energie der Translation E_{Trans} und nicht zusätzlich aus der Energie von intramolekularen Schwingungen und Rotationen bestehen, so daß in diesem Spezialfall für 1 mol gemäß (2.34) gilt:

(2.36) $E_{kin} = E_{Trans} = (3/2) \; R \; T$

Für ein einzelnes Teilchen (Atom) ist dann

(2.37) $E_{kin} = E_{Trans} = \frac{3}{2} \frac{R}{N_A} \; T = \frac{3}{2} \; k \; T$

k ist die Boltzmann-Konstante, also die auf ein einzelnes Teilchen bezogene Gaskonstante.

Erwärmt man 1 mol eines aus monoatomaren Teilchen bestehenden idealen Gases um den Betrag ΔT bei konstantem Volumen, dann kann sich das Gas nicht gegen den Druck der Umgebung ausdehnen und dabei Volumenarbeit (pV-Arbeit) verrichten (s. Abschn. 6.1). Die zugeführte Wärme erhöht also unter dieser Bedingung ausschließlich die Translationsenergie der Teilchen:

(2.38) $\Delta E = \Delta E_{Trans} = (3/2) \; R \; \Delta T$

Nach Gl. (6.21) ist $\Delta E = n \; C_V \; \Delta T$, wobei C_V die molare Wärmekapazität bei konstantem Volumen bedeutet (s. Abschn. 6.4). Damit gilt für 1 mol eines aus monoatomaren Teilchen bestehenden idealen Gases

(2.39) $C_V \; \Delta T = (3/2) \; R \; \Delta T$, also $C_V = (3/2) \; R$

Weiterhin folgt aus (6.23) für die molare Wärmekapazität eines monoatomaren idealen Gases bei konstantem Druck

(2.40) $C_p = C_V + R = (3/2) \; R + R = (5/2) \; R$

Bei konstantem Druck ist die molare Wärmekapazität größer als bei konstantem

Volumen, weil die zugeführte Wärme außer zur Erhöhung der Translationsenergie der Teilchen auch noch zur Verrichtung von Expansionsarbeit gegen den Druck der Umgebung aufgewandt wird (s. Abschn. 6.1).

2.4 REALE GASE

Mit wachsendem Druck und abnehmender Temperatur machen sich zunehmend intermolekulare Wechselwirkungen und das Eigenvolumen der Moleküle bemerkbar. Das Gas zeigt reales Verhalten.

Biologische Vorgänge, bei denen es zu einem Austausch von Gasen kommt, verlaufen in den meisten Fällen bei geringem Umgebungsdruck, i. a. in der Nähe des Normdrucks, und bei mäßiger Temperatur, i. a. in der Nähe der Normtemperatur, also im Gültigkeitsbereich der universellen Gasgleichung. Gemäß der Zielsetzung dieses Buches sollen daher nur einige Aspekte des Verhaltens realer Gase kurz behandelt werden.

Die van der Waals'sche Gleichung erfaßt das Verhalten realer Gase in einem sehr weiten Druck- und Temperaturbereich. Für eine beliebige Stoffmenge eines realen Gases lautet diese Gl.

(2.41) $$\left(p + \frac{a\,n^2}{V^2}\right)(V - n\,b) = n\,R\,T$$

Die van der Waals'schen Konstanten a und b haben für jedes Gas spezifische Werte. Die Konstante b berücksichtigt das Eigenvolumen der Gasmoleküle. Das ideale Volumen (V_{id}), das den Gasmolekülen zur Verfügung stünde, wenn sie als punktförmige Massen kein Eigenvolumen besäßen, ist um den durch n b erfaßten Betrag, das sog. "Covolumen", kleiner als das Gesamtvolumen des Gases:

(2.42) $$V_{id} = V - n\,b$$

Wie hier nicht näher gezeigt werden soll, entspricht das Covolumen b dem 4-fachen Eigenvolumen der Moleküle

(2.43) $$n\,b = n\,(16/3)\,\pi\,r^3\,N_A$$

Im Innern des Gases befindliche Moleküle unterliegen keinen zusätzlichen Anziehungskräften durch die sie umgebenden Moleküle in ihrer Nachbarschaft, weil sich die von allen Seiten auf sie wirkenden Kräfte gegenseitig aufheben. Auf Moleküle unmittelbar an den Wänden des Behälters wirkt dagegen eine in das Innere des Gases (von der Behälterwand weg) gerichtete Kraft, die den Aufprall der Moleküle auf die Wände abschwächt. Diese Kraft hat die gleiche

Richtung wie der äußere Druck der Atmosphäre und wird als "Binnendruck" umschrieben. Der Binnendruck ist bei konstanter Temperatur der Konzentration der zurückziehenden und der Konzentration der zurückgezogenen Teilchen, insgesamt also dem Quadrat der Teilchenkonzentration $(n/V)^2$ proportional. Der ideale Druck (p_{id}), den die Gasmoleküle auf die Wände des Behälters ausüben würden, wenn der durch die intermolekularen Anziehungskräfte (van der Waals'sche Kräfte) verursachte Binnendruck nicht existierte, ist damit um den Betrag $a\, n^2/V^2$ größer als der tatsächliche Druck p:

(2.44) $p_{id} = p + a\, n^2/V^2$

Führt man nun diese beiden Korrekturen (2.42) und (2.44) in die Gl. ein, die für ideales Verhalten gilt, nämlich $p_{id}\, V_{id} = n\, R\, T$, erhält man die van der Waals'sche Gleichung (2.41). Für $V \to \infty$ $(p \to 0)$ wird sowohl das Covolumen als auch der Binnendruck immer mehr vernachlässigbar, und die van der Waals-Gleichung geht in die universelle Gasgleichung über. Tabelle 2.1 enthält die van der Waals'schen Konstanten einiger Gase.

Tabelle 2.1 van der Waals-Konstanten einiger Gase

Gas	a in bar l^2 mol^{-2}	b in l mol^{-1}
H_2	0,245	0,0266
He	0,034	0,0237
N_2	1,39	0,0391
O_2	1,32	0,0318
CO_2	3,65	0,0428

Beispiel:

In einer Stahlflasche (V = 10 l) befinden sich m = 2000 g Sauerstoff (n = 62,5 mol). Die Stahlflasche wird in einem Raum bei 20 °C aufbewahrt. Nach der van der Waals-Gleichung ist der von dem Gas ausgeübte Druck

$$p = \frac{n\,R\,T}{V - n\,b} - \frac{a\,n^2}{V^2}$$

$$p = \frac{62{,}5\ \text{mol}\ 8{,}3144\ \text{N m K}^{-1}\ \text{mol}^{-1}\ 293{,}15\ \text{K}}{10^{-2}\ \text{m}^3 - 62{,}5\ \text{mol}\ 3{,}18\ \ 10^{-5}\ \text{m}^3\ \text{mol}^{-1}} - \frac{0{,}132\ \text{N m}^4\ \text{mol}^{-2}\ 3906{,}25\ \text{mol}^2}{10^{-4}\ \text{m}^6}$$

$p = 190{,}12 \ 10^5 \ N \ m^{-2} - 51{,}56 \ 10^5 \ N \ m^{-2} = 138{,}56$ bar
Mit der universellen Gasgleichung ergibt sich p = 152,33 bar; das entspricht einer Abweichung von etwa 10 %.

Für 1 mol nimmt die van der Waals-Gleichung folgende Form an:

(2.45) $(p + a/V_m^2)\ (V_m - b) = R\ T$

Multipliziert man die Klammern aus und erweitert alle Glieder mit (V_m^2/p), erhält man

(2.46) $V_m^3 - (b + \frac{R\ T}{p})\ V_m^2 + \frac{a}{p} V_m - \frac{a\ b}{p} = 0$

Diese Gl. 3. Grades in V_m hat unterhalb der kritischen Temperatur T_k (s. u.) 3 reelle, oberhalb von T_k 1 reelle und 2 imaginäre Lösung(en) für V_m. Dem entspricht der S-förmige Verlauf der unteren Isothermen im pV-Diagramm des CO_2 (Abb. 2.5).

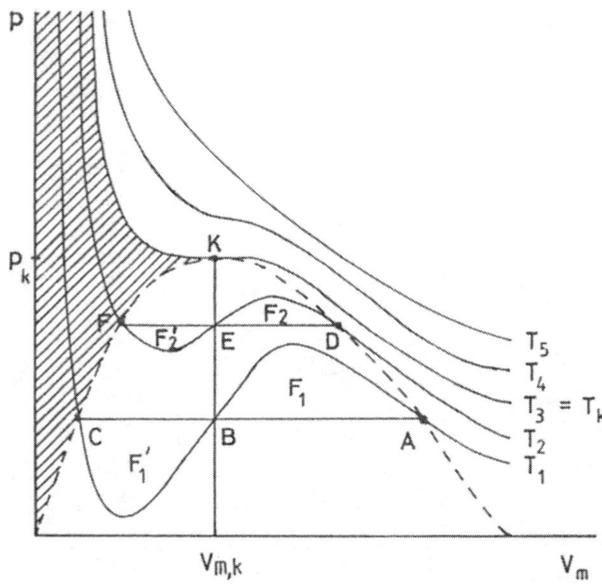

Abb. 2.5 pV_m-Isothermen des CO_2 (schematisch), Temperatur von T_1 nach T_5 zunehmend; weitere Erklärungen im Text

Die von der gestrichelten Linie eingegrenzte Fläche stellt das Zweiphasengebiet dar, in dem flüssiges und gasförmiges CO_2 miteinander im Gleichgewicht stehen. Die schraffierte Fläche kennzeichnet das Existenzgebiet des flüssigen CO_2. Außerhalb dieser beiden Flächen liegt das Gebiet des gasförmigen CO_2. Komprimiert man z. B. bei der Temperatur T_1 das CO_2, so nimmt bis zum Punkt

A das Volumen des gasförmigen CO_2 ab und sein Druck zu. Am Punkt A beginnt die Verflüssigung. Ab hier bleibt der Druck zunächst konstant, und die Volumenabnahme setzt sich längs der Geraden ABC parallel zur V_m-Achse fort. Erst nach vollständiger Kondensation des Gases erfolgt ein steiler Druckanstieg bei nur geringfügiger Volumenabnahme, weil das nun flüssige CO_2 - wie alle Flüssigkeiten - kaum komprimierbar ist.
Die sog. Maxwell'sche Gerade ABC schneidet aus der S-förmigen Isotherme zwei flächengleiche Gebiete F_1 und F_1' aus. Analoges gilt für die Kompression bei der höheren Temperatur T_2 längs der Maxwell'schen Geraden DEF beim Durchlaufen des Zweiphasengebietes. Bei der noch höheren Temperatur $T_3 = T_k$, der kritischen Temperatur, fallen die Flächen "F_3" und "F_3'" in einem Punkt zusammen, dem kritischen Punkt K. Die T_3- (T_k-) Isotherme hat in K eine waagerechte Tangente. Bei allen Temperaturen $T > T_k$ kann das CO_2 selbst durch extrem hohe Drücke nicht mehr verflüssigt werden. Auch alle anderen Gase lassen sich nur unterhalb ihrer kritischen Temperatur durch Druckerhöhung verflüssigen. Der zum kritischen Punkt gehörige Druck heißt kritischer Druck (p_k), das zugehörige molare Volumen kritisches molares Volumen ($V_{m,k}$), aus dem die kritische Dichte (ρ_k) gemäß $\rho_k = M/V_{m,k}$ berechnet werden kann. Die kritischen Daten (kritischen Zustandsgrößen) einiger Gase enthält Tabelle 2.2.

Tabelle 2.2 Kritische Daten einiger Gase

Gas	T_k in K	p_k in bar	$V_{m,k}$ in l mol^{-1}
He	4	2,3	0,061
H_2	33	12,9	0,061
N_2	126	34,4	0,087
O_2	155	50,3	0,074
CO_2	304	74	0,096
H_2O	647	220	0,056

Die Daten zeigen, daß die im Labor häufig verwendeten Gase H_2, N_2 und O_2 in den Stahlflaschen nicht in verflüssigter Form enthalten sein können, weil die kritischen Temperaturen dieser Gase weit unterhalb der Raumtemperatur liegen. Dagegen kann man z. B. CO_2 bei Raumtemperatur durch Druckerhöhung verflüssigen.

2.5 DIE MANOMETRISCHE MESSUNG DES GASSTOFFWECHSELS

Das Verfahren der Warburg-Manometrie läßt sich zur quantitativen Messung von biologischen Vorgängen benutzen, die mit einem Gasaustausch verbunden sind (Gärungen, Zellatmung, Photosynthese), aber auch zur Untersuchung der Kinetik einzelner Enzymreaktionen, die mit einem Gasaustausch einhergehen (z. B. Pyruvat- und α-Ketoglutarat-Dehydrogenase, Katalase, Malat-Enzym, PEP-Carboxylase etc.). Eine Gesamtansicht des hierbei verwendeten Warburg-Apparates zeigt Abb. 2.6.

Abb. 2.6 Warburg-Apparat mit Manometern und Gefäßen

Im oberen Teil des Apparates befindet sich eine runde Wanne, deren Wasserfüllung thermostatisierbar ist. Die an den Seitenarmen der Manometer hängenden Gefäße tauchen in das Wasserbad ein. Die Manometer sind mit Halterungen an einer Scheibe unterhalb der Wanne befestigt. Diese Scheibe wird mit Hilfe eines Motors in eine Hin- und Herbewegung versetzt, wobei Frequenz und Amplitude der Ausschläge in mehreren Stufen variierbar sind. Durch das Hin- und Herschwingen der Manometer mit ihren Gefäßen wird der flüssige Gefäßinhalt mit der darüber befindlichen Gasphase gesättigt. Abbildung 2.7 zeigt schematisch ein Warburg-Manometer mit dem daran befestigten Warburg-Gefäß. Die linke Manometerkapillare ist zur Atmosphäre hin geöffnet, während die rechte durch einen Seitenarm mit dem Warburg-Gefäß in Verbindung steht. Über das untere Ende des Doppelkapillarmanometers wird ein mit Brodie-Lösung gefüllter Quetschschlauch geschoben. Diese blau gefärbte Lösung (ρ = 1,033 g/ml) ist so zusammengesetzt, daß eine 10000 mm hohe Säule dieser Lösung dem Normdruck das Gleichgewicht hält. Mit Hilfe einer Quetschschraube kann die Brodie-Lösung mehr oder weniger hoch in die beiden Kapillaren hineingedrückt werden. Das Gasvolumen der rechten Kapillare von der Normmarke 15 cm über den Seitenarm bis zum Eintritt in das Warburg-Gefäß wird mit V_M gekennzeichnet. Das kegelförmige Warburg-Gefäß mit dem Volumen V_G enthält im Innern eine kleine Wanne, die durch einen dünnen Glasstab an der Innenwand des Hauptraumes angeschmolzen ist. Zur Messung des O_2-Verbrauchs des Untersuchungsmaterials füllt man in die kleine Wanne 20%ige Kalilauge, die das bei Atmungs- und Gärungsvorgängen abgegebene CO_2 absorbiert. Der Hauptraum steht mit der Seitenbirne in Verbindung. Diese Birne dient zur Aufnahme einer Lösung, die während des Versuchs in den Hauptraum gegeben werden soll. Durch die Zugabe von Lösungen während der Messung läßt sich der Einfluß bestimmter Stoffe auf die im Hauptraum ablaufenden Gasaustauschvorgänge untersuchen.

Auf der Seitenbirne sitzt ein Kapillarstopfen mit Schliff (in Abb. 2.7 in offener Verbindung zur Atmosphäre dargestellt). Indem man den Kapillarstopfen um 90° oder 180° in dem Schliff dreht, ist die Verbindung zur Atmosphäre unterbrochen. Der Weg durch den Kapillarstopfen wird benutzt, wenn man innerhalb des Systems aus rechter Manometerkapillare, Seitenarm und Gefäß eine andere Gasatmosphäre als Luft verwenden möchte.

Befindet sich in dem Hauptraum des Gefäßes eine Zellsuspension, die O_2 aufnimmt und CO_2 ausscheidet, so bestimmt das Volumenverhältnis $V(O_2) : V(CO_2)$, ob der Druck in dem geschlossenen System sinkt, konstant bleibt oder steigt. Sinkt durch stärkeren O_2-Verbrauch der Druck, dann wird der Meniskus der Brodie-Lösung in der rechten Kapillare nach oben gezogen und bewegt sich in der linken Kapillare nach unten. Bei Druckanstieg im geschlossenen System ist es umgekehrt. Zur Ablesung in einem bestimmten Zeitpunkt t wird der Meniskus in der rechten Kapillare stets auf die Normmarke 150 mm eingestellt, und man liest den Stand des Meniskus in der linken Kapillare ab (s. Einschaltbild in Abb. 2.7).

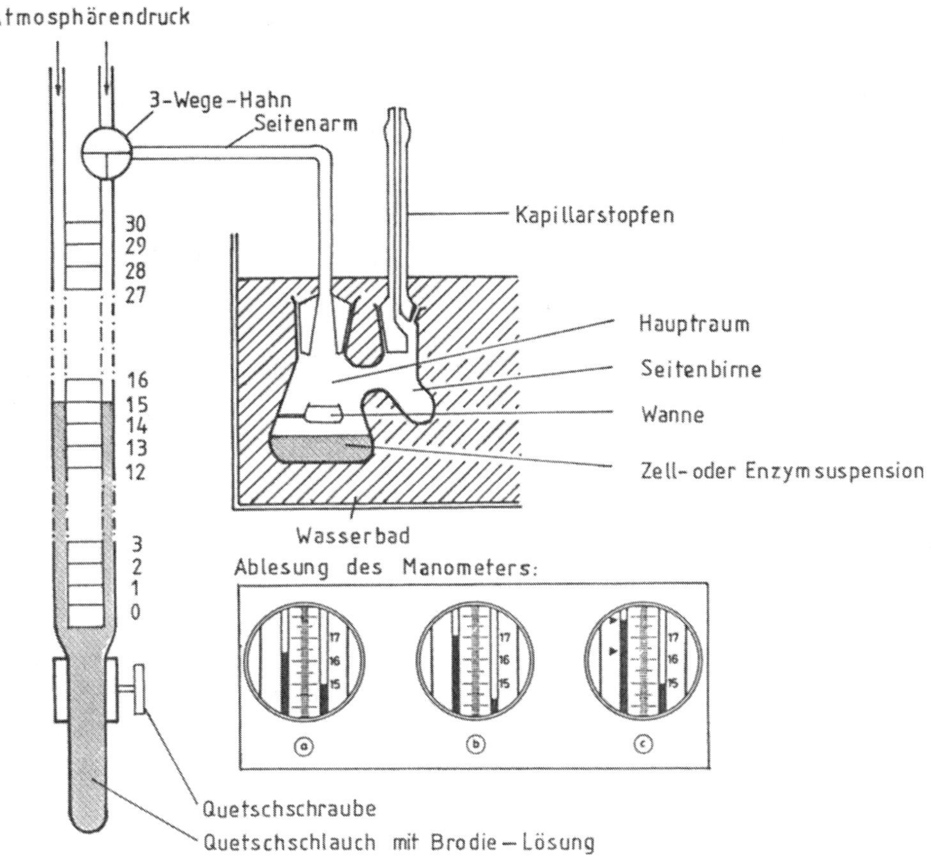

Abb. 2.7 Warburg-Manometer mit Warburg-Gefäß (Schema). Die Manometer werden auf eine Spannleiste geschraubt, an der sich auch die Halterung zum Anbringen an der Schüttelscheibe befindet. Diese Einzelheiten sind hier nicht dargestellt. (Weitere Erläuterungen im Text).

Bei allen Messungen müssen auch die Höhendifferenzen der Brodie-Säule registriert werden, die nicht auf dem Gasaustausch des Versuchsmaterials, sondern auf Luftdruck- und Temperaturschwankungen beruhen. Das geschieht mit Hilfe eines Thermobarometers (TB). Dabei handelt es sich um ein Warburg-Manometer mit angeschlossenem Gefäß, in dem sich lediglich Wasser befindet, und zwar das gleiche Volumen wie das Flüssigkeitsvolumen in den übrigen Gefäßen. Die von dem TB angezeigten Δh-Werte werden mit den entsprechenden Vorzeichen (+ = Anstieg; - = Abfall) von den Δh-Werten der übrigen Manometer subtrahiert.

Zur Umrechnung der Höhendifferenzen der Brodie-Säule in verbrauchte oder freigesetzte Gasvolumina muß man Δh mit der Gefäßkonstanten multiplizieren. Um die Beziehung für die Gefäßkonstante herzuleiten, benutzt man die Gln. (2.9) und (3.11). Das Gesamtvolumen eines in dem geschlossenen Reaktionssystem vorhandenen Gases setzt sich additiv aus dem im Gasraum enthaltenen und dem in der Flüssigkeit gelösten Anteil zusammen, wobei das Gasvolumen auf NB (p_o, T_o) bezogen wird:

$$(2.47)\quad V_o = \frac{T_o\, p}{T\, p_o} V_g + \alpha \frac{p}{p_o} V_l = p\,\frac{(T_o/T)\, V_g + \alpha\, V_l}{p_o}$$

Hierin bedeuten:

T_o = 273,15 K; T = Versuchstemperatur; p = Druck in mm Brodie-Säule; p_o = 10000 mm Brodie-Säule; V_g = Volumen der Gasphase = $V_M + V_G - V_l$; (V_M = Volumen der rechten Kapillare bis zur Normmarke; V_G = Gefäßvolumen); V_l = Volumen der flüssigen Phase (Gesamtvolumen aller Flüssigkeiten im Gefäß); α = Bunsen'scher Absorptionskoeffizient (s. Abschn. 3.2)

Der 1. Summand im mittleren Teil von Gl. (2.47) ist die nach V_o umgestellte Zustandsgleichung eines idealen Gases (2.9). Der 2. Summand erfaßt den in der Flüssigkeit gelösten Gasanteil.

Läuft nun in dem geschlossenen System eine Reaktion ab, die mit einem Gasverbrauch ($\rightarrow -\Delta h$) oder mit einer Gasbildung ($\rightarrow +\Delta h$) einhergeht, so ist das am Ende der Meßzeit (Δt) noch vorhandene Gasvolumen (bezogen auf NB)

$$(2.48)\quad V_o = (p \pm \Delta h)\,\frac{(T_o/T)\, V_g + \alpha\, V_l}{p_o}$$

Die Änderung des Gasvolumens während der Meßzeit ist also

$$(2.49)\quad \Delta V_o = (p \pm \Delta h)\,\frac{(T_o/T)\, V_g + \alpha\, V_l}{p_o} - p\,\frac{(T_o/T)\, V_g + \alpha\, V_l}{p_o}$$

$$(2.50)\quad \Delta V_o = \pm \Delta h\,\frac{(T_o/T)\, V_g + \alpha\, V_l}{p_o} = \pm \Delta h\, k$$

Der Bruchterm stellt die Gefäßkonstante (k) dar.

Beispiel:

Versuchstemperatur T = 298,15 K; Bunsen'scher Absorptionskoeffizient des Sauerstoffs in Wasser bei dieser Temperatur α = 0,0283 (s. Abschn. 3.2 und Tabelle 3.1); $V_M = 1{,}416\ cm^3$, $V_G = 13{,}029\ cm^3$; $V_1 = 3{,}4\ cm^3$; $V_g = 11{,}045\ cm^3 = 11045\ mm^3$.

Die für diese Manometer/Gefäß-Kombination gültige Gefäßkonstante $k(O_2)$ ist unter den genannten Bedingungen daher

$$k(O_2) = \frac{\frac{273{,}15\ K}{298{,}15\ K}\ 11045\ mm^3 + 0{,}0283\ \ 3400\ mm^3}{10000\ mm}$$

$$k(O_2) = \frac{1000\ (\frac{273{,}15}{298{,}15}\ 11{,}045 + 0{,}0283\ \ 3{,}4)}{10000}\ mm^2$$

$$k(O_2) = \frac{\frac{273{,}15}{298{,}15}\ 11{,}045 + 0{,}0283\ \ 3{,}4}{10}\ mm^2 = 1{,}0215\ mm^2$$

Setzt man also V_g und V_1 in cm^3 ein und dividiert durch 10, bekommt man k in mm^2.

Multipliziert man nun die in der Meßzeit Δt registrierte Höhendifferenz ($\pm\ \Delta h$) der Brodie-Säule mit der Gefäßkonstanten k, erhält man gemäß Gl. (2.50) das aufgenommene bzw. abgegebene Gasvolumen unter NB in mm^3. Möchte man die O_2-Aufnahme einer Zellsuspension messen, gibt man in die Wanne des Warburg-Gefäßes 0,2 cm^3 Kalilauge (20 %), die das ausgeschiedene CO_2 absorbiert. Man wird dann an dem Manometer einen Anstieg der Brodie-Säule in der rechten und ein Absinken in der linken Kapillare ($-\ \Delta h$) feststellen. Füllt man in die Wanne statt der Kalilauge 0,2 cm^3 Wasser, so resultiert der beobachtete Δh-Wert aus dem O_2-Verbrauch und der gleichzeitigen CO_2-Abgabe. Diese kann man mit Hilfe eines Gefäßpaares ermitteln. In dem ersten Gefäß enthält die Wanne Kalilauge, so daß sich aus dem Δh-Wert der O_2-Verbrauch berechnen läßt. In dem zweiten Gefäß, dessen Wanne Wasser enthält, hat die atmende Zellsuspension das gleiche Volumen und die gleiche Zelldichte. Daher kann man im Umkehrverfahren aus dem mit Gefäß 1 bestimmten O_2-Verbrauch und $k(O_2)$ für Gefäß 2 die auf dem O_2-Verbrauch beruhende Höhendifferenz $\Delta h(O_2)$ berechnen: $\Delta h(O_2) = \Delta V(O_2)/k(O_2)$. Dann ist die auf der CO_2-Abgabe in Gefäß 2 beruhende Höhendifferenz $\Delta h(CO_2) = \Delta h - \Delta h(O_2)$. Schließlich erhält man das Volumen des abgegebenen CO_2, indem man $\Delta h(CO_2)$ mit $k(CO_2)$ für Gefäß 2 multipliziert: $\Delta V_o(CO_2) = \Delta h(CO_2)\ k(CO_2)$. Abschließend seien diese Überlegungen noch anhand eines Meßbeispiels verdeutlicht.

Beispiel:

O_2-Aufnahme und CO_2-Abgabe einer Hefe-Suspension sollen gemessen werden. Die Suspension enthält 2 mg Hefe (Frischgewicht) pro ml KH_2PO_4-Lösung (c = 0,05 mol/l). Als Atmungssubstrat dient eine Glucose-Lösung (c = 0,5 mol/l). Die Versuchstemperatur beträgt T = 298,15 K; $\alpha(O_2)$ und $\alpha(CO_2)$ für diese Temperatur sind Tabelle 3.1 zu entnehmen. Im Hauptraum der Gefäße 1 und 2 sind je 3 ml Hefe-Suspension und 0,2 ml Glucose-Lösung. Die Wanne des 1. Gefäßes enthält 0,2 ml Kalilauge, die des 2. Gefäßes 0,2 ml Wasser. Manometer und Gefäß Nr. 3 dienen als Thermobarometer (TB). In dieses Gefäß gibt man 3,4 ml Wasser. Tabelle 2.3 faßt das (verkürzte) Versuchsprotokoll zusammen.

Tabelle 2.3 Manometrische Messung des Gasaustausches einer Hefe-Suspension

Manometer/Gefäß-Nr.	1	2	3 (TB)
V_G in cm^3	13,029	13,424	
V_M in cm^3	1,416	1,491	
$k(O_2)$ in mm^2	1,0215	1,0646	
$k(CO_2)$ in mm^2		1,313	
Manometerstände in mm			
0 min	150	150	150
60 min	81	180	152
nach Korrektur gegen TB			
60 min	79	178	
Δh in mm			
60 min	- 71	+ 28	
$\Delta V_o(O_2) = k(O_2)\ h(O_2)$ in mm^3			
60 min	- 72,53		
$\Delta h(O_2) = \Delta V_o(O_2)/k(O_2)$ in mm			
60 min		- 68	
$\Delta h(CO_2) = \Delta h - \Delta h(O_2)$ in mm			
60 min		+ 28 - (- 68) = + 96	
$\Delta V_o(CO_2) = \Delta h(CO_2)\ k(CO_2)$ in mm^3			
60 min		+ 126,05	

Nach Δt = 60 min haben die Hefezellen V_o = 72,53 mm^3 O_2 verbraucht und V_o = 126,05 mm^3 CO_2 ausgeschieden. Die Glucose wurde also unter diesen Bedingungen z. T. vergoren. Um zuverlässige Werte zu erhalten, wird man mehrere Gefäße gleichen Inhalts einsetzen und auch die Ablesungen der Manometerstände in kürzeren Intervallen vornehmen.

3 Lösungen

3.1 DAS PHASENDIAGRAMM DES WASSERS

Flüssigkeiten und Feststoffe haben einen mit zunehmender Temperatur wachsenden Dampfdruck, der darauf beruht, daß Moleküle aus der Oberfläche der Flüssigkeit bzw. des Feststoffes in den Gasraum übertreten und umgekehrt auch Moleküle aus dem Gasraum wieder in die Flüssigkeit bzw. in den Feststoff zurückkehren. Beim Sättigungsdampfdruck herrscht ein dynamisches Gleichgewicht zwischen Verdampfung und Kondensation, so daß sich die Dichten der beteiligten Phasen nicht mehr ändern.
Trägt man den Dampfdruck des Wassers in Abhängigkeit von der Temperatur auf, erhält man das Phasendiagramm (Zustandsdiagramm), das Abb. 3.1 in schematischer Darstellung zeigt.

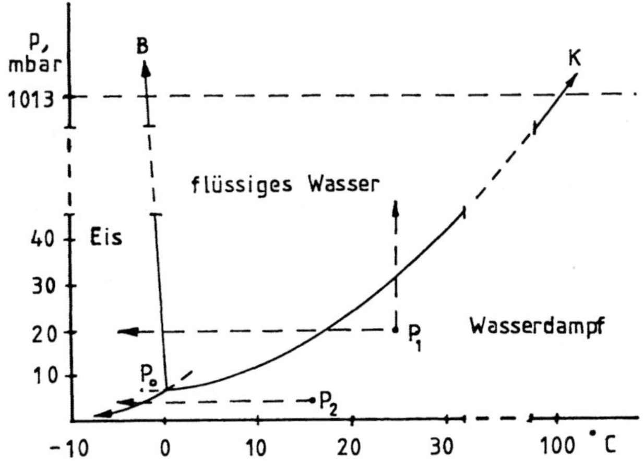

Abb. 3.1 Phasendiagramm des Wassers (Erklärung im Text)

Entlang der Kurve P_oK stehen flüssiges Wasser und Wasserdampf miteinander im Gleichgewicht. Diese Kurve endet am kritischen Punkt K (374 ^oC, 220 bar). In

diesem Punkt erreichen flüssiges Wasser und Wasserdampf die gleiche Dichte (kritische Dichte ρ_k = 0,324 g/cm^3). Oberhalb dieses Punktes existiert nur noch eine einheitliche Dampfphase, die sich selbst durch Anwendung eines extrem hohen Druckes nicht zu flüssigem Wasser kondensieren läßt.
Der Siedepunkt des Wassers entspricht der Temperatur, bei der der Dampfdruck den Druck des über dem Wasser befindlichen Gases erreicht. Befindet sich Luft von Normdruck über dem Wasser, so siedet dieses bei ϑ = 100 $^{\circ}$C. Der Siedepunkt fällt bei vermindertem und steigt bei erhöhtem Außendruck. Das gilt natürlich auch für andere Flüssigkeiten. In Dampfdrucktöpfen und Autoklaven wird von der Wirkung des "überhitzten" Wasserdampfes Gebrauch gemacht.
Bei den durch P_1 gekennzeichneten Bedingungen ist Wasser nur als Dampf stabil. Erhöht man bei konstanter Temperatur den Druck (senkrechter Pfeil), so verflüssigt sich bei Überschreiten der Kurve P_oK der gesamte Dampf, ohne daß während dieses Übergangs der Druck steigt. Erniedrigt man bei konstantem Druck die Temperatur (waagerechter Pfeil), so verflüssigt sich bei Überschreiten der Kurve P_oK der gesamte Dampf. Während dieses Kondensationsvorgangs sinkt die Temperatur nicht weiter, bis der gesamte Dampf kondensiert ist. Kühlt man nun das flüssige Wasser weiter ab, geht bei Überschreiten der Geraden P_oB, die die Existenzgebiete von festem und flüssigem Wasser trennt, das gesamte flüssige Wasser in Eis über, ohne daß während dieses Erstarrungsvorganges die Temperatur weiter fällt. Erst nach dem Erstarren der gesamten Flüssigkeit läßt sich die Temperatur des Eises weiter vermindern. Die Gerade P_oB nähert sich mit steigendem Druck geringfügig (schwächer als in Abb. 3.1 dargestellt) der Druckachse. Das beruht darauf, daß der Schmelzpunkt des Wassers mit steigendem Druck etwas sinkt, denn da Eis voluminöser ist als die gleiche Masse flüssigen Wassers, ist gemäß dem Prinzip von Le Chatelier (s. Abschn. 4.1) die Temperatur des Gleichgewichts zwischen diesen beiden Phasen bei hohem Druck niedriger als bei geringem Druck.
Die Kurve P_oA verläuft theoretisch bis zum absoluten Nullpunkt. Sie trennt die Existenzgebiete der festen und der gasförmigen Phase voneinander. Die in Abb. 3.1 jeweils über P_o hinaus gestrichelt eingezeichneten Verlängerungen der Kurven P_oK und P_oA deuten an, daß bei Temperaturen unterhalb derjenigen von P_o flüssiges Wasser einen höheren Dampfdruck hat als festes und bei Temperaturen oberhalb derjenigen von P_o festes Wasser einen höheren Dampfdruck als flüssiges Wasser. Das hat zur Folge, daß bei ϑ < 0,0099 $^{\circ}$C Wasser nur als Eis und bei ϑ > 0,0099 $^{\circ}$C nur als Flüssigkeit stabil ist.
Senkt man von P_2 aus die Temperatur (waagerechter Pfeil), dann geht der Wasserdampf beim Überschreiten der Kurve P_oA direkt in Eis über, wobei während

dieses Vorgangs die Temperatur nicht abnimmt, bis der gesamte Dampf in Eis umgewandelt ist.
Am Tripelpunkt (P_o) stehen alle 3 Phasen miteinander im Gleichgewicht. Dieser Punkt hat die Koordinaten ϑ = 0,0099 °C und p = 6,105 mbar. Der Schmelzpunkt von reinem luftgesättigtem Wasser ist ϑ = 0,000 °C bei Normdruck.
Auf die am Beispiel des Wassers erläuterten Phasen und Phasenübergänge läßt sich in besonders übersichtlicher Weise die Phasenregel von Gibbs anwenden. Diese Regel besagt, daß in einem System aus X Stoffen und P Phasen die Zahl der Freiheitsgrade F = X - P + 2 ist. Unter einem Freiheitsgrad versteht man dabei eine Zustandsgröße (z. B. Temperatur und Druck), die man ändern kann, ohne daß eine Phase verschwindet, d. h. in eine andere Phase umgewandelt wird. Auf das Wasser angewandt, ist X = 1, denn es ist nur 1 Stoff, nämlich Wasser, vorhanden. Am Tripelpunkt (P = 3) ist also F = 0. Man kann weder den Druck noch die Temperatur ändern, ohne daß eine der Phasen verschwindet. Längs der Kurven P_oK und P_oA und der Geraden P_oB stehen je 2 Phasen miteinander im Gleichgewicht (P = 2). Daraus ergibt sich F = 1. Man kann also entweder den Druck oder die Temperatur ändern, ohne daß eine Phase in die andere umgewandelt wird. Innerhalb der Flächen ist jeweils nur 1 Phase stabil (P = 1), so daß F = 2 wird. Man kann hier den Druck und die Temperatur ändern, ohne eine Phasenumwandlung herbeizuführen.

3.2 DAS RAOULT'SCHE UND DAS HENRY'SCHE GESETZ

Das Verhalten eines idealen Gases entspricht perfekt der universellen Gasgleichung. Analog dazu kann man eine ideale Lösung dadurch definieren, daß ihr Verhalten durch das jetzt zu besprechende Raoult'sche Gesetz exakt erfaßbar ist. Für eine ideale Lösung ist zu fordern, daß die Wechselwirkungen aller vorhandenen Teilchen untereinander gleich sind. Daraus geht schon hervor, daß eine ideale Lösung (wie ein ideales Gas) einen Grenzfall darstellt, dem sich eine reale Lösung unter bestimmten Bedingungen weitgehend annähern kann. Das Ausmaß der Abweichung einer Lösung vom idealen Verhalten läßt sich dadurch feststellen, daß man gewisse meßbare Größen (Dampfdrucksenkung, Gefrierpunkterniedrigung, Siedepunkterhöhung) mit den entsprechenden theoretisch zu erwartenden Werten vergleicht, die man durch die aus dem Raoult'schen Gesetz hergeleiteten Gln. berechnen kann. Für den einfachsten denkbaren Fall, daß nur ein nicht flüchtiger Stoff in einem Lösungsmittel gelöst ist, besagt das Raoult'sche Gesetz, daß der Dampfdruck des Lösungsmittels über der Lösung (p) der Molfraktion (dem Molenbruch) des Lösungsmittels (X_1) proportional ist:

(3.1) $p = k\ X_1$

Die Lösung weist gegenüber dem reinen Lösungsmittel eine Dampfdrucksenkung auf, weil aus ihrer Oberfläche im Zeitmittel weniger Moleküle des Lösungsmittels in den Dampfraum übertreten und wieder in die Lösung zurückkehren als aus der Oberfläche des reinen Lösungsmittels. Ist kein gelöster Stoff vorhanden ($X_1 = 1$), wird $p = k$. Damit entspricht die Proportionalitätskonstante k in (3.1) dem Dampfdruck des reinen Lösungsmittels (p_1), so daß sich (3.1) auch folgendermaßen schreiben läßt:

(3.2) $p = p_1\ X_1$

Das bedeutet: Der Dampfdruck des Lösungsmittels über einer Lösung (p) ist das Produkt aus dem Dampfdruck des reinen Lösungsmittels (p_1) und der Molfraktion des Lösungsmittels (X_1). In einer Lösung mit mehreren flüchtigen Komponenten ist der Dampfdruck jeder Komponente gleich dem Produkt aus der Molfraktion der betreffenden Komponente und dem Dampfdruck der reinen Komponente bei der gleichen Temperatur.

Beispiel:

Die Dampfdrücke von Wasser und Aceton bei 30 °C sind p = 42,4 mbar bzw. p = 376,8 mbar. Löst man 0,1 mol Glucose (nicht flüchtig) in einem Gemisch aus 20 mol Wasser und 1 mol Aceton, so ist nach (2.16) X(Wasser) = 20 mol/21,1 mol = 0,948 und X(Aceton) = 1 mol/21,1 mol = 0,047. Die Partialdrücke sind dann: p(Wasser) = 42,4 mbar 0,948 = 40,2 mbar; p(Aceton) = 376,8 mbar 0,047 = 17,7 mbar. Befindet sich diese Lösung in einem geschlossenen Gefäß, aus dem die Luft über der Lösung entfernt wurde, dann ist gemäß dem Dalton'schen Partialdruckgesetz (s. Abschn. 2.2) der gesamte Dampfdruck p_{ges} = (40,2 + 17,7) mbar = 57,9 mbar. Ein angeschlossenes Manometer würde diesen Druck anzeigen.

Der Dampfdruck einer Flüssigkeit kann z. B. dadurch gemessen werden, daß man eine kleine Probe der Flüssigkeit in das Vakuum oberhalb des Quecksilbers in einem Torricelli-Rohr bringt. Beim Verdampfen der Flüssigkeit wird die Quecksilbersäule heruntergedrückt. Die Höhendifferenz der Säule vor und nach dem Verdampfen der Flüssigkeit ist dem Dampfdruck der Flüssigkeit proportional. Verwendet man in (3.2) die Molfraktion des gelösten Stoffes (X_2), erhält man

(3.3) $p = p_1\ (1 - X_2)$

(3.4) $$X_2 = \frac{n_2}{n_1 + n_2} = 1 - \frac{p}{p_1} = \frac{p_1 - p}{p_1} = \frac{\Delta p}{p_1}$$

Die Dampfdrucksenkung einer Lösung (Δp) ist demnach das Produkt aus dem Dampfdruck des reinen Lösungsmittels (p_1) und der Molfraktion des gelösten Stoffes (X_2):

(3.5) $$\Delta p = p_1 X_2$$

Je mehr X_2 zunimmt (je konzentrierter die Lösung ist), umso kleiner wird p, der Dampfdruck des Lösungsmittels über der Lösung. Mißt man Δp und vergleicht das Ergebnis mit dem berechneten Wert, zeigt sich, wieweit die Lösung als ideal zu betrachten ist.

Beispiel:

Der Dampfdruck des Wassers bei 20 °C beträgt p_1 = 2,337 kPa. Löst man 5 g Glucose in 100 g Wasser bei 20 °C, so ist n_1 = n(Wasser) = 5,555 mol und n_2 = n(Glucose) = 0,028 mol. Die zu erwartende Dampfdrucksenkung dieser Lösung ist dann gemäß (3.4) oder (3.5) Δp = 0,0117 kPa = 0,117 mbar.

Aus der Dampfdrucksenkung einer Lösung gegenüber dem reinen Lösungsmittel kann man auch die molare Masse des gelösten Stoffes bestimmen. Nach (3.4) ist $p_1 - p = \Delta p$ oder $p_1 - \Delta p = p$, ferner $\Delta p\,(n_1 + n_2) = n_2\, p_1$ oder $n_1\, \Delta p = n_2\,(p_1 - \Delta p) = n_2\, p$ oder $n_2 = m_2/M_2 = n_1\, \Delta p/p$. Durch Umstellen nach der molaren Masse ergibt sich

(3.6) $$M_2 = \frac{m_2\, p}{n_1\, \Delta p}$$

Beispiel:

m_2 = 4,65 g einer Fettsäure werden in m_1 = 44,5 g Diethylether (M_1 = 74 g/mol) gelöst. Man mißt p = 45,5 kPa und Δp = 1,38 kPa. Die molare Masse der Fettsäure ist daher

$$M_2 = \frac{4{,}65 \text{ g } 45{,}5 \text{ kPa}}{0{,}6 \text{ mol } 1{,}38 \text{ kPa}} = 255{,}5 \text{ g/mol}$$

Den Zusammenhang zwischen dem Druck und der Löslichkeit von Gasen in Flüssigkeiten vermittelt das Henry'sche Gesetz: Bei konstanter Temperatur ist die Löslichkeit eines Gases, das mit der Flüssigkeit nicht chemisch reagiert, dem

Partialdruck des Gases über der Flüssigkeit proportional.

Die in der Flüssigkeit gelöste Gasmenge kann als Stoffmengen-Konzentration

(3.7) $c = k_c\, p$

als Molfraktion

(3.8) $X = k_x\, p$

oder als Volumen

(3.9) $V = \alpha\, p$

angegeben werden, wovon dann jeweils Betrag und Einheit der Proportionalitätskonstanten abhängen. In (3.9) ist α der Bunsen'sche Absorptionskoeffizient. Er gibt das Volumen des Gases in cm^3 an, das die bei der Temperatur ϑ und dem Normdruck p_o in 1 cm^3 der Flüssigkeit gelöste Gasmenge bei der Normtemperatur $\vartheta_o = 0$ °C hätte. So bedeutet z. B. $\alpha(O_2) = 0{,}0310$ (bei $\vartheta = 20$ °C) für Wasser, daß der in 1 cm^3 Wasser bei 20 °C gelöste Sauerstoff bei 0 °C das Volumen $V_o = 0{,}0310\ cm^3$ hätte, sofern der Druck des Sauerstoffs über dem Wasser $p_o = 101{,}3$ kPa beträgt und sofern das Wasser unter diesen Bedingungen mit Sauerstoff gesättigt ist. Mit (2.9) lassen sich die gelösten Gasvolumina natürlich leicht auf andere Temperaturen umrechnen. In Tabelle 3.1 sind die Bunsen'schen Absorptionskoeffizienten einiger biologisch wichtiger Gase zusammengestellt.

Tabelle 3.1 Bunsen-Koeffizienten einiger Gase für Wasser

	20 °C	25 °C	30 °C	37 °C
$\alpha(O_2)$	0,0310	0,0283	0,0261	0,0239
$\alpha(CO_2)$	0,878	0,759	0,665	0,567
α(Luft)	0,0187			

Die Anwesenheit anderer Gase hat keinen Einfluß auf die Löslichkeit eines bestimmten Gases. Jedes Gas löst sich nach dem Henry'schen Gesetz proportional seinem Partialdruck.

(3.10) $V_o(\text{Gas}) = \alpha\, p/p_o$

Soll das Volumen des gelösten Gases nicht auf 1 cm^3, sondern auf ein beliebiges Volumen der Flüssigkeit, V(Fl), bezogen werden, ist (3.10) noch folgendermaßen zu modifizieren:

(3.11) $V_o(\text{Gas}) = \alpha\, V(\text{Fl})\, p/p_o$

Beispiele:

(a) Steht nur O_2 ($p = p_o$ = 101,3 kPa) mit Wasser im Lösungsgleichgewicht, so hätte der in 1 l Wasser bei 20 °C gelöste Sauerstoff bei 0 °C das Volumen $V_o(O_2)$ = 0,0310 1000 cm^3 = 31 cm^3.

(b) Befindet sich Luft (ca. 21 % O_2 und 78 % N_2) unter Normdruck im Lösungsgleichgewicht mit Wasser, dann hätte der in 1 l Wasser bei 20 °C gelöste Sauerstoff bei 0 °C das Volumen

$$V_o(O_2) = 0{,}0310 \quad 1000 \text{ cm}^3 \; \frac{0{,}21 \quad 101{,}3 \text{ kPa}}{101{,}3 \text{ kPa}} = 6{,}51 \text{ cm}^3$$

und der Stickstoff (α = 0,01445 bei 20 °C)

$$V_o(N_2) = 0{,}01445 \quad 1000 \text{ cm}^3 \; \frac{0{,}78 \quad 101{,}3 \text{ kPa}}{101{,}3 \text{ kPa}} = 11{,}27 \text{ cm}^3$$

Während in der Luft das Volumenverhältnis der beiden Gase etwa 1 : 4 ist, stehen ihre im Wasser gelösten Volumina bei 20 °C etwa im Verhältnis 1 : 1,7. Diese in Bezug zur Luft erhebliche Anreicherung des Sauerstoffs im Wasser ist für die Atmung der aquatischen Organismen von großer Bedeutung.

(c) Für die Löslichkeit von O_2 im menschlichen Blutplasma (37 °C) gilt α = 0,024. Der Partialdruck des O_2 im arteriellen Blut (s. u.) ist $p(O_2)$ = 12,6 kPa. Damit lösen sich in 1 l arteriellem Blutplasma $V_o(O_2)$ = 0,024 1000 cm^3 (12,6/101,3) = 3 cm^3. Aufgrund der hohen O_2-Bindungsfähigkeit des Hämoglobins bindet 1 l Blut jedoch maximal ca. 210 cm^3 O_2, also etwa das 70-fache des Volumens, das bei ausschließlich physikalischer Absorption aufgenommen werden könnte.

In der Physiologie wird die in Körperflüssigkeiten gelöste Gasmenge durch den Partialdruck angegeben, der sich nach dem Henry'schen Gesetz aus der Gasmenge ergibt.

Beispiel:

1 l venöses menschliches Blutplasma löst bei 37 °C etwa 30 cm^3 CO_2 (α = 0,49 für Blut bei 37 °C). Gemäß (3.11) ist dann

$$p(CO_2) = \frac{V_o \; p_o}{\alpha \; V(Fl)} = \frac{0{,}03 \text{ l} \quad 101{,}3 \text{ kPa}}{0{,}49 \quad 1 \text{ l}} = 6{,}2 \text{ kPa} = 62 \text{ mbar}$$

Man ordnet also dem venösen Plasma den CO_2-Partialdruck 62 mbar zu, obwohl das Gas gelöst vorliegt. Unter Standardbedingungen reagiert nur ein sehr geringer Teil (ca. 1 %) des CO_2 chemisch mit dem Wasser.

3.3 GEFRIERPUNKTERNIEDRIGUNG UND SIEDEPUNKTERHÖHUNG EINER LÖSUNG

Abbildung 3.2 stellt (schematisch) die Dampfdruckkurve einer wäßrigen Lösung (2) der Dampfdruckkurve des reinen Wassers (1) gegenüber.

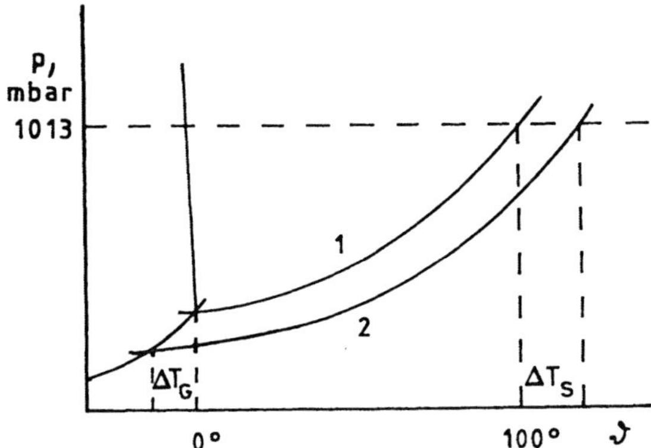

Abb. 3.2 Dampfdruckkurven des Wassers (1) und einer wäßrigen Lösung (2) (weitere Erklärungen im Text)

Aus der Tatsache, daß die Dampfdruckkurve einer wäßrigen Lösung tiefer verläuft als die des reinen Wassers, folgt unmittelbar, daß die Lösung erst bei einer Temperatur $\vartheta > 100\ ^{\circ}C$ den Normdruck $p_o = 1013$ mbar erreicht. Die Lösung zeigt also gegenüber reinem Wasser eine Siedepunkterhöhung (ΔT_S). Andererseits schneidet die Dampfdruckkurve der Lösung die Dampfdruckkurve des Eises erst bei einer Temperatur $\vartheta < 0\ ^{\circ}C$, was zu einer Gefrierpunktsenkung (ΔT_G) der Lösung gegenüber reinem Wasser führt. Nach dem Raoult'schen Gesetz sind Δp und daher auch ΔT_G und ΔT_S der Molfraktion und somit der Konzentration des gelösten Stoffes proportional:

(3.12 a) $\Delta T_G = E_G\ c_2'$

(3.12 b) $\Delta T_S = E_S\ c_2'$

E_G ist die molale Gefrierpunktsenkung (kryoskopische Konstante), E_S die molale Siedepunkterhöhung (ebullioskopische Konstante). E_G bzw. E_S (Einheit K kg mol^{-1}) sind lösungsmittelspezifische Konstanten. Sie geben die Temperatur an, um die der Erstarrungs- (Schmelz-) punkt bzw. Kondensations- (Siede-) punkt des Lösungsmittels ab- bzw. zunimmt, wenn man 1 mol eines nicht flüchtigen Nichtelektrolyten in 1 kg des betreffenden Lösungsmittels löst. c' ist die molale Konzentration des gelösten Stoffes. Hierbei ist sorgfältig auf den

Unterschied zwischen molaler Konzentration (c') und molarer Konzentration (c) zu achten. Um z. B. eine wäßrige Glucose-Lösung (c' = 1 mol/kg) herzustellen, gibt man zu 180 g Glucose 1 kg Wasser, womit das Gesamtvolumen dieser Lösung natürlich größer ist als 1 l. Die kryoskopischen und ebullioskopischen Konstanten einiger gebräuchlicher Lösungsmittel sind in Tabelle 3.2 angegeben.

Tabelle 3.2 E_G und E_S (in K kg mol^{-1}) für einige Lösungsmittel

	E_G	E_S		E_G	E_S
Wasser	1,86	0,514	Cyclohexan	20,2	2,75
Benzol	5,07	2,64	Campher	40,2	6,09

Löst man die Stoffmenge n_2 bzw. die Masse m_2 (in kg) eines Stoffes mit der molaren Masse M_2 in m_1 (in kg) des Lösungsmittels, so ist die molale Konzentration c_2' des gelösten Stoffes

$$c_2' = \frac{n_2}{m_1} = \frac{m_2/M_2}{m_1} = \frac{m_2}{M_2\, m_1}$$

Durch Einsetzen in (3.12 a) und (3.12 b) erhält man

$$\text{(3.13 a)} \quad \Delta T_G = \frac{E_G\, m_2}{M_2\, m_1} \quad \text{und}$$

$$\text{(3.13 b)} \quad \Delta T_S = \frac{E_S\, m_2}{M_2\, m_1}$$

Durch Messung von ΔT_G oder ΔT_S kann man die molare Masse des gelösten Stoffes bestimmen.

Beispiel:

m_2 = 8 g eines Nichtelektrolyten werden in m_1 = 100 g Wasser gelöst. Die Lösung gefriert bei ϑ = - 2,45 °C. Gemäß (3.13 a) ist die molare Masse des gelösten Stoffes

$$M_2 = \frac{1{,}86\ \text{K kg mol}^{-1}\ 8\ 10^{-3}\ \text{kg}}{2{,}45\ \text{K}\ 10^{-1}\ \text{kg}} = 0{,}0607\ \text{kg/mol} = 60{,}7\ \text{g/mol}$$

3.4 DIE OSMOSE UND DER OSMOTISCHE DRUCK

Die freiwillig ablaufende Durchmischung von Teilchen verschiedener Stoffe in Lösungen und Gasgemischen nennt man Diffusion. Die Diffusion ist eine Folge der ungeordneten thermischen Bewegung der Teilchen. Behindert man die gegenseitige Durchmischung von Molekülen oder Ionen mehrerer Stoffe durch eine semipermeable Membran, die nur eine Teilchenart passieren läßt, so spricht man von Osmose. Systematische Untersuchungen der Osmose in wäßrigen Lösungen führte W. Pfeffer durch. Er verwendete dabei den in Abb. 3.3 schematisch dargestellten Apparat ("Pfeffer'sche Zelle").

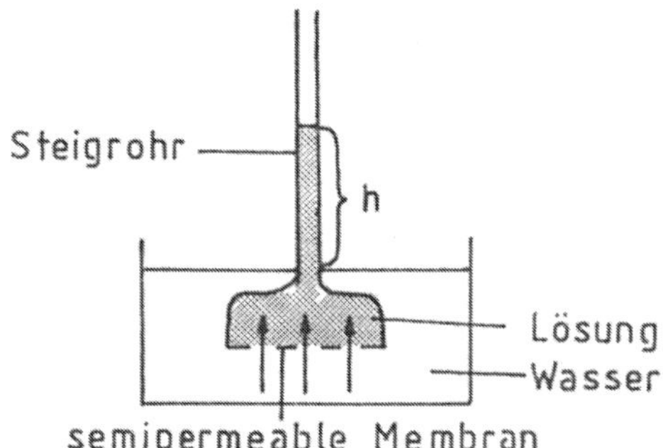

Abb. 3.3 Pfeffer'sche Zelle (Erklärung im Text)

In eine Wanne mit Wasser taucht ein glockenförmiges Gefäß, das nach oben in einem Steigrohr ausläuft und unten durch eine semipermeable Membran verschlossen ist. Innerhalb des Gefäßes befindet sich eine wäßrige Lösung, z. B. eine Saccharose-Lösung. Die Membran läßt nur Wasser-Moleküle durch, während die Moleküle des gelösten Stoffes die Membran nicht durchdringen können. Da das Wasser in der Wanne eine höhere Konzentration hat als in der Glocke, diffundiert Wasser aus der Wanne in die Glocke. Ein Konzentrationsausgleich beider Stoffe kann aber infolge der Semipermeabilität der Membran nicht stattfinden. Durch den Anstieg der Flüssigkeitssäule im Rohr nimmt der auf die Innenwände der Glocke sowie auf die Membran wirkende hydrostatische Druck (p_{hyd}) zu und verhindert schließlich eine weitere Netto-Einwärtsdiffusion des Wassers. In diesem Zustand des osmotischen Gleichgewichts erreicht die Flüssigkeitssäule im Rohr eine konstante Höhe. Es handelt sich um ein dynamisches Gleichgewicht: In einer bestimmten Zeit passieren jetzt gleich viele Wasser-Moleküle die Membran in beiden Richtungen. Der in diesem Zustand erreichte hydrostatische Druck der Flüssigkeitssäule ist gleich dem osmotischen Druck (π) der Lösung.

Der hydrostatische Druck einer Flüssigkeitssäule ist das Produkt aus der Höhe (h) der Säule und der Wichte (γ) der Flüssigkeit:

(3.14) $p_{hyd} = h\ \gamma$

Wasser hat bei Raumtemperatur die Dichte $\rho = 1\ g/cm^3$. Da die Masse m = 1 g auf der Erde (in mittlerer geographischer Breite) die Gewichtskraft F = m g = 0,001 kg 9,81 N/kg = 9,81 10^{-3} N ≈ 0,01 N ≈ 1 cN ausübt, beträgt die Wichte des Wassers bei Raumtemperatur etwa $\gamma = 1\ cN/cm^3$. Eine 1 cm hohe Wassersäule verursacht demnach etwa den hydrostatischen Druck $p_{hyd} = 1\ cm\ 1\ cN/cm^3 = 1\ cN/cm^2 = 100\ N/m^2 = 100\ Pa = 1\ mbar$ (1 Pa = 10^{-5} bar). Ist also im Zustand des osmotischen Gleichgewichts die Flüssigkeitssäule im Steigrohr z. B. 100 cm hoch, so beträgt ihr hydrostatischer Druck etwa 100 mbar. Der osmotische Druck einer Lösung, die einer x cm hohen Wassersäule im Steigrohr einer Pfeffer'schen Zelle das Gleichgewicht hält, ist demnach π = x mbar. Weil sich aber in dem Rohr nicht reines Wasser, sondern eine wäßrige Lösung ($\gamma > 1\ cN/cm^3$) befindet, ist p_{hyd} und damit π in Wirklichkeit etwas höher.
J. H. van't Hoff fand durch experimentelle Untersuchungen, daß der osmotische Druck der Konzentration des gelösten Stoffes und der Temperatur direkt proportional ist. Er entdeckte darüber hinaus, daß die Proportionalitätskonstante nichts anderes ist als die universelle Gaskonstante:

(3.15) $\pi = R\ c\ T = R\ (n/V)\ T$ oder $\pi\ V = n\ R\ T$

Die van't Hoff'sche Gleichung des osmotischen Drucks entspricht der universellen Gasgleichung (2.11), wobei hier lediglich der Gasdruck p durch den osmotischen Druck π ersetzt ist. Diesen zunächst erstaunlichen Befund brachte van't Hoff 1891 in einem Vortrag vor der Versammlung holländischer Naturforscher und Ärzte folgendermaßen zum Ausdruck: "Der gelöste Körper übt genau denselben Druck aus, welchen er als Dampf bei derselben Dichte und Temperatur ausüben würde... . Man hat nur die sich auf letztere [gemeint sind die Dämpfe und Gase] beziehenden Gesetze auf erstere [die Lösungen] zu übertragen und das Wort Gasdruck durch osmotischen Druck zu ersetzen, um orientiert zu sein und rechnen zu können" (zitiert nach E. Cohen). Nach den heutigen Kenntnissen entspricht die Vorstellung, der gelöste Stoff übe einen Druck aus, allerdings nicht den Tatsachen. Eine Ableitung der van't Hoff'schen Gleichung aus den Gesetzen der Thermodynamik erfolgt im Abschn. 9.4.

Beispiel:

Eine Saccharose-Lösung (c = 0,1 mol/l) hat gemäß (3.15) bei 0 °C den osmotischen Druck

$$\pi = \frac{n\,R\,T}{V} = \frac{0{,}1 \text{ mol } 8{,}31 \text{ N m K}^{-1} \text{ mol}^{-1}\ 273{,}15 \text{ K}}{10^{-3} \text{ m}^3} = 22{,}7 \quad 10^4 \text{ N/m}^2 = 2{,}27 \text{ bar}$$

Diese Lösung hielte also immerhin einer 23,15 m hohen Wassersäule das Gleichgewicht (1 bar entspricht dem Druck einer Wassersäule der Höhe h = 10,197 m am Normort).

Ersetzt man in der van't Hoff'schen Gleichung n durch m/M und stellt die Gl. nach M um, erhält man einen Term, mit dem man aus dem gemessenen osmotischen Druck einer Lösung die molare Masse des gelösten Stoffes berechnen kann. Dies gilt allerdings nur für stark verdünnte Lösungen von Nichtelektrolyten (s. Abschn. 3.5).

Den osmotischen Druck mißt man mit Hilfe eines Osmometers, dessen Prinzip Abb. 3.4 darstellt.

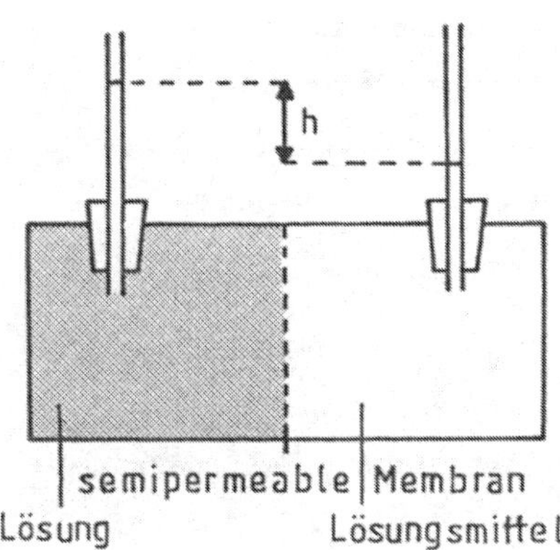

Abb. 3.4 Osmometer (Prinzip)

Im Gleichgewicht ist h = konstant, so daß dann gilt:

(3.16) $\pi \equiv p_{hyd} = h\,\gamma = h\,\rho\,g$ (Erdbeschleunigung g = 9,81 N/kg)

Beispiel:

Ist h = 50 cm, so beträgt der osmotische Druck einer Lösung, deren Dichte $\rho = 1{,}05$ g/cm^3 ist,

$\pi = 50 \text{ cm } 1{,}05 \text{ g/cm}^3\ 9{,}81 \quad 10^{-3} \text{ N/g} = 0{,}515 \text{ N/cm}^2 = 51{,}5 \text{ mbar}$

In der Physiologie werden Konzentrationen manchmal in der Einheit osmol/l angegeben. Man versteht unter der Osmolarität einer Lösung die gesamte osmotisch wirksame Stoffkonzentration. Enthält die Lösung mehrere osmotisch wirksame Teilchenarten 1, 2, 3,..., k in den Konzentrationen c_1, c_2, c_3,..., c_k, so nimmt die van't Hoff'sche Gleichung für diesen Fall folgende Form an:

$$\pi = R\,T \sum_{i=1}^{k} c_i \tag{3.17}$$

Die Summe aller Teilchenkonzentrationen in der Lösung heißt Osmolarität. Dieser Begriff wird in den Biowissenschaften häufig auf komplex zusammengesetzte Lösungen angewandt, die zahlreiche Nichtelektrolyte und Elektrolyte gelöst enthalten (z. B. Blut, Lymphe, Zellsaft, Harn, Meerwasser etc.). Osmotische Vorgänge haben im Bereich des Belebten eine eminent große Bedeutung. So müssen z. B. größere Flüssigkeitsvolumina, die man in die Blutbahn infundiert, isotonisch mit dem Blutplasma sein, d. h. die gleiche Osmolarität wie dieses besitzen. Diese Bedingung erfüllt bei Säugetieren z. B. eine 0,95%ige NaCl-Lösung ("physiologische Kochsalzlösung").

3.5 AKTIVITÄT UND IONENSTÄRKE

Elektrolyt-Lösungen haben eine größere Dampfdruckerniedrigung, Gefrierpunktsenkung und Siedepunkterhöhung sowie einen höheren osmotischen Druck als Nichtelektrolyt-Lösungen gleicher Stoffmengen-Konzentration. Vergleicht man z. B. eine Lösung von Saccharose (c = 0,01 mol/l) mit derjenigen von $MgCl_2$ (c = 0,01 mol/l), so liegen im ersten Fall als osmotisch wirksame Teilchen Moleküle vor (Teilchenkonzentration 0,01 N_L/l); im zweiten Fall liefert dagegen eine Formeleinheit des ternären Salzes $MgCl_2$ ein Mg^{2+}-Ion und zwei Cl^--Ionen (Teilchenkonzentration 0,03 N_L/l). Die $MgCl_2$-Lösung sollte also eine dreimal so große Gefrierpunktsenkung und Siedepunkterhöhung sowie einen dreifach so hohen osmotischen Druck aufweisen wie die Saccharose-Lösung. Bei der angenommenen geringen Konzentration trifft das auch annähernd zu. Vergleicht man aber Lösungen höherer Konzentration, z. B. c = 1 mol/l, so erreichen die Werte der $MgCl_2$-Lösung bei weitem nicht mehr das Dreifache der Saccharose-Lösung. Außerdem hat eine Elektrolyt-Lösung, in der die Konzentration des Elektrolyten z. B. c = 0,1 mol/l ist, nicht einen 10-fach höheren osmotischen Druck und 10-fach größere Δp-, ΔT_G- und ΔT_S-Werte als eine Lösung des gleichen Elektrolyten mit c = 0,01 mol/l. Mit zunehmender Konzentration machen sich in immer stärkerem Maße Anziehungskräfte zwischen den Kationen und Anionen bemerkbar, die die freie Beweglichkeit der Ionen behindern und zur Bildung von Ionenaggregaten ("Ionenschwärmen") führen. In jeder realen Elektrolyt-Lösung ist deshalb die Konzentration der frei beweglichen Ionen, die Ionen-Aktivität (a), geringer als die molare Konzentration (c):

(3.18) $a = f_a\, c$

Der Aktivitätskoeffizient f_a nimmt mit wachsender Verdünnung zu und erreicht bei unendlicher Verdünnung den Wert 1:

(3.19) $\lim\limits_{c \to 0} f_a = 1$

In unendlich verdünnten (idealen) Lösungen ist daher a = c. Tabelle 3.3 gibt die Aktivitätskoeffizienten einiger wäßriger Elektrolyt-Lösungen an (25 °C).

Tabelle 3.3 f_a für einige Elektrolyte; Konzentrationen in mol/1000 g H_2O

	10^{-3}	10^{-2}	10^{-1}
Salzsäure	0,9656	0,9043	0,7964
NaCl	0,9659	0,9059	0,7858
NaOH	0,964	0,905	0,772
$AgNO_3$	0,964	0,896	0,717
Schwefelsäure	0,837	0,543	0,379
$CuSO_4$	0,74	0,41	0,149

Es handelt sich hierbei um mittlere Aktivitätskoeffizienten; denn man kann die individuellen Aktivitätskoeffizienten der Kationen und Anionen nicht getrennt messen. Man sieht, daß die f_a-Werte von Elektrolyten, in denen Kationen und Anionen gleich große Ionenladungen tragen, bei gleicher Konzentration einander ähnlich sind. Bei Elektrolyten mit mehrfach geladenen Ionen nehmen die f_a-Werte mit wachsender Konzentration besonders stark ab; denn hochgeladene Ionen üben starke Anziehungskräfte aufeinander aus. Hierin liegt auch der Grund für die Tatsache, daß eine galvanische Konzentrationskette (s. Abschn. 12.4) mit $CuSO_4$- oder $ZnSO_4$- (statt $AgNO_3$-) Lösungen nicht die für 25 °C zu erwartende Potentialdifferenz von 29,5 mV zeigt, sondern eine geringere, wenn das Verhältnis der Ionen-Konzentrationen 10 : 1 ist. Man kann sich die Aktivität eines gelösten Stoffes als seine chemisch wirksame Konzentration vorstellen. Der Aktivitätskoeffizient ist dann ein Maß für die Abweichung vom idealen Verhalten der Lösung. Auch in Lösungen von Nichtelektrolyten treten natürlich Wechselwirkungen zwischen den Teilchen auf, die zur Abweichung vom idealen Verhalten führen und zur rechnerischen Behandlung die Einführung von Aktivitätskoeffizienten erfordern.

Um Lösungen von Elektrolyten unterschiedlicher Konzentrationen und Ionenladungen miteinander vergleichen zu können, führte G. N. Lewis den Begriff Ionenstärke (J) ein:

(3.20) $J = 0{,}5 \sum c_i \, z_i^2$

Die Ionenstärke einer Lösung ist die halbe Summe der Produkte aus den Ionen-Konzentrationen und den zugehörigen quadrierten Ionenladungen aller in der Lösung auftretenden Ionen.

Beispiele:

(a) In einer NaCl-Lösung (c = 0,1 mol/l) ist $J = 0{,}5\ (0{,}1\ \mathrm{mol/l}\ 1^2 + 0{,}1\ \mathrm{mol/l}\ 1^2) = 0{,}1\ \mathrm{mol/l}$. Bei 1;1-wertigen Elektrolyten entspricht die Ionenstärke der Konzentration.

(b) In einem Phosphat-Puffer mit $c(KH_2PO_4) = 0{,}1$ mol/l und $c(Na_2HPO_4) = 0{,}05$ mol/l ist $c(K^+) = 0{,}1$ mol/l; $c(Na^+) = 0{,}1$ mol/l; $c(H_2PO_4^-) = 0{,}1$ mol/l; $c(HPO_4^{2-}) = 0{,}05$ mol/l. Also: $J = 0{,}5\ (0{,}1\ 1^2 + 0{,}1\ 1^2 + 0{,}1\ 1^2 + 0{,}05\ 2^2)\ \mathrm{mol/l} = 0{,}25\ \mathrm{mol/l}$. Die geringen $c(H^+)$ und $c(OH^-)$ des Wassers können i. a. vernachlässigt werden.

Auf empirischem Wege fanden P. Debye und E. Hückel eine Beziehung zwischen dem mittleren Aktivitätskoeffizienten und der Ionenstärke eines starken Elektrolyten:

(3.21) $\lg f_a = -\,0{,}51\ |z^+ z^-|\ \sqrt{J}$

Die Ionenladungen z^+ und z^- werden als Beträge ohne ihre Vorzeichen eingesetzt. Der Faktor 0,51 gilt nur für $\vartheta = 25\ ^\circ C$, weicht aber bei mäßig veränderter Temperatur i. a. nicht erheblich davon ab. Allerdings läßt sich Gl. (3.21) mit hinreichender Genauigkeit nur auf Lösungen geringer Ionenstärke ($J \leqq 0{,}01$) anwenden.

Beispiele:

(a) Für eine NaCl-Lösung (c = 0,01 mol/l) ist $\lg f_a = -\,0{,}51\ 1\ 1\ 0{,}01 = -\,0{,}051$; $f_a = 0{,}889$

(b) Für Schwefelsäure (c = 0,001 mol/l) ist $c(H^+)$ = 0,002 mol/l, $z^+ = 1$; $c(SO_4^{2-})$ = 0,001 mol/l, $z^- = 2$; J = 0,5 (0,002 1^2 + 0,001 2^2) mol/l = 0,003 mol/l; also $\lg f_a = - 0{,}51 \; 1 \; 2 \sqrt{0{,}003} = - 0{,}0559$; $f_a = 0{,}879$.

Die experimentelle Bestimmung der Aktivitätskoeffizienten eines Elektrolyten ist im Prinzip durch Messung der Größen möglich, die direkt von der aktiven Teilchenkonzentration der Lösung abhängen (Δp, ΔT_G, ΔT_S, π). In die entsprechenden Gln. (3.5), (3.13 a), (3.13 b) und (3.15) muß hierzu der van't Hoff'sche Faktor i eingeführt werden. Für einen starken Elektrolyten (vollständige Dissoziation in der Lösung) gilt:

$$i = \nu f_a \qquad (3.22)$$

wobei für ein Salz des Typs A_mB_n $\nu = m + n$ ist.

Beispiel:

Eine Lösung von 3 g NaCl in 100 g H_2O hat die Gefrierpunkterniedrigung ΔT_G = 1,32 K. Durch Modifikation von (3.13 a) mit dem van't Hoff'schen Faktor ergibt sich

$$\Delta T_G = \frac{E_G \, m_2 \, \nu \, f_a}{M_2 \, m_1}$$

Durch Umstellen nach f_a erhält man

$$f_a = \frac{\Delta T_G \, M_2 \, m_1}{E_G \, m_2 \, \nu} = \frac{1{,}32 \text{ K } 58{,}453 \text{ g mol}^{-1} \; 100 \text{ g}}{1{,}86 \text{ K } 10^3 \text{ g mol}^{-1} \; 3 \text{ g } \; 2} = 0{,}691$$

4 Das chemische Gleichgewicht

4.1 GLEICHGEWICHTE IN HOMOGENER PHASE

Im Gleichgewichtszustand einer Reaktion erreichen die Aktivitäten der beteiligten Stoffe konstante Endwerte. Wenn alle Reaktanten in homogener Phase gelöst vorliegen, gilt für eine umkehrbare chemische Reaktion d D + e E +... $\rightleftarrows$ m M + n N +... im Zustand des Gleichgewichts

$$\frac{a^m(M)\ a^n(N)\ \ldots}{a^d(D)\ a^e(E)\ \ldots} = K \qquad (4.1\ a)$$

$a^m(M)\ a^n(N)\ldots$ wird als Massenwirkungsprodukt der Endstoffe (Produkte), $a^d(D)\ a^e(E)\ldots$ als Massenwirkungsprodukt der Ausgangsstoffe (Edukte), der Quotient aus beiden der Kürze halber mit Q bezeichnet. Bei geringen Konzentrationen ($a \approx c$) lassen sich für Gleichgewichte in Lösungen die Aktivitäten durch Konzentrationen ersetzen:

$$\frac{c^m(M)\ c^n(N)\ \ldots}{c^d(D)\ c^e(E)\ \ldots} = K \qquad (4.1\ b)$$

Das 1867 von C. Guldberg und P. Waage gefundene Massenwirkungsgesetz (MWG) besagt: Der Quotient aus den Massenwirkungsprodukten von Endstoffen (Produkten) und Ausgangsstoffen (Edukten) ist im Gleichgewichtszustand einer chemischen Reaktion gleich einer konstanten Größe K, der Gleichgewichtskonstanten. Zur Ableitung des MWG aus den Gesetzen der Thermodynamik s. Abschn. 9.2. K ist temperaturabhängig und hat für jedes Gleichgewicht einen spezifischen Zahlenwert. Ist die Summe der stöchiometrischen Koeffizienten der Edukte und Produkte gleich, besitzt K keine Einheit. In einem solchen Fall darf man statt der Konzentrationen bzw. Aktivitäten der am Gleichgewicht beteiligten Reaktanten auch die für den Gleichgewichtszustand ermittelten Stoffmengen in Q einsetzen und daraus K berechnen.

Beispiel:

Geht man von je 1 mol Ethanol (A) und Essigsäure (S) aus, erhält man im Gleichgewicht bei Raumtemperatur je 2/3 mol Essigsäure-ethylester (E) und Wasser (W), während von A und S noch je 1/3 mol übriggeblieben sind. Derselbe Gleichgewichtszustand stellt sich ein, wenn man von je 1 mol E und W ausgeht. Also ist für das Ester-Gleichgewicht, das durch die katalytische Wirkung von etwas konzentrierter Schwefelsäure schneller erreicht werden kann,

$$K = \frac{c(E)\ c(W)}{c(A)\ c(S)} = \frac{2/3\ \text{mol}\ 2/3\ \text{mol}}{1/3\ \text{mol}\ 1/3\ \text{mol}} = 4$$

Bei Gleichgewichten in der Gasphase werden häufig die Partialdrücke der Reaktanten in Q eingesetzt, z. B. für das Ammoniak-Gleichgewicht

$$\frac{p^2(NH_3)}{p(N_2)\ p^3(H_2)} = K_p \ (\text{in bar}^{-2})$$

Die Gleichgewichtskonstante ergibt sich hier in der Form K_p, während K_c für die Verwendung molarer Konzentrationen in Q gilt. Mit Hilfe der Gln. (9.26) und (9.27) läßt sich K_p in K_c bzw. K_c in K_p umrechnen (Beispiel s. dort). Wenn man n_o = 2 mol Ethanol (A) mit n_o = 1 mol Essigsäure (S) mischt, läßt sich die Zusammensetzung des Gleichgewichtsgemisches bei Raumtemperatur folgendermaßen berechnen: Die Stoffmengen des Esters und des Wassers im Gleichgewicht seien je x mol; dann sind diejenigen von Alkohol und Säure (2 - x) bzw. (1 - x) mol. Die Anwendung des MWG führt zu der quadratischen Gleichung $\frac{x^2}{(2 - x)\ (1 - x)} = 4$. Die Lösungen dieser Gleichung sind x_1 = 3,155 (aus chemischen Gründen nicht verwendbar, da die umgesetzte Stoffmenge nicht größer sein kann als die Ausgangsstoffmenge) und x_2 = 0,845. Im Gleichgewicht treten also folgende Stoffmengen auf: n(E) = n(W) = 0,845 mol; n(A) = (2 - 0,845) mol 1,155 mol; n(S) = (1 - 0,845) mol = 0,155 mol.

Eine analoge Rechnung mit den Ausgangsstoffmengen n_o(A) = n_o(S) = 2 mol ergibt für den Gleichgewichtszustand n(E) = n(W) = 1,33 mol und n(A) = n(S) = 0,67 mol. Diese Überlegungen lassen folgenden wichtigen Sachverhalt deutlich werden: Mit zunehmender Ausgangsstoffmenge bzw. -konzentration der Edukte wächst die Gleichgewichtsstoffmenge bzw. -konzentration der Produkte. Stört man ein bereits bestehendes Gleichgewicht durch Zufuhr eines oder mehrerer Edukte(s) oder durch Entnahme eines oder mehrerer Produkte(s), so verschiebt sich das Gleichgewicht "nach rechts" (auf die Seite der Produkte). Dabei werden aus den Edukten in dem Ausmaß weiterhin Produkte gebildet, daß

K wieder den für die betreffende Temperatur gültigen Zahlenwert erreicht. Umgekehrt verschiebt sich das Gleichgewicht "nach links" (auf die Seite der Edukte), wenn man Produkte zu- oder Edukte abführt. In der präparativen Chemie macht man von diesen Zusammenhängen häufig Gebrauch, indem man z. B. durch Destillation, Ausgasung oder Ausfällung bestimmte Stoffe permanent aus dem Reaktionsgemisch entfernt. Dabei kommt es erst gar nicht zu einer Gleichgewichtseinstellung. Dem Gleichgewicht zustrebend, es aber nicht erreichend, werden die Edukte praktisch vollständig in die gewünschten Produkte umgewandelt. Dadurch läßt sich selbst dann eine vollständige oder weitgehende Umsetzung der Edukte in die Produkte erzielen, wenn in einem geschlossenen System das Gleichgewicht links läge ($K < 1$). Auch bei den biochemischen Reaktionen des Zellstoffwechsels verlaufen die Umsetzungen i. a. nicht bis zum Gleichgewichtszustand, weil das Produkt einer Reaktion fast immer das Edukt einer sich anschließenden Folgereaktion darstellt.

Beispiel:

In dem Iodwasserstoff-Gleichgewicht $H_2(g) + I_2(g) \rightleftarrows 2\ HI(g)$ sei bei einer bestimmten Temperatur $c(H_2) = c(I_2) = 0{,}010$ mol/l und $c(HI) = 0{,}074$ mol/l. Die Gleichgewichtskonstante ist somit $K_c = (0{,}074)^2/(0{,}010)^2 = 54{,}8$.
Erhöht man nun c(HI) auf 0,150 mol/l, dann wird das Gleichgewicht nach links verschoben; von HI werden 2 x mol/l verbraucht und in je x mol/l H_2 und I_2 umgewandelt. Nach erneuter Einstellung des Gleichgewichts gilt
$(0{,}150 - 2\,x)^2/(0{,}01 + x)^2 = 54{,}8$; $x = 8{,}1\ \ 10^{-3}$ (2. Lösung nicht verwertbar).
Die neuen Gleichgewichts-Konzentrationen sind: $c(H_2) = c(I_2) = (0{,}010 + 0{,}0081)$ mol/l = 0,0181 mol/l; $c(HI) = (0{,}150 - 0{,}0162)$ mol/l = 0,1338 mol/l.

Ist in einem chemischen Gleichgewicht, in dem gasförmige Reaktanten auftreten, $\sum$ n(gasförmige Edukte) $\neq$ $\sum$ n(gasförmige Produkte), so läßt sich das Gleichgewicht durch Druckänderung beeinflussen. Ein solches Gleichgewicht wird durch Druckerhöhung in die volumenverkleinernde Richtung, also zu der Seite verschoben, auf der $\sum$ n der Reaktanten kleiner, und durch Druckminderung in die volumenvergrößernde Richtung, also zu der Seite, auf der $\sum$ n der Reaktanten größer ist. Dabei ändert sich bei konstanter Temperatur der Zahlenwert der Gleichgewichtskonstanten nicht.

Beispiel:

Befindet sich das Gleichgewichtsgemisch 2 NO_2(g) $\rightleftarrows$ N_2O_4(g) in einem Kolbenprober eingeschlossen, so führt Hineindrücken des Stempels zur Aufhellung, Herausziehen des Stempels zur Vertiefung der braunen Farbe des Gasgemisches (NO_2 ist braun, N_2O_4 farblos). Setzt man ideales Verhalten dieser beiden Gase voraus, so beanspruchen 2 x mol NO_2 bei konstanter Temperatur ein doppelt so großes Volumen wie x mol N_2O_4. Druckerhöhung verschiebt das Gleichgewicht also auf die Seite des N_2O_4 (→ Aufhellung), Druckminderung auf die Seite des NO_2 (→ Farbvertiefung). Angenommen, bei einer bestimmten Temperatur sei in diesem Gleichgewicht
$K = c(N_2O_4)/c^2(NO_2) = 0{,}504\ \text{mol l}^{-1}/(0{,}071)^2\ \text{mol}^2\ \text{l}^{-2} = 100\ \text{l mol}^{-1}$
Wird bei konstanter Temperatur der Druck auf die Hälfte gesenkt, so steigt nach dem Gesetz von Boyle und Mariotte das Volumen auf das Doppelte, so daß nun zunächst $c(N_2O_4) = 0{,}252$ mol/l und $c(NO_2) = 0{,}0355$ mol/l ($|Q| \neq K$) sind. Zur Neueinstellung des Gleichgewichts dissoziieren x mol N_2O_4 in 2 x mol NO_2 (Verschiebung des Gleichgewichts). Die Gleichgewichtsbedingung lautet $(0{,}252 - x)/(0{,}0355 + 2\,x)^2 = 100$; $x = 0{,}007$ (2. Lösung nicht verwertbar).

Im neuen Gleichgewicht herrschen dann folgende Konzentrationen: $c(N_2O_4)$ $= (0{,}252 - 0{,}007)$ mol/l $= 0{,}245$ mol/l; $c(NO_2) = (0{,}0355 + 0{,}014)$ mol/l $= 0{,}0495$ mol/l. Man überprüfe, daß vor der Druckänderung $X(N_2O_4) = 0{,}876$, $X(NO_2) = 0{,}123$; nach der Druckänderung $X(N_2O_4) = 0{,}832$, $X(NO_2) = 0{,}168$ ist. Die Molenbrüche der Reaktanten haben sich zugunsten des NO_2 geändert.

Von großer technischer Bedeutung ist der Druck im Ammoniak-Gleichgewicht N_2(g) + 3 H_2(g) $\rightleftarrows$ 2 NH_3(g). Nach den vorangegangenen Ausführungen ist es einleuchtend, daß ein hoher Druck die Ausbeute an NH_3 bei der großtechnischen Ammoniak-Synthese (Haber-Bosch-Verfahren) steigert. Auf homogene Gleichgewichte in flüssiger Phase und auf heterogene Gleichgewichte zwischen einer festen und einer flüssigen Phase hat der Druck nur einen geringen (in den meisten Fällen zu vernachlässigenden) Einfluß, da kondensierte Phasen (Feststoffe und Flüssigkeiten) kaum kompressibel sind.

Die Standard-Reaktionsenthalpie (s. Abschn. 6.3) für das oben besprochene Gasgleichgewicht 2 NO_2 $\rightleftarrows$ N_2O_4 ist $\Delta H^o = -\ 57$ kJ/mol. Die Reaktion verläuft bei Standardtemperatur von links nach rechts exo-, von rechts nach links endotherm. Es gilt allgemein, daß durch Temperaturerhöhung das Gleichgewicht auf die Seite des (der) endotherm entstehenden und durch Temperatursenkung auf die Seite des (der) exotherm entstehenden Reaktanten verschoben

wird. Hierbei ändert sich jedoch der Zahlenwert der Gleichgewichtskonstanten (im Gegensatz zu den vorher betrachteten Beeinflussungen von Gleichgewichten durch Änderung der Konzentrationen und des Druckes), und zwar nimmt dieser bei einer endothermen Reaktion mit wachsender Temperatur zu. Den quantitativen Zusammenhang zwischen den Gleichgewichtskonstanten und den Reaktionsenthalpien bei 2 verschiedenen Temperaturen enthält die van't Hoff'sche Gleichung (9.34). Im Abschn. 9.3 wird hierzu ein Beispiel besprochen.
Die Art und Weise, in der die in diesem Abschnitt erläuterten Faktoren (Konzentration der Reaktanten, Druck und Temperatur) Gleichgewichte beeinflussen, läßt sich in dem 1888 formulierten Prinzip von Le Chatelier (Prinzip der Flucht vor dem Zwang) zusammenfassen: Übt man auf ein im Gleichgewicht befindliches System (durch Änderung der Konzentrationen, des Druckes oder der Temperatur) einen Zwang aus, so weicht das System diesem Zwang aus, indem es so reagiert, daß der ausgeübte Zwang möglichst klein wird. Das Prinzip von Le Chatelier gilt auch für Gleichgewichte in heterogenen Phasen: Eis schmilzt bei Druckerhöhung, weil beim Übergang von Eis in flüssiges Wasser das Volumen abnimmt. Der Siedepunkt von Wasser steigt mit zunehmendem und fällt mit abnehmendem Druck, weil die Dichte von Wasserdampf geringer ist als die von flüssigem Wasser. Der Leser möge sich überlegen, warum der Einfluß des Druckes auf den Siedepunkt des Wassers erheblich größer ist als auf den Schmelzpunkt.

4.2 LÖSLICHKEITSGLEICHGEWICHTE VON SALZEN

Ein besonders wichtiger Fall eines heterogenen Gleichgewichts liegt vor, wenn ein Salz A_mB_n als fester Bodenkörper mit der gesättigten wäßrigen Lösung des Salzes in Berührung steht. Auf dieses Gleichgewicht
$A_mB_n(s) \rightleftarrows m\,A^+(aq) + n\,B^-(aq)$ läßt sich das MWG anwenden:

$$(4.2) \quad \frac{a^m(A^+,aq)\; a^n(B^-,aq)}{a(A_m\,B_n,s)} = K$$

$a(A_mB_n,s)$ wird als in gesättigter Lösung bei konstanter Temperatur konstante Größe mit K zu einer neuen Konstanten K_L, dem Löslichkeitsprodukt, zusammengefaßt:

$$(4.3\ a) \quad a^m(A^+,aq)\; a^n(B^-,aq) = K_L$$

Das Löslichkeitsprodukt eines Salzes ist das Produkt der Ionenaktivitäten (jede von ihnen potenziert mit dem zugehörigen stöchiometrischen Index) in gesättigter Lösung und stellt für jedes Salz bei bestimmter Temperatur eine Konstante dar, nämlich K_L. Die Löslichkeitsprodukte von Salzen werden i. a. für Standardtemperatur, oft auch in Form ihrer negativen dekadischen Logarithmen angegeben:

(4.4) $pK_L = - \lg K_L$

Handelt es sich um schwer lösliche Salze, so sind die in der Lösung vorliegenden Ionenaktivitäten gering, und statt ihrer lassen sich dann auch die Ionenkonzentrationen verwenden:

(4.3 b) $c^m(A^+,aq)\ c^n(B^-,aq) = K_L$

Tabelle 4.1 gibt für einige schwer lösliche Salze die pK_L-Werte bei Standardtemperatur an.

Tabelle 4.1 pK_L-Werte einiger schwer löslicher Salze (wäßrige Lösung)

Salz	pK_L	Salz	pK_L	Salz	pK_L
AgCl	9,7	$CaCO_3$	8,3	$Fe(OH)_3$	39
AgBr	12,3	CaF_2	10,5	FeS	18,5
AgI	16	$Ca(OH)_2$	5,4	$MgCO_3$	5
Ag_2CrO_4	11,5	CuS	40	$Mg(OH)_2$	11
$Ba(OH)_2$	2,3	$Fe(OH)_2$	15	MnS	9,5

Die Bestimmung von K_L erfolgt meistens durch Potentiometrie (s. Abschn. 12.7) oder durch Konduktometrie (s. Abschn. 14.4).
Die Konzentration eines Salzes des Typs AB in einer gesättigten Lösung (die Löslichkeit) ist

(4.5) $c = \sqrt{K_L}$

Beispiel:

Die Konzentration von AgCl in einer gesättigten Lösung ist bei Zimmertemperatur $c = (2\ 10^{-10}\ mol^2\ l^{-2})^{1/2} = 1,4\ 10^{-5}$ mol/l bzw.
$c^* = 1,4\ 10^{-5}$ mol/l 143,32 g/mol = $2\ 10^{-3}$ g/l = 2 mg/l.

Bei einem Salz des Typs A_mB_n beträgt in gesättigter Lösung die Konzentration der Kationen $c(A^+) = m\ c$ mol/l und die der Anionen $c(B^-) = n\ c$ mol/l. Das

Löslichkeitsprodukt eines solchen Salzes ist gemäß (4.3 b)

(4.6) $K_L(A_mB_n) = (m\ c)^m\ (n\ c)^n$ (Einheit mol^{m+n}/l^{m+n})

(4.7) $K_L(A_mB_n) = m^m\ n^n\ c^{m+n}$

Die Konzentration dieses Salzes in der gesättigten Lösung ist daher

(4.8) $c = \sqrt[m+n]{\frac{K_L}{m^m\ n^n}}$

Ist m = n = 1 (1;1-wertiges oder binäres Salz), geht (4.8) in (4.5) über.

Beispiel:

Die Löslichkeit von CaF_2 (K_L = 3,16 10^{-11} $mol^3\ l^{-3}$) ist bei Zimmertemperatur gemäß (4.8)

$$c = \sqrt[3]{\frac{3,16\ \ 10^{-11}\ mol^3\ l^{-3}}{4}} = 2\ \ 10^{-4}\ mol/l$$

$$c^* = 2\ \ 10^{-4}\ mol/l\ \ 78,08\ g/mol = 0,0156\ g/l$$

Das im vorigen Abschnitt besprochene Prinzip von Le Chatelier gestattet eine Voraussage des Temperatureinflusses auf die Löslichkeit eines Salzes. Die Löslichkeit von Salzen mit negativer Lösungsenthalpie (zum Enthalpie-Begriff s. Abschn. 6.3), also von Salzen, die sich exotherm lösen ($\Delta H_{Lösung} < 0$), nimmt mit steigender Temperatur ab (Beispiel: NaOH). Die Löslichkeit von Salzen mit positiver Lösungsenthalpie, also von Salzen, die sich endotherm lösen ($\Delta H_{Lösung} > 0$), nimmt mit steigender Temperatur zu (Beispiel: NH_4NO_3). Bei der Auflösung eines Salzes in Wasser muß die Gitterenergie des Kristallgitters durch die Hydratationsenergie der Ionen überwunden werden. Aber es spielen auch Entropie-Effekte eine wichtige Rolle (zum Entropie-Begriff s. Abschn. 7.2). Die Auflösung des Ionengitters des Salzkristalls beim Lösungsvorgang hat durchaus nicht immer eine Entropiezunahme zur Folge, wie man zunächst annehmen könnte. Ein hochgeordnetes System (der Kristall) geht in einzelne frei bewegliche Ionen, also in einen Zustand vermeintlich geringerer Ordnung über. In vielen Fällen werden die H_2O-Moleküle, die die Ionen umgeben, durch eine räumlich strenge und präzise Ausrichtung auf die geladedenen Teilchen in einen so hohen Ordnungszustand versetzt, daß der Übergang Kristall → hydratisierte Ionen eine Abnahme der Entropie bedingt

($\Delta S_{Hydratation} < 0$). Entscheidend für die große oder geringe Löslichkeit eines Salzes ist letztlich die Gibbs-Energie des Lösungsvorgangs (die Freie Lösungsenthalpie), die sich ihrerseits entsprechend der thermodynamischen Grundgleichung (9.2 a und b) aus der Lösungsenthalpie und der Lösungsentropie zusammensetzt. In Fällen von gut löslichen, aber sich stark endotherm lösenden Salzen (z. B. NH_4NO_3) muß die hohe positive Lösungsenthalpie von der ebenfalls stark positiven Lösungsentropie überkompensiert werden, so daß $\Delta G_{Lösung} < 0$ wird. Diese thermodynamischen Zusammenhänge werden im 9. Kapitel detailliert dargestellt.
Fügt man der gesättigten Lösung eines Salzes (A^+B^-) ein anderes Salz hinzu, welches mit dem ersteren das Kation oder Anion gemeinsam hat (A^+C^- oder D^+B^-), vermindert sich die Löslichkeit von A^+B^- durch diesen "gleichionigen Zusatz".

Beispiel:

Gibt man NaCl (Endkonzentration $c = 10^{-1}$ mol/l) zu einer gesättigten AgCl-Lösung, ist $c(Cl^-) \approx 10^{-1}$ mol/l. Die sehr geringe Konzentration der Cl^--Ionen aus dem gelösten AgCl, $c = 1{,}4 \quad 10^{-5}$ mol/l, kann demgegenüber vernachlässigt werden. Dann beträgt die Löslichkeit des AgCl in dieser NaCl-Lösung $c(AgCl) = c(Ag^+) = 2 \quad 10^{-10}\ mol^2\ l^{-2}/10^{-1}\ mol\ l^{-1} = 2 \quad 10^{-9}$ mol/l, ist also um den Faktor 10^4 geringer als in reinem Wasser. Dieser Sachverhalt ist in der Analyse von Bedeutung. Hat man z. B. ein Salz aus einer Lösung ausgefällt und den Niederschlag durch Filtrieren abgetrennt, wäscht man ihn zweckmäßig nicht mit reinem Wasser, sondern unter Zusatz eines Salzes mit gleichem Kation oder Anion, einen AgCl-Niederschlag z. B. mit NaCl-Lösung. Durch Komplexbildung mit dem Zusatz kann aber in vielen Fällen die Löslichkeit auch wieder größer werden.

Auch der Einfluß des pH-Wertes (s. das nächste Kapitel) muß bei schwer löslichen Salzen beachtet werden. In der klassischen qualitativen Analyse werden im Kationen-Trennungsgang viele Kationen als Sulfide gefällt. Um zu erläutern, weshalb der pH-Wert die S^{2-}-Konzentration beeinflußt, bedarf es eines Vorgriffs auf Zusammenhänge, die im nächsten Kapitel genauer erklärt werden. Für die beiden Protolysestufen des Schwefelwasserstoffs in wäßriger Lösung gilt

$$K_{S(1)} = \frac{c(H^+)\ c(HS^-)}{c(H_2S)} = 8{,}7 \quad 10^{-8}\ \text{mol/l} \quad \text{und}$$

$$K_{S(2)} = \frac{c(H^+)\ c(S^{2-})}{c(HS^-)} = 1{,}26\ \ 10^{-13}\ mol/l$$

Durch Multiplikation erhält man hieraus

$$\frac{c^2(H^+)\ c(S^{2-})}{c(H_2S)} = K_{S(1)}\ K_{S(2)} = 1{,}1\ \ 10^{-20}\ mol^2/l^2 \quad \text{bzw.}$$

$$c(S^{2-}) = 1{,}1\ \ 10^{-20}\ mol^2/l^2\ \frac{c(H_2S)}{c^2(H^+)}$$

Eine gesättigte H_2S-Lösung hat bei Zimmertemperatur etwa die Konzentration $c(H_2S) = 10^{-1}$ mol/l. Wendet man die Definition des pH-Wertes (5.3) an, ergibt sich nach Logarithmieren der letzten Gl.

$$lg\ c(S^{2-}) = lg\ 1{,}1\ \ 10^{-21} - 2\ lg\ c(H^+) = 2\ pH - 20{,}95$$

Die beiden letzten Gln. besagen, daß mit abnehmender $c(H^+)$ bzw. zunehmendem pH-Wert in einer gesättigten H_2S-Lösung $c(S^{2-})$ wächst. Das wiederum bedeutet, daß aus einer stark sauren, mit H_2S gesättigten Lösung Sulfide mit sehr kleinem Löslichkeitsprodukt ausfallen, während Sulfide mit größerem Löslichkeitsprodukt noch in Lösung bleiben.

Beispiel:

Eine Lösung möge je 10^{-3} mol/l Mn^{2+}- und Cu^{2+}-Ionen enthalten. Setzt man eine durch Salzsäure auf pH = 2 eingestellte, gesättigte H_2S-Lösung hinzu, ist (unter Vernachlässigung des Verdünnungseffekts) $c(S^{2-}) = 1{,}1\ \ 10^{-17}$ mol/l. Damit wird in der Lösung $c(S^{2-})\ c(Mn^{2+}) = 1{,}1\ \ 10^{-20}\ mol^2/l^2 < K_L(MnS)$, dagegen $c(S^{2-})\ c(Cu^{2+}) = 1{,}1\ \ 10^{-20}\ mol^2/l^2 > K_L(CuS)$. CuS fällt also aus, MnS bleibt in Lösung. Indem man, ausgehend von einer stark sauren Lösung, den pH-Wert schrittweise steigert, kann man die Sulfide gestaffelt ausfällen.

Ein Salz fällt dann aus der Lösung aus, wenn das Produkt seiner Ionenkonzentrationen in der Lösung das Löslichkeitsprodukt überschreitet. Wenn mehrere in der Lösung vorhandene Ionen mit dem Fällungsmittel schwer lösliche Salze bilden, fallen diese in der Reihenfolge aus, in der ihre Löslichkeitsprodukte überschritten werden, also nicht einfach in der Reihenfolge zunehmender Zahlenwerte der Löslichkeitsprodukte.

Beispiel:

In einer Lösung sei c(NaCl) = 0,1 mol/l und c(K_2CrO_4) = 0,001 mol/l. Setzt man $AgNO_3$-Lösung zu, dann fällt AgCl (K_L = 2 10^{-10} mol^2/l^2) bei c(Ag^+) = (2 $10^{-10}/10^{-1}$) mol/l = 2 10^{-9} mol/l, Ag_2CrO_4 (K_L = 3,2 10^{-12} mol^3/l^3) bei c(Ag^+) = $[(3{,}2\ 10^{-12}/10^{-3})\ mol^2/l^2]^{1/2}$ = 5,6 10^{-5} mol/l aus.

Das letzte Beispiel hat Bedeutung für die argentometrische Halogenidionen-Titration. Titriert man eine Lösung, die Halogenidionen enthält, mit einer $AgNO_3$-Maßlösung, kann man aufgrund der durch die Silberhalogenid-Fällung getrübten Lösung den Äquivalenzpunkt schlecht erkennen. Daher verwendet man Chromat als Fällungsindikator. Das braune Ag_2CrO_4 fällt erst aus, wenn die Fällung der Silberhalogenide beendet ist.

5 Protonentransfer-Reaktionen

5.1 PROTOLYSE VON SÄUREN, BASEN UND SALZEN

Nach der 1923 von J. N. Brönsted und T. M. Lowry (unabhängig voneinander) aufgestellten Säure-Base-Theorie bezeichnet man einen Proton-Donator als Säure und einen Proton-Akzeptor als Base. Protonentransfer- (Protolyse-) Reaktionen verlaufen stets zwischen zwei korrespondierenden Säure-Base-Paaren und führen zu einem Protolyse-Gleichgewicht:

Säure 1	+ Base 2	$\rightleftarrows$	Base 1	+ Säure 2
H^+-Donator 1	+ H^+-Akzeptor 2	$\rightleftarrows$	H^+-Akzeptor 1	+ H^+-Donator 2

Erfolgt der Protonentransfer zwischen Teilchen der gleichen Stoffart, spricht man von Autoprotolyse. Ein besonders wichtiger Fall ist die Autoprotolyse des Wassers: $H_2O + H_2O \rightleftarrows OH^- + H_3O^+$

Die sehr geringe elektrische Leitfähigkeit von chemisch reinem Wasser läßt darauf schließen, daß die Gleichgewichtskonstante für diesen Vorgang einen kleinen Zahlenwert hat. Die Anwendung des MWG auf dieses Autoprotolyse-Gleichgewicht ergibt

$$(5.1) \quad \frac{c(H_3O^+)\ c(OH^-)}{c^2(H_2O)} = K$$

Man faßt $c^2(H_2O)$ mit K zu einer neuen Konstanten K_W, dem <u>Ionenprodukt des Wassers</u>, zusammen. Bei Standardtemperatur ist $K_W = 10^{-14}\ mol^2/l^2$:

$$(5.2\ a) \quad c(H_3O^+)\ c(OH^-) = K\ c^2(H_2O) = K_W = 10^{-14}\ mol^2/l^2$$

Vereinfachend kann $c(H^+)$ statt $c(H_3O^+)$ geschrieben werden, zumal das H_3O^+-Ion in wäßriger Lösung ohnehin weitere H_2O-Moleküle anlagert:

$$(5.2\ b) \quad c(H^+)\ c(OH^-) = K_W = 10^{-14}\ mol^2/l^2$$

Der für K_W angegebene Wert gilt bei 25 °C nicht nur für reines Wasser, sondern für jede wäßrige Lösung. Strenggenommen müssen (besonders für konzentrierte Lösungen) Aktivitäten anstelle der Konzentrationen bei Rechnungen verwendet werden. In einer neutralen Lösung ist $c(H^+) = c(OH^-) = 10^{-7}$ mol/l, in einer sauren Lösung $c(H^+) > c(OH^-)$ und in einer basischen (alkalischen) Lösung $c(H^+) < c(OH^-)$. Man definiert

(5.3) $- \lg c(H^+) = pH$ und $- \lg c(OH^-) = pOH$

Durch Logarithmieren von (5.2 b) erhält man unter Verwendung von (5.3)

(5.4) $pH + pOH \doteq 14$ (bei 25 °C)

Da man eine Konzentration (mit der Einheit mol/l) nicht logarithmieren kann, sondern nur den Zahlenwert der Konzentration, müßte man exakter schreiben: $pH = - \lg \{c(H^+)\}$, wobei die geschweiften Klammern andeuten, daß nur der Zahlenwert der Konzentration logarithmiert werden soll. Aus Gründen der Vereinfachung wird in diesem Buch, auch im Zusammenhang mit anderen in logarithmischen Termen auftretenden Größen, stets auf diese etwas umständliche Schreibweise verzichtet. Wegen des Zusammenhangs $10^{-pH} = c(H^+)$ und $10^{-pOH} = c(OH^-)$ werden pH- und pOH-Wert auch als Wasserstoffionen- bzw. Hydroxidionen-Exponent bezeichnet.

Für das Protolyse-Gleichgewicht einer beliebigen Säure HX in wäßriger Lösung gilt nach dem MWG

$$(5.5) \quad \frac{c(H_3O^+)\ c(X^-)}{c(HX)\ c(H_2O)} = K$$

Auch hier faßt man $c(H_2O)$ mit K zu einer neuen Konstanten K_S, der <u>Säurekonstanten</u>, zusammen:

$$(5.6) \quad \frac{c(H^+)\ c(X^-)}{c(HX)} = K_S$$

Entsprechend ergibt sich für die Protolyse einer Base Y in wäßriger Lösung

$$(5.7\ a) \quad \frac{c(OH^-)\ c(HY^+)}{c(Y)} = K_B$$

K_B heißt <u>Basenkonstante</u>. In Analogie zu (5.3) definiert man

(5.8) $- \lg K_S = pK_S$ oder $10^{-pK_S} = K_S$ bzw. $- \lg K_B = pK_B$ oder $10^{-pK_B} = K_B$

pK_S und pK_B werden daher auch als Säure- bzw. Basenexponent bezeichnet. Die Zahlenwerte der Größen K_S, K_B, pK_S und pK_B beinhalten Angaben über die Stärke von Säuren und Basen in wäßriger Lösung: Je größer der Wert von K_S bzw. K_B (je kleiner der Wert von pK_S bzw. pK_B), umso stärker ist die betreffende

Säure bzw. Base. Ist $K_S < 1$ ($pK_S > 0$), so ist die Säure nur teilweise (unvollständig) zu H^+-Ionen und Säureanionen (X^-) protolysiert (das Protolyse-Gleichgewicht "liegt links"). Ist $K_S > 1$ ($pK_S < 0$), dann ist die Säure überwiegend (im Grenzfall praktisch vollständig) protolysiert (das Protolyse-Gleichgewicht "liegt rechts"). Entsprechendes gilt für die Protolyse einer Base.

Bei einem korrespondierenden Säure-Base-Paar HX/X^- kann grundsätzlich gegenüber dem Wasser HX als Proton-Donator und X^- als Proton-Akzeptor wirken:

$HX + H_2O \rightleftarrows X^- + H_3O^+$ bzw. $X^- + H_2O \rightleftarrows HX + OH^-$

Bei Anwendung des MWG auf den ersten Vorgang erhält man die Gl. (5.6), auf den zweiten Vorgang die Gl.

$$(5.7\ b)\quad \frac{c(OH^-)\ c(HX)}{c(X^-)} = K_B$$

und durch Multiplikation von (5.6) mit (5.7 b)

$$(5.9)\quad c(H^+)\ c(OH^-) = K_S\ K_B = K_W = 10^{-14}\ mol^2\ l^{-2}$$

und schließlich durch Logarithmieren sowie Anwendung von (5.8)

$$(5.10)\quad pK_S + pK_B = 14$$

Man ordnet i. a. die korrespondierenden Säure-Base-Paare nach abnehmender Säure- (zunehmender Basen-) stärke in einer senkrechten Reihe an und erhält dadurch eine der elektrischen Spannungsreihe (s. Abschn. 12.2) analoge Säure-Base-Reihe, in der links oben die stärkste Säure und rechts unten die stärkste Base steht. Mit Hilfe der bisher angegebenen Terme läßt sich zeigen, daß die Gleichgewichtskonstante des Protolysevorgangs $HX + Y^- \rightleftarrows X^- + HY$ durch folgende Beziehung zu berechnen ist:

$$(5.11)\quad K = K_S(HX)\ \frac{1}{K_S(HY)}$$

und in logarithmischer Form

$$(5.12)\quad pK = -\ lg\ K = pK_S(HX) - pK_S(HY)$$

Aus (5.6), (5.7 b) und (5.8) folgt die Henderson-Hasselbalch-Gleichung

$$(5.13)\quad pH = pK_S + lg\ \frac{c(X^-)}{c(HX)} \quad \text{bzw.} \quad pOH = pK_B + lg\ \frac{c(HX)}{c(X^-)}$$

Diese Gln. lassen sich nur auf schwache Säuren und Basen anwenden, die lediglich partiell protolysieren, so daß protolysierte und nicht protolysierte Form in der Lösung nebeneinander existieren.

Beispiel:

Zur Bestimmung der Säurekonstanten einer schwachen organischen Säure titriert man ein bestimmtes Volumen der Säure bis zum Äquivalenzpunkt mit einer NaOH-Maßlösung. Anschließend versetzt man das gleiche Volumen der Säure mit der Hälfte der bei der 1. Titration verbrauchten Lauge ("Halbtitration"). In dieser Lösung liegen nun die Säure und ihre korrespondierende Base in gleicher Konzentration vor, und der gemessene pH-Wert muß gemäß (5.13) dem pK_S-Wert der Säure entsprechen.

Starke Säuren und Basen (pK_S bzw. $pK_B < 0$) sind in wäßriger Lösung praktisch vollständig protolysiert. In stark verdünnten Lösungen entspricht dann die Konzentration der H^+- bzw. OH^--Ionen der Ausgangskonzentration (c_o). Für genaue Rechnungen müssen allerdings die Aktivitätskoeffizienten berücksichtigt werden.

Beispiel:

Bei 25 °C ist für Salzsäure (c = 0,01 mol/l) $f_a = 0{,}904$. Also: $c(H^+) = 0{,}01$ mol/l; pH = 2 und $a(H^+) = 0{,}00904$ mol/l; pH = 2,04.

Zu den pH-Werten in wäßrigen Lösungen schwacher Säuren und Basen gelangt man durch folgende Überlegung: Wegen der schwachen Protolyse kann man in (5.6) und (5.7 a) c(HX) und c(Y) der jeweiligen Ausgangskonzentration $c_o(HX)$ und $c_o(Y)$ in guter Näherung gleichsetzen. Ferner muß $c(H^+) = c(X^-)$ bzw. $c(OH^-) = c(HY^+)$ gelten, woraus sich folgende Gln. ergeben:

(5.14) $$c(H^+) = \sqrt{K_S\ c_o(HX)} \quad \text{oder} \quad pH = \frac{pK_S - \lg c_o(HX)}{2}$$

(5.15) $$c(OH^-) = \sqrt{K_B\ c_o(Y)} \quad \text{oder} \quad pOH = \frac{pK_B - \lg c_o(Y)}{2}$$

Beispiel:

Der pH-Wert einer Essigsäure-Lösung ($c_o = 0{,}1$ mol/l) ist gemäß (5.14)

$$pH = \frac{4{,}76 - (-1)}{2} = 2{,}88$$

Das Ausmaß der Protolyse läßt sich durch den Protolysengrad α ausdrücken, wobei $\alpha = 1$ einer vollständigen (100%igen) Protolyse entspricht. In der Lösung einer schwachen Säure HX ist also im Protolyse-Gleichgewicht $c(H^+) = c(X^-) = \alpha\ c_o$ und $c(HX) = c_o - \alpha\ c_o = c_o\ (1 - \alpha)$. Anwendung des MWG führt damit zu

$$(5.16) \quad \frac{(\alpha\ c_o)^2}{c_o(1 - \alpha)} = \frac{\alpha^2\ c_o}{1 - \alpha} = K_S$$

Da bei einer schwachen Säure $\alpha \ll 1$ ist, gilt $1 - \alpha \approx 1$ und damit

$$(5.17) \quad \alpha = \sqrt{K_S/c_o} \quad \text{oder} \quad \lg \alpha = \frac{-\ pK_S - \lg c_o}{2}$$

Entsprechend erhält man für die verdünnte Lösung einer schwachen Base

$$(5.18) \quad \alpha = \sqrt{K_B/c_o} \quad \text{oder} \quad \lg \alpha = \frac{-\ pK_B - \lg c_o}{2}$$

Beispiel:

In einer NH_3-Lösung (c_o = 0,05 mol/l) ist

$$\lg \alpha = \frac{-\ 4,79 - (-\ 1,3)}{2} = -\ 1,745\ ;\ \alpha = 0,018 \qquad 1,8\ \%\ \text{Protolyse}$$

Setzt man in dem letzten Beispiel $c_o(NH_3)$ = 0,005 mol/l, ist α = 0,057. Der Protolysengrad einer schwachen Säure oder Base wird mit zunehmender Verdünnung (abnehmender Konzentration) größer. Die Protolyse ist ein Sonderfall der elektrolytischen Dissoziation, allerdings ein sehr wichtiger, denn unter den Säuren und Basen findet man den weitaus größten Teil schwacher Elektrolyte, während Salze in wäßriger Lösung mit wenigen Ausnahmen vollständig dissoziieren. Das 1889 von W. Ostwald gefundene Verdünnungsgesetz besagt: Der Dissoziationsgrad eines schwachen Elektrolyten wächst mit zunehmender Verdünnung (s. auch Abschn. 14.3).

Auch Salze können gegenüber dem Wasser als Säuren oder Basen wirken. Zu unterscheiden sind folgende Fälle:

1. Das Kation wirkt nicht als Proton-Donator und das Anion nicht als Proton-Akzeptor. Die Lösung eines solchen Salzes reagiert (nahezu) neutral. Beispiele: Alkalimetall-Salze der starken Säuren
2. Das Kation wirkt als Proton-Donator, das Anion nicht als Proton-Akzeptor. Die Lösung eines solchen Salzes reagiert sauer. Beispiele: Salze, die das

Anion einer starken Säure und als Kation das NH_4^+-Ion oder ein hochgeladenes Schwermetall-Kation (Fe^{3+}, Al^{3+}, Cr^{3+}) enthalten.

3. Das Kation wirkt nicht als Proton-Donator, das Anion aber als Proton-Akzeptor. Die Lösung eines sochen Salzes reagiert alkalisch. Beispiele: Alkalimetall-Salze schwacher Säuren. Der pK_S-Wert der Essigsäure ist 4,76; der pK_B-Wert des Acetat-Ions daher gemäß (5.10) 9,24. Den pOH-Wert einer Natriumacetat-Lösung (c_o = 0,1 mol/l) erhält man durch Anwendung von (5.15): pOH = 5,12; und daraus folgt mit (5.4) pH = 8,88.
4. Sowohl das Kation als auch das Anion treten dem Wasser gegenüber als Proton-Donator bzw. -Akzeptor auf. Die Lösung eines solchen Salzes reagiert je nach der Säurestärke des Kations bzw. Basenstärke des Anions sauer, alkalisch oder (nahezu) neutral. Beispiel: neutrale Reaktion von Ammoniumacetat in wäßriger Lösung (s. u.), weil die Säurestärke des Ammonium-Ions (pK_S = 9,21) und die Basenstärke des Acetat-Ions (pK_B = 9,24) im Betrag nahezu gleich sind.

Bei physiologischen und biochemischen Untersuchungen werden als Puffersubstanzen (s. Abschn. 5.2) häufig primäre und sekundäre Alkalimetallphosphate verwendet. Das primäre Phosphat ($H_2PO_4^-$) kann sowohl als Proton-Donator wie auch als Proton-Akzeptor wirken, ist also ein Ampholyt. Es läßt sich herleiten, daß für die Lösung eines derartigen Salzes näherungsweise gilt:

$$(5.19) \quad c(H^+) = \sqrt{K_{S(1)}\,K_{S(2)}} \quad \text{oder} \quad pH = \frac{pK_{S(1)} + pK_{S(2)}}{2}$$

Die 3-protonige Phosphorsäure hat die pK_S-Werte 1,96; 7,21 und 12,32. Eine Lösung von primärem Natriumphosphat hat demgemäß etwa den pH-Wert 0,5 (1,96 + 7,21) = 4,6 und eine Lösung von sekundärem Natriumphosphat 0,5 (7,21 + 12,32) = 9,8. Die Gl. (5.19) läßt sich auch auf Ampholyte anwenden, bei denen das Kation als Donator und das Anion als Akzeptor fungiert. So erhält man z. B. für eine Ammoniumacetat-Lösung

$$pH = \frac{pK_S(NH_4^+) + pK_S(CH_3\text{-}COOH)}{2} = \frac{9{,}21 + 4{,}76}{2} = 7$$

5.2 ANWENDUNGEN: TITRATIONEN, INDIKATOREN UND PUFFER

Titriert man 100 ml Salzsäure (c = 0,1 mol/l) mit Natronlauge (c = 1 mol/l), ändern sich $c(H^+)$, $c(OH^-)$ und pH-Wert in der Lösung gemäß Tabelle 5.1, wobei der durch den Zusatz der Lauge bedingte Verdünnungseffekt nicht berücksichtigt wurde.

Tabelle 5.1 $c(H^+)$, $c(OH^-)$ und pH bei einer Titration von Salzsäure mit Natronlauge

Natronlauge-Zusatz in ml	$c(H^+)$ mol/l	$c(OH^-)$ mol/l	pH-Wert
0,00	10^{-1}	10^{-13}	1
9,00	10^{-2}	10^{-12}	2
9,90	10^{-3}	10^{-11}	3
9,99	10^{-4}	10^{-10}	4
10,00	10^{-7}	10^{-7}	7
10,01	10^{-10}	10^{-4}	10
10,10	10^{-11}	10^{-3}	11
11,00	10^{-12}	10^{-2}	12
20,00	10^{-13}	10^{-1}	13

Trägt man die pH-Werte gegen die jeweiligen Volumina oder Äquivalente der Natronlauge auf, erhält man eine Titrationskurve. In der Praxis mißt man den pH-Wert potentiometrisch mit Hilfe einer in die titrierte Lösung eintauchenden Einstab-Meßkette (s. Abschn. 12.6). Abbildung 5.1 zeigt die Kurve für die Titration einer starken Säure mit einer starken Base (Äste 1 + 2), z. B. Salzsäure mit Natronlauge; ferner die Kurve für die Titration einer schwachen Säure mit einer starken Base (Äste 3 + 2), z. B. Essigsäure mit Natronlauge; die Kurve für die Titration einer starken Säure mit einer schwachen Base (Äste 1 + 4), z. B. Salzsäure mit Ammoniak-Lösung, und schließlich die Kurve für die Titration einer schwachen Säure mit einer schwachen Base (Äste 3 + 4), z. B. Essigsäure mit Ammoniak-Lösung. Eingezeichnet wurden auch die Umschlagsbereiche von 2 Indikatoren (s. u.). In der Vorlage befinden sich jeweils 100 ml der zu titrierenden Säure (c = 0,1 mol/l), und die Titration erfolgt mit einer Base der Konzentration c = 1 mol/l. Den steil verlaufenden Teil der Kurven bezeichnet man als Äquivalenzsprung. Der Punkt in der Mitte des Äquivalenzsprunges heißt Äquivalenzpunkt. Er gibt den pH-Wert an, bei dem die H^+-Ionen der vorgelegten Säure durch die OH^--Ionen der hinzugefügten Base genau neutralisiert worden sind.

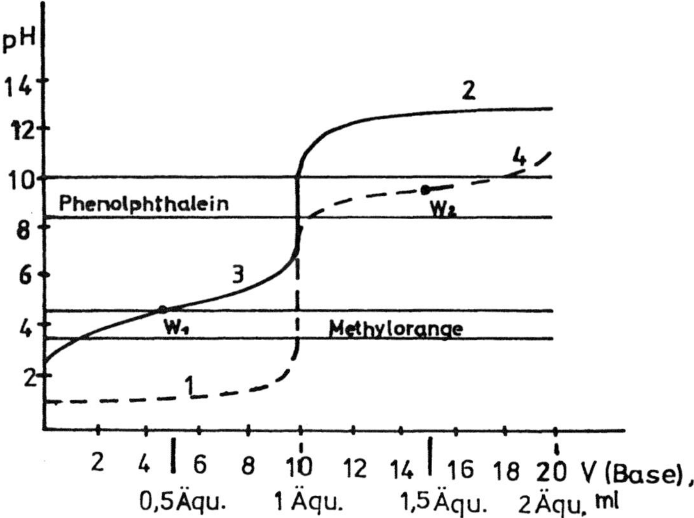

Abb. 5.1 Säure-Base-Titrationskurven (Erläuterungen im Text)

Titriert man eine starke Säure mit einer starken Base, liegt der Äquivalenzpunkt bei pH = 7. Das Gleiche gilt auch für die Titration einer schwachen Säure mit einer schwachen Base, sofern sich beide in ihrer Säure- bzw. Basenstärke entsprechen. Allerdings ist in diesem Fall kein ausgeprägter Äquivalenzsprung vorhanden. Auf eine derartige Titration wird daher in der Maßanalyse i. a. verzichtet. Bei der Titration einer schwachen Säure mit einer starken Base entsteht in der Lösung ein alkalisch reagierendes Salz (im Beispiel Natriumacetat), und der Äquivalenzpunkt liegt im alkalischen Bereich. Umgekehrt bildet sich bei der Titration einer starken Säure mit einer schwachen Base ein sauer reagierendes Salz (im Beispiel Ammoniumchlorid); der Äquivalenzpunkt liegt im sauren Bereich.

Die zur Erkennung des Äquivalenzpunktes in der Maßanalyse verwendeten Indikatoren sind schwache Säuren, deren korrespondierende Basen (In^-) eine andere Farbe haben als die Säureform (HIn). Man kann auf das Protolyse-Gleichgewicht zwischen Indikatorsäure und Indikatorbase die Henderson-Hasselbalch-Gleichung (5.13) anwenden:

$$pH = pK_S(HIn) + \lg \frac{c(In^-)}{c(HIn)}$$

Ist pH = pK_S(HIn) - 1, liegt HIn in 10-fach höherer Konzentration vor als In^-, und die Lösung zeigt weitgehend die Farbe von HIn. Ist pH = pK_S(HIn) + 1, liegt In^- in 10-fach höherer Konzentration vor als HIn; die Lösung besitzt vorwiegend die Farbe von In^-. Bei pH = pK_S(HIn) sind beide Formen in gleicher Konzentration vorhanden, und es tritt eine Mischfarbe auf. Als Faustregel läßt sich der Umschlagsbereich eines Indikators als pH = pK_S(HIn) ± 1 angeben. Aus Gründen der Farbwahrnehmung wird dieser Bereich bei einigen Indikatoren etwas weiter oder enger sein.

Bei der Verwendung eines Indikators zur Feststellung des Äquivalenzpunktes einer Säure-Base-Titration ist darauf zu achten, daß der Umschlagsbereich des Indikators im Äquivalenzsprung liegt. Verwendet man bei der Titration von Essigsäure mit Natronlauge z. B. Methylorange, schlägt der Indikator weit vor Erreichen des Äquivalenzpunktes um (die Säure ist "untertitriert"). Andererseits erfolgt bei der Benutzung von Phenolphthalein für die Titration von Salzsäure mit Ammoniak-Lösung eine "Übertitration", weil der Indikator erst nach Erreichen des Äquivalenzpunktes umschlägt (s. Abb. 5.1). Bei der Titration mehrprotoniger Säuren (z. B. Phosphorsäure) treten mehrere Äquivalenzsprünge auf, die durch verschiedene Indikatoren erfaßt werden können.

Zur Aufrechterhaltung eines bestimmten konstanten pH-Wertes dienen Puffer. Das sind Substanzen oder Substanzgemische, die den pH-Wert einer Lösung trotz des zusätzlichen Auftretens sauer oder basisch wirkender Stoffe weitgehend konstant halten. Im einfachsten Fall besteht ein Puffer aus dem Gemisch einer schwachen Säure mit ihrer korrespondierenden Base oder aus dem Gemisch einer schwachen Base mit ihrer korrespondierenden Säure. Auch auf Puffersysteme läßt sich die Henderson-Hasselbalch-Gleichung anwenden:

$$pH = pK_S(\text{Puffersäure}) + \lg \frac{c(\text{Pufferbase})}{c(\text{Puffersäure})}$$

Ein häufig benutzter Puffer ist der sog. Acetat-Puffer. Er besteht aus einem Gemisch aus Essigsäure und Natriumacetat. Wenn beide Komponenten in der Konzentration c = 0,1 mol/l vorliegen, hat der Puffer den pH-Wert 4,76. Was geschieht, wenn man je 50 ml dieses Puffers mit 1 ml Natronlauge (c = 1 mol/l) bzw. 1 ml Salzsäure (c = 1 mol/l) versetzt? Die Stoffmengen von Essigsäure und Acetat in dem Puffer sind je 0,005 mol, die Stoffmengen der zugesetzten OH^-- bzw. H^+-Ionen je 0,001 mol. Die OH^--Ionen werden von der Puffersäure abgefangen ("gepuffert"): $CH_3\text{-}COOH + OH^- \rightleftarrows CH_3\text{-}COO^- + H_2O$, die H^+-Ionen von der Pufferbase: $CH_3\text{-}COO^- + H_3O^+ \rightleftarrows CH_3\text{-}COOH + H_2O$. Beide Gleichgewichte liegen weitgehend rechts (s. Abschn. 5.1), so daß die OH^-- bzw. H^+-Ionen praktisch

vollkommen von den Pufferkomponenten gebunden werden. Im 1. Fall (Basenzusatz) hat die gepufferte Lösung nun den pH-Wert pH = 4,76 + lg 0,006/0,004 = 4,94; im 2. Fall (Säurezusatz) pH = 4,76 + lg 0,004/0,006 = 4,58 (ΔpH = ± 0,18). Gibt man dagegen 1 ml Natronlauge bzw. 1 ml Salzsäure (jeweils c = 1 mol/l) in 50 ml reines Wasser, so ist $c(OH^-)$ bzw. $c(H^+)$ = 10^{-3} mol/0,05 l = 0,02 mol/l, pH = 12,3 bzw. pH = 1,7 und damit pH = ± 5,3. Durch diese Betrachtung wird der Effekt der Pufferung deutlich.
Ein System, das in gleichem Maße H^+- und OH^--Ionen puffern soll, muß beide Pufferkomponenten in gleicher Konzentration enthalten. In Analogie zum Umschlagsbereich eines Indikators gilt daher als Faustregel: pH(wirksamer Pufferbereich) = pK_S(Puffersäure) ± 1. Es dürfte ferner einleuchten, daß die <u>Pufferkapazität</u>, d. h. das Ausmaß, in dem zugesetzte H^+- bzw. OH^--Ionen ohne wesentliche pH-Änderung der Lösung durch die Pufferkomponenten abgefangen werden können, von deren Konzentration abhängt. Zur Pufferung eines pH-Wertes in der Nähe des Neutralpunktes benutzt man in der Biochemie häufig ein Puffersystem aus $H_2PO_4^-$ und HPO_4^{2-} (Phosphat-Puffer), da der pK_S-Wert der Puffersäure ($H_2PO_4^-$) 7,21 beträgt.
Der normale (nicht pathologische) pH-Bereich des menschlichen Blutplasmas liegt zwischen pH = 7,37 und pH = 7,43; pH-Werte < 7,37 ("Acidose") und > 7,43 ("Alkalose") sind je nach dem Ausmaß der Abweichung bedenklich bis lebensbedrohend. An der Pufferung im Blut ist der HCO_3^-/CO_2-Puffer wesentlich beteiligt. Weil auch die Pufferbase (HCO_3^-) dieses Systems aus dem im dissimilatorischen Stoffwechsel permanent gebildeten CO_2 entsteht, ist der Vorrat des Blutes an diesem Puffer praktisch unerschöpflich. Beim Auflösen von CO_2 in H_2O bildet sich die unter Standardbedingungen sehr instabile Kohlensäure:

(1) $CO_2 + H_2O \rightleftarrows H_2CO_3$; pK = 3,2

Von den beiden Protolysestufen dieser Säure

(2) $H_2CO_3 + H_2O \rightleftarrows HCO_3^- + H_3O^+$; $pK_{S(1)} = 3,3$

(3) $HCO_3^- + H_2O \rightleftarrows CO_3^{2-} + H_3O^+$; $pK_{S(2)} = 10,4$

spielt (in Abwesenheit starker Basen) nur (2) eine Rolle, da HCO_3^- eine sehr schwache Säure ist, so daß die durch (3) bedingten Ionenkonzentrationen vernachlässigbar gering sind. Weil unter Standardbedingungen fast das gesamte CO_2 physikalisch gelöst vorliegt und nur ein geringer Teil (ca. 1%) mit dem Wasser zu H_2CO_3 reagiert, faßt man (1) und (2) unter Addition der pK-Werte zusammen:

$CO_2 + 2\ H_2O \rightleftarrows HCO_3^- + H_3O^+$; $pK_S = 6,5$

Man erhält so den scheinbaren pK_S-Wert der Kohlensäure, die in Wirklichkeit gemäß (2) eine etwa 30-fach stärkere Säure ist als die Essigsäure. Man könnte CO_2 als die potentielle Säure des Paars H_2CO_3/HCO_3^- bezeichnen. Für das zuletzt genannte, zusammengesetzte Gleichgewicht gilt

$$(5.20) \quad \frac{c(H^+)\ c(HCO_3^-)}{c(CO_2)} = K_S$$

Unter den im Blut herrschenden Bedingungen (Anwesenheit anderer Elektrolyte, die die Säurestärke beeinflussen) wurde für dieses Gleichgewicht der physiologische Säureexponent $pK_S' = 6{,}1$ ermittelt, so daß sich mit Anwendung der Henderson-Hasselbalch-Gleichung ergibt:

$$(5.21) \quad pH = pK_S' + \lg \frac{c(HCO_3^-)}{c(CO_2)}$$

Im menschlichen Blutplasma ist im Mittel $c(CO_2) = 1{,}3$ mmol/l und $c(HCO_3^-) = 26$ mmol/l, woraus mit (5.21) pH = 7,40 folgt. Die Besonderheit dieses Systems liegt in der Flüchtigkeit der potentiellen Puffersäure CO_2. Bei der Pufferung von H^+-Ionen sinkt zwar die Konzentration von HCO_3^-, die Konzentration von CO_2 erhöht sich aber (anders als bei einem System mit nicht flüchtigen Komponenten) nicht, da die durch Protonierung von HCO_3^- entstehende Kohlensäure sofort in H_2O und CO_2 zerfällt, welches durch die Atmung beseitigt wird. Dadurch sinkt der pH-Wert weniger, als es bei Entstehung einer nicht flüchtigen Puffersäure der Fall wäre. Diese Tatsache läßt sich anhand von (5.21) leicht einsehen. Bei gewissen Erkrankungen der Atmungsorgane kommt es zu einer verminderten Abatmung des CO_2. Die Folge ist ein Abfall des pH-Wertes im Blutplasma ("respiratorische Acidose").

5.3 PROTONENTRANSFER BEI AMINOSÄUREN UND PROTEINEN

Löst man die einfachste Aminosäure, Glycin, in Wasser auf, liegt in der Lösung überwiegend das Zwitterion $^+H_3N\text{-}CH_2\text{-}COO^-$ vor. Je weiter man durch Säurezugabe den pH-Wert senkt, umso mehr geht das Glycin in die Kationenform $^+H_3N\text{-}CH_2\text{-}COOH$ über, und je mehr man durch Basenzugabe den pH-Wert steigert, umso mehr geht das Glycin in die Anionenform $H_2N\text{-}CH_2\text{-}COO^-$ über. Nicht nur für das Glycin, sondern für jede Aminosäure existiert ein bestimmter pH-Wert, bei dem alle vorhandenen Aminosäure-Teilchen insgesamt genauso viele positive wie negative Ladungen tragen. Diesen pH-Wert bezeichnet man als den isoelektrischen Punkt der betreffenden Aminosäure, im folgenden als pH(IP) abgekürzt. Die in einer Glycin-Lösung bei Verschiebung des pH-Wertes ablaufenden Protolysevorgänge lassen sich am besten anhand der Titrationskurve verstehen. Je 100 ml Glycin-Lösung (c = 0,1 mol/l) werden mit Salzsäure bzw. Natronlauge (beide c = 1 mol/l) titriert. Die gemessenen pH-Werte der Glycin-Lösung trägt man gegen die zugesetzten Volumina oder Äquivalente der Salzsäure bzw. Natronlauge auf. Abbildung 5.2 zeigt das Ergebnis. Der pH-Wert der Glycin-Lösung vor der Titration entspricht dem pH(IP) dieser Aminosäure.

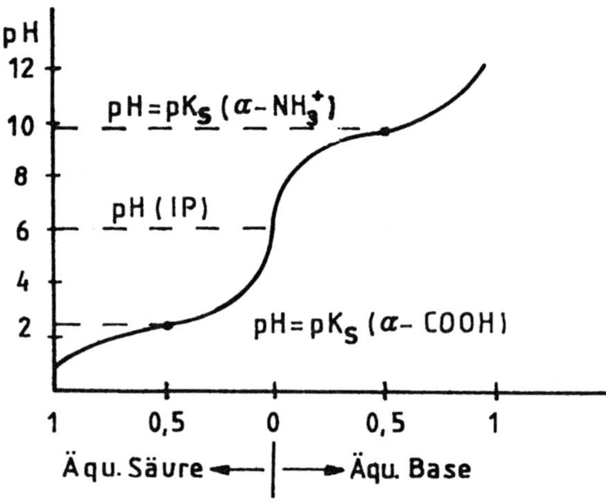

Abb. 5.2 Titrationskurve von Glycin (Erläuterungen im Text)

Bei einer Monoamino-monocarbonsäure (wie z. B. Glycin, Alanin u. a.) ergibt sich der pH(IP) durch folgende Überlegungen. Für die Protolyse der α-COOH-Gruppe gemäß $^{+}H_3N\text{-}CH_2\text{-}COOH \rightleftarrows {}^{+}H_3N\text{-}CH_2\text{-}COO^- + H^+$ gilt

$$(5.22) \quad \frac{c(H^+)\ c({}^{+}H_3N\text{-}CH_2\text{-}COO^-)}{c({}^{+}H_3N\text{-}CH_2\text{-}COOH)} = K_S(\alpha\text{-COOH})$$

und für die Protolyse der $\alpha\text{-}NH_3^+$-Gruppe gemäß $^{+}H_3N\text{-}CH_2\text{-}COO^- \rightleftarrows H_2N\text{-}CH_2\text{-}COO^-$ $+ H^+$

$$(5.23) \quad \frac{c(H^+)\ c(H_2N\text{-}CH_2\text{-}COO^-)}{c({}^{+}H_3N\text{-}CH_2\text{-}COO^-)} = K_S(\alpha\text{-}NH_3^{+})$$

Am isoelektrischen Punkt ist $c({}^{+}H_3N\text{-}CH_2\text{-}COOH) = c(H_2N\text{-}CH_2\text{-}COO^-)$, weil sonst die Gesamtzahl der positiven Ladungen nicht gleich derjenigen der negativen Ladungen wäre. Stellt man (5.22) und (5.23) nach $c({}^{+}H_3N\text{-}CH_2\text{-}COOH)$ bzw. $c(H_2N\text{-}CH_2\text{-}COO^-)$ um und setzt die erhaltenen Terme gleich, bekommt man nach Umformung

$$(5.24)\quad pH(IP) = \frac{pK_S(\alpha\text{-COOH}) + pK_S(\alpha\text{-NH}_3^+)}{2}$$

Beim Glycin ist $pK_S(\alpha\text{-COOH}) = 2{,}4$; $pK_S(\alpha\text{-NH}_3^+) = 9{,}6$ und pH(IP) damit 6. Durch Zusatz von Salzsäure wird die $\alpha\text{-COO}^-$-Gruppe protoniert. Nach Halbtitration (0,5 Äquivalente HCl) muß entsprechend der Henderson-Hasselbalch-Gleichung (5.13) der pH-Wert der Lösung dem $pK_S(\alpha\text{-COOH}) = 2{,}4$ entsprechen. Hier liegt ein Pufferbereich, der in der Titrationskurve durch einen Wendepunkt zum Ausdruck kommt. Durch Zusatz von Natronlauge wird die $\alpha\text{-NH}_3^+$-Gruppe dedeprotoniert. Nach Halbtitration (0,5 Äquivalente NaOH) entspricht der pH-Wert der Lösung dem $pK_S(\alpha\text{-NH}_3^+) = 9{,}6$. Hier befindet sich ein 2. Pufferbereich. Während der gesamten Titration kommt das Glycin also in 3 Formen vor:

$$^{+}H_3N\text{-}CH_2\text{-}COOH \underset{}{\overset{pK_{S(1)}}{\rightleftharpoons}} {}^{+}H_3N\text{-}CH_2\text{-}COO^- \underset{}{\overset{pK_{S(2)}}{\rightleftharpoons}} H_2N\text{-}CH_2\text{-}COO^-$$

Kation (I) Zwitterion (II) Anion (III)

Bei pH-Werten unter 2,4 herrscht (I) vor; bei pH = 2,4 enthält die Lösung (I) und (II) in gleicher Konzentration; bei pH = 6 neben sehr geringen, aber gleichen Konzentrationen von (I) und (III) ganz überwiegend (II); bei pH = 9,6 (II) und (III) in gleicher Konzentration, und oberhalb von pH = 9,6 tritt (III) in zunehmendem Maße in den Vordergrund.

Diese Zusammenhänge gelten im Prinzip für alle Monoamino-monocarbonsäuren, in deren Rest R keine weitere protolysefähige Gruppe vorkommt. Unter den 20 proteinogenen (am Aufbau der Proteine beteiligten) Aminosäuren gibt es 7, in deren Rest R eine protolysefähige Gruppe auftritt. So hat z. B. Glutaminsäure (Glu) in R eine γ-COOH-Gruppe ($pK_S = 4{,}3$), und Lysin (Lys) besitzt in R eine $\varepsilon\text{-NH}_3^+$-Gruppe ($pK_S = 10{,}5$). Die isoelektrischen Punkte dieser beiden Aminosäuren berechnet man durch folgende Beziehungen:

$$(5.25)\quad pH(IP) = \frac{pK_S(\alpha\text{-COOH}) + pK_S(\gamma\text{-COOH})}{2} = \frac{2{,}2 + 4{,}3}{2} = 3{,}3 \text{ (Glu)}$$

$$(5.26)\quad pH(IP) = \frac{pK_S(\alpha\text{-NH}_3^+) + pK_S(\varepsilon\text{-NH}_3^+)}{2} = \frac{8{,}9 + 10{,}5}{2} = 9{,}7 \text{ (Lys)}$$

Eine wäßrige Lösung von Glutaminsäure reagiert also sauer, eine Lösung von Lysin basisch. Abbildung 5.3 zeigt die Titrationskurven dieser beiden Aminosäuren.

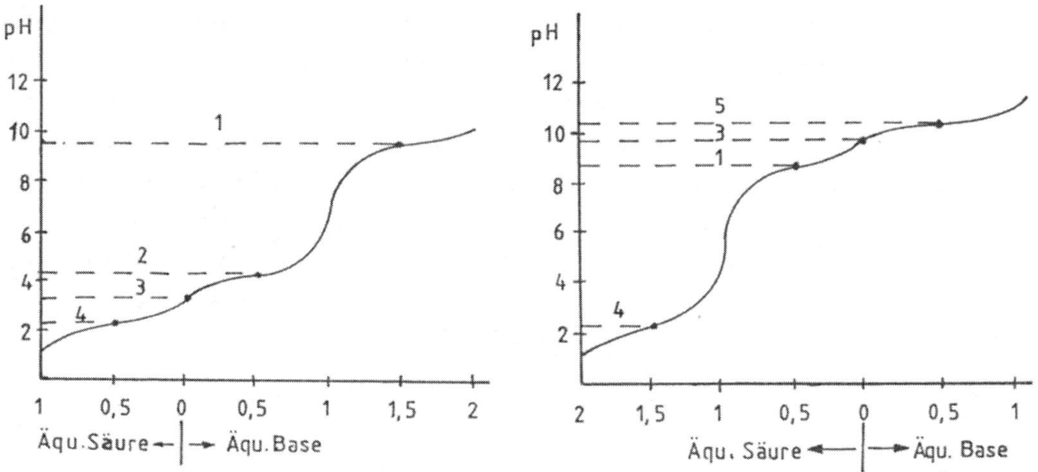

Abb. 5.3 Titrationskurven von Glutaminsäure (links) und Lysin (rechts).
1 $\hat{=}$ $pK_S(\alpha\text{-}NH_3^+)$; 2 $\hat{=}$ $pK_S(\gamma\text{-}COOH)$; 3 $\hat{=}$ pH(IP); 4 $\hat{=}$ $pK_S(\alpha\text{-}COOH)$;
5 $\hat{=}$ $pK_S(\varepsilon\text{-}NH_3^+)$

In Abhängigkeit vom pH-Wert treten in der Lösung während der Titration jeweils 4 Formen auf:

$$^{+}H_3N-\underset{\underset{\underset{COOH}{|}}{(CH_2)_2}}{\overset{COOH}{C}}-H \xrightleftharpoons{pK_{S(1)}} {}^{+}H_3N-\underset{\underset{\underset{COOH}{|}}{(CH_2)_2}}{\overset{COO^-}{C}}-H \xrightleftharpoons{pK_{S(2)}} {}^{+}H_3N-\underset{\underset{\underset{COO^-}{|}}{(CH_2)_2}}{\overset{COO^-}{C}}-H \xrightleftharpoons{pK_{S(3)}} H_2N-\underset{\underset{\underset{COO^-}{|}}{(CH_2)_2}}{\overset{COO^-}{C}}-H$$

$$^{+}H_3N-\underset{\underset{\underset{NH_3^+}{|}}{(CH_2)_4}}{\overset{COOH}{C}}-H \xrightleftharpoons{pK_{S(1)}} {}^{+}H_3N-\underset{\underset{\underset{NH_3^+}{|}}{(CH_2)_4}}{\overset{COO^-}{C}}-H \xrightleftharpoons{pK_{S(2)}} H_2N-\underset{\underset{\underset{NH_3^+}{|}}{(CH_2)_4}}{\overset{COO^-}{C}}-H \xrightleftharpoons{pK_{S(3)}} H_2N-\underset{\underset{\underset{NH_2}{|}}{(CH_2)_4}}{\overset{COO^-}{C}}-H$$

Beim pH(IP) muß die Summe der Ladungen der Aminosäure-Teilchen 0 betragen. Dementsprechend ist für Glutaminsäure pH(IP) = 0,5 ($pK_{S(1)}$ + $pK_{S(2)}$) und für Lysin pH(IP) = 0,5 ($pK_{S(2)}$ + $pK_{S(3)}$), was den Gln. (5.25) und (5.26) entspricht.

In den Peptiden und Proteinen sind alle α-COOH- und α-NH_2-Gruppen durch die Peptidbindungen zwischen den Aminosäuren beansprucht und kommen daher als Ladungsträger nicht in Betracht, mit Ausnahme der N-terminalen $^{+}H_3N$- und der C-terminalen COO^--Gruppe. Für die Raumstruktur (Tertiärstruktur) und für die Assoziation von Untereinheiten (Quartärstruktur) der Proteine sind die vom pH-Wert des Mediums abhängigen Ladungszustände protolysefähiger Gruppen in den Resten von 7 proteinogenen Aminosäuren (Asparaginsäure, Glutaminsäure, Histidin, Cystein, Tyrosin, Lysin und Arginin) von großer Bedeutung. Sie beeinflussen die biologische Funktion der Proteine. So ist z. B. die pH-Abhängigkeit der katalytischen Aktivität der Enzyme zu erklären (s. Kap. 11). An der Entstehung und Stabilisierung der Raumstruktur sind die ionischen Wechselwirkungen zwischen positiv und negativ geladenen Gruppen der genannten Aminosäuren entscheidend beteiligt. Wenn der pH-Wert unter 3 sinkt, werden die COO^--Gruppen von Asparaginsäure und Glutaminsäure weitgehend protoniert und damit die negativen Ladungen beseitigt. Steigt der pH-Wert über 7, kommt es zunächst beim Histidin, im stärker alkalischen Bereich dann beim Lysin und Arginin zur Deprotonierung, wodurch die positiven Ladungen verschwinden. Beide Vorgänge führen, je nach dem Ausmaß der pH-Verschiebung, zu einer wachsenden Destabilisierung der ionischen Wechselwirkungen.

Bei den mehr oder weniger gut wasserlöslichen globulären Proteinen, zu denen z. B. die Enzyme, die Immunglobuline und die Transportproteine wie Hämoglobin und viele weitere wichtige Proteine gehören, weisen die hydrophilen, polaren Reste überwiegend nach außen in das wäßrige Milieu, während die hydrophoben, unpolaren Reste im Innern der Raumstruktur verborgen sind. Die pK_S-Werte der protolysefähigen Gruppen in Proteinen entsprechen nicht genau denen der freien Aminosäuren, weil zwischen diesen Gruppen Wechselwirkungen auftreten. Außerdem beeinflussen unter physiologischen Bedingungen bestimmte Ionen, z. B. Mg^{2+}, Ca^{2+}, Cl^-, $H_2PO_4^-$ und HPO_4^{2-}, die pK_S-Werte. Allgemein gilt auch für die Lösungen von Proteinen, daß mit zunehmendem pH-Wert die negative und mit abnehmendem pH-Wert die positive Gesamtladung der Protein-Moleküle wächst. Auch Proteine besitzen einen isoelektrischen Punkt, bei dem die Protein-Moleküle insgesamt gleich viele positive und negative Ladungen tragen. Bei dem pH(IP) ist ein Protein in einem elektrischen Feld unbeweglich. Ein wichtiges Verfahren zur Trennung von Protein-Gemischen in Einzel-

komponenten, die Elektrophorese, beruht darauf, daß Proteine je nach Netto-Überschußladung sowie Molekülgröße und -gestalt unterschiedlich schnell in einem elektrischen Feld zwischen den Elektroden einer Gleichstromquelle wandern. Durch Einstellung eines bestimmten pH-Wertes (Pufferung der Lösung) kann man die Ladungen der protolysefähigen Gruppen und dadurch die Wanderungsrichtung (zur Kathode oder zur Anode) und die elektrophoretische Beweglichkeit der Komponenten des Protein-Gemischs beeinflussen.
Der isoelektrische Punkt eines Proteins hängt von Art und Zahl der einzelnen Aminosäuren ab. Enthält das Protein einen hohen Anteil "saurer" Aminosäuren (Asparaginsäure, Glutaminsäure), hat es einen niedrigen isoelektrischen Punkt. Proteine mit hohem Anteil an "basischen" Aminosäuren (Lysin, Arginin, Tyrosin) haben einen hohen isoelektrischen Punkt. Bei den meisten globulären Proteinen liegt der isoelektrische Punkt etwa zwischen pH = 4,5 und pH = 7. Experimentell findet man ihn durch Bestimmung des pH-Wertes, bei dem das Protein in einem elektrischen Feld unbeweglich ist.
Am isoelektrischen Punkt haben die Proteine die geringste Löslichkeit, was aber nicht unbedingt bedeuten muß, daß bei diesem pH-Wert eine Ausflockung eintritt. Beim pH(IP) erreicht wegen der insgesamt gleich großen Zahl positiver und negativer Ladungen die gegenseitige Abstoßung der Moleküle ihr Minimum. In Verbindung mit dem Zusatz eines Salzes, wodurch die Hydrathülle um die ionischen Gruppen vermindert wird, kommt es dann zur Ausflockung des Proteins ("isoelektrische Fällung"). Besitzen in einem Protein-Gemisch die einzelnen Komponenten unterschiedliche isoelektrische Punkte, dann kann man durch Variation des pH-Wertes, ggf. unter Zusatz eines Salzes, eine Auftrennung erzielen.

6 Der Erste Hauptsatz der Thermodynamik

6.1 EINIGE DEFINITIONEN UND GRUNDBEGRIFFE

Die chemische Thermodynamik, eines der klassischen Gebiete der Physikalischen Chemie, befaßt sich mit dem Energieumsatz bei chemischen Reaktionen. Hierbei werden meistens definierte Systeme betrachtet, in denen bestimmte Reaktionen oder physikalische Zustandsänderungen ablaufen. Unter einem System versteht man einen genau abgrenzbaren Ausschnitt der realen Welt. Alles, was sich außerhalb der Grenzen des betrachteten Systems befindet, bezeichnet man als Umgebung. Man unterscheidet offene, geschlossene und isolierte Systeme. Offene Systeme, zu denen auch die Organismen zählen, tauschen Materie und Energie mit ihrer Umgebung aus. Geschlossene Systeme stehen im Energie-, aber nicht im Materieaustausch, isolierte Systeme weder im Energienoch im Materieaustausch mit ihrer Umgebung.

Ein System ist durch bestimmte Zustandsfunktionen (Zustandsgrößen) charakterisiert. Die für chemische Systeme wichtigsten Zustandsfunktionen sind die Stoffmenge (n), das Volumen (V), die Masse (m), die Temperatur (T), der Druck (p), die Innere Energie (E), die Enthalpie (H), die Entropie (S) und die Gibbs-Energie (G). Die beiden letztgenannten Zustandsgrößen S und G werden in den nächsten Kapiteln behandelt. Eine Zustandsgröße hat einen genau definierten Wert für ein bestimmtes System in einem festgelegten Zustand, unabhängig davon, auf welchem Weg dieser Zustand erreicht wird. Hat z. B. eine abgeschlossene Gasmenge das Volumen $V = 100\ cm^3$, so ist dieser Wert unabhängig davon, ob er durch Änderung des Druckes oder der Temperatur oder beider Größen zustandegekommen ist.

Die Innere Energie (E) eines Systems ist die Summe seiner sämtlichen Energieformen und besteht aus der kinetischen Energie der Molekülbewegung, aus der potentiellen Energie der Wechselwirkung zwischen den Molekülen und schließlich aus der kinetischen und potentiellen Energie der Kerne und Elektronen aller in dem System vorhandenen Atome. Absolutbeträge der Inneren Energie eines Systems lassen sich nicht messen, sondern lediglich Änderungen der Inneren Energie ($\Delta E = E_2 - E_1$) beim Übergang eines Systems von einem Ausgangszustand 1 in einen Endzustand 2.

Um die Mitte des 19. Jahrhunderts wurde vor allem durch die Arbeiten von J. P. Joule, H. Helmholtz und J. R. Mayer ein fundamentales Prinzip aller Naturvorgänge erkannt, das Prinzip der Erhaltung der Energie (der Erste Hauptsatz der Thermodynamik). Dieses durch eine ungeheure Fülle verschiedener experimenteller Befunde immer wieder bestätigte Prinzip besagt, daß bei allen in der Natur ablaufenden Vorgängen Energie weder de novo erzeugt noch vernichtet, sondern nur von einer Form in eine andere transformiert werden kann. Energie und Arbeit sind äquivalente Größen. Unter der Energie eines Systems versteht man allgemein dessen Fähigkeit zur Verrichtung von Arbeit und/oder zur Abgabe von Wärme. In Tabelle 6.1 sind die wichtigsten im biologischen Bereich auftretenden Energietransformationen zusammengstellt.

Tabelle 6.1 Biologische Energietransformationen

Art der Transformation	Beispiele
(a) chemische Energie → mechanische Arbeit	aktive Bewegung von Organen
(b) chemische Energie → chemische Arbeit	Biosynthese von Makromolekülen
(c) chemische Energie → osmotische Arbeit	Transport von Stoffen gegen Konzentrationsgefälle
(d) chemische Energie → elektrische Arbeit	Trennung ungleichnamig geladener Ionen an der Nervenmembran
(e) chemische Energie → Strahlungsenergie	Biolumineszenz
(f) chemische Energie → Wärme	Dissimilationsprozesse des Stoffwechsels
(g) Strahlungsenergie → chemische Energie	Photosynthese

In einem isolierten System bleibt bei allen darin ablaufenden Vorgängen die Innere Energie erhalten ($\Delta E = 0$). In einem offenen oder geschlossenen System kann sich die Innere Energie dadurch ändern, daß das System Wärme (q) und Arbeit (w) mit seiner Umgebung austauscht. Ein offenes oder geschlossenes System kann also, für sich betrachtet, durchaus Energie oder Arbeit abgeben. Dann muß aber die Umgebung den äquivalenten Betrag an Energie oder Arbeit erhalten. Die gesamte Energie aller Systeme und ihrer Umgebungen bleibt bei allen Vorgängen in der Natur erhalten.

Hinsichtlich der Richtung des Transfers von Wärme und Arbeit wird in diesem Buch folgende Konvention festgelegt:

Arbeit, die das System an seine Umgebung abgibt $\hat{=}$ + w;
Arbeit, die die Umgebung an das System abgibt $\hat{=}$ - w;
Wärme, die die Umgebung an das System abgibt $\hat{=}$ + q;
Wärme, die das System an die Umgebung abgibt $\hat{=}$ - q

Diese Konvention lehnt sich an die historische Entwicklung der Theorie der Wärmeenergiemaschinen an, die Wärme aus ihrer Umgebung erhalten (+ q), um Arbeit an die Umgebung abzugeben (+ w). Die Thermodynamik hat sich aus der Theorie der Wärmeenergiemaschinen seit dem Beginn des 19. Jahrhunderts entwickelt. In vielen thermodynamischen Abhandlungen werden andere Vorzeichenkonventionen verwendet, was aber - wie jede Konvention - an den grundsätzlichen Schlüssen und Argumenten nichts ändert.
Es sei angenommen, daß ein nicht isoliertes System von einem Ausgangszustand 1 in einen Endzustand 2 übergeht und seine Innere Energie dabei um den Betrag ΔE abnimmt. Anschließend soll das System aus dem Zustand 2 auf einem Umweg über die Zwischenzustände X und Y wieder zum Zustand 1 zurückkehren, wobei es die Energiebeträge ΔE', ΔE'' und ΔE''' aus der Umgebung aufnimmt:

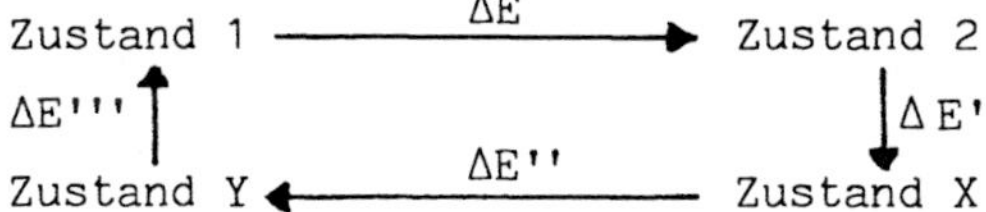

Nach dem Ersten Hauptsatz ist in diesem Kreisprozeß ΔE = ΔE' + ΔE'' + ΔE'''. Es ist unmöglich, das System aus dem Endzustand wieder in den Ausgangszustand zu versetzen und ihm dabei weniger (oder auch mehr) Energie aus der Umgebung zuzuführen, als es bei seiner Zustandsänderung abgegeben hat. Eine Maschine, die de novo Energie erzeugen könnte, heißt Perpetuum mobile 1. Art. Nach dem Ersten Hauptsatz ist es unmöglich, eine solche Maschine zu bauen.

Bei chemischen Reaktionen, die mit einer Volumenänderung (ΔV) des Systems einhergehen (das sind vor allem Reaktionen, bei denen Gase entstehen oder verbraucht werden), tritt Druck-Volumen-Arbeit (pV-Arbeit) auf. Entsteht bei einer Reaktion in einem zur Umgebung hin offenen Gefäß ein Gas, so dehnt sich dieses gegen den äußeren Druck der Atmosphäre aus und verrichtet dabei pV-Arbeit (+ w) an der Umgebung. Wird umgekehrt ein Gas verbraucht, dann verrichtet die Umgebung pV-Arbeit an dem reagierenden System (- w). Daraus folgen zwei wichtige Tatsachen:

1. Dehnt sich ein Gas in ein Vakuum hinein aus (äußerer Druck p_{ex} = 0 bar), verrichtet es keinerlei Arbeit.
2. Chemische Reaktionen, an denen nur kondensierte Phasen (Festkörper und Flüssigkeiten) beteiligt sind, verlaufen i. a. ohne nennenswerte pV-Arbeit, da die dabei auftretenden Volumenänderungen vernachlässigbar gering sind.

In einem "thermodynamischen Zylinder" (Zylinder, in dem sich ein beweglicher Kolben befindet, wobei man sich den Kolben masselos und ohne Reibung verschiebbar vorstellt; s. Abb. 6.1) möge unterhalb des Kolbens ein Gas eingeschlossen sein. Das Gas steht mit dem konstanten Druck der Atmosphäre im Gleichgewicht, so daß der Kolben ruht. Führt man dem Gas eine bestimmte Wärme (+ q) zu, dann dehnt es sich aus und verschiebt den Kolben um den Weg $s = \Delta h$, bis wieder Druckgleichgewicht mit der Umgebung besteht. Die Atmosphäre wirkt mit der Kraft F auf die Fläche A des Kolbens, und daher ist $p(Gas) = p_{ex} = F/A$ bzw. $F = p_{ex}\ A$. Die Volumenzunahme des Gases beträgt $\Delta V = A\ \Delta h$. Daraus ergibt sich die von dem Gas während der Expansion an der Umgebung (wozu auch der Kolben gehört) verrichtete pV-Arbeit:

(6.1) $$w = F\ s = F\ \Delta h = p_{ex}\ A\ \Delta h = p_{ex}\ \Delta V$$

Wenn sich das Gas in dem "thermodynamischen Zylinder" gegen den Außendruck p_{ex} = 1 bar ausdehnt und sein Volumen dabei um ΔV = 1 l ausdehnt, verrichtet es die Arbeit $w = 10^5\ N/m^2\ 10^{-3}\ m^3 = 10^2\ N\ m = 100\ J$. Unter realen Bedingungen hat der Kolben natürlich eine bestimmte Masse und erzeugt durch Entlanggleiten an der Zylinderwand Reibungswärme. Ein gegen einen äußeren Druck expandierendes Gas verrichtet aber auch dann pV-Arbeit, wenn es keinen Zylinder vor sich herschiebt.

Führt man einem arbeitsfähigen System einen bestimmten Betrag an Wärme (+ q) aus seiner Umgebung zu und wird ein Teil dieser Wärme von dem System in Arbeit transformiert und an die Umgebung abgegeben (+ w), so muß die Differenz zwischen zugeführter Wärme und abgegebener Arbeit (q - w) als Erhöhung der Inneren Energie (ΔE) in dem System gespeichert sein:

(6.2 a) $$\Delta E = q - w$$

oder wenn Wärme- und Arbeitsaustausch in differentiellen Beträgen erfolgen

(6.2 b) $$dE = dq - dw$$

Diese Gln. können als kurze mathematische Formulierungen des Ersten Hauptsatzes betrachtet werden.

6.2 ISOTHERME EXPANSION UND KOMPRESSION EINES IDEALEN GASES REVERSIBILITÄT UND IRREVERSIBILITÄT

In dem "thermodynamischen Zylinder" (Abb. 6.1) seien unterhalb des Kolbens n mol eines idealen Gases eingeschlossen. Der Raum oberhalb des Kolbens ist evakuiert, so daß der äußere Luftdruck nicht auf den Kolben wirkt. Der Kolben kann mit Gewichten belastet werden, die jeweils einen bestimmten Außendruck simulieren. Durch zwei Haltevorrichtungen, die von außen zu manipulieren sind, läßt sich der Kolben in einer unteren und einer oberen Position fixieren.

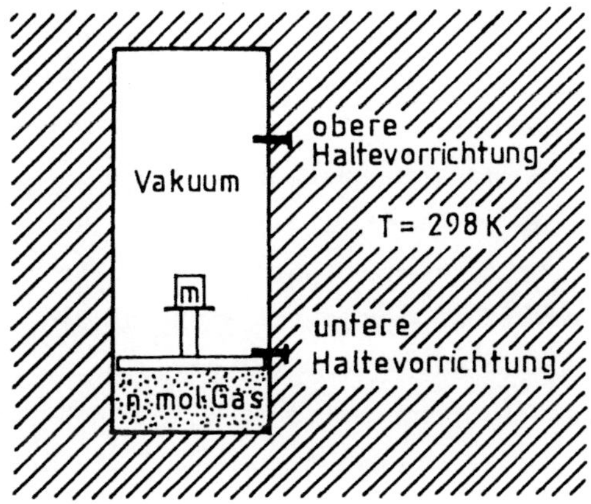

Abb. 6.1 Idealisierter Versuchsaufbau zur isothermen Expansion und Kompression eines idealen Gases

Vor Beginn der Expansion drückt das eingeschlossene Gas den Kolben von unten gegen die untere Halterung. Der Zylinder befindet sich in einem Temperaturbad (T = 298 K), das in Abb. 6.1 durch die schraffierte Fläche angedeutet und das so groß zu denken ist, daß sich seine Temperatur durch Wärmeübergänge nicht ändert (isotherme Bedingungen). Das Ausgangsvolumen des Gases sei V_1 = 1 l, sein Ausgangsdruck p_1 = 8 bar.

Versuch (a): Auf dem Kolben steht kein Gewicht. Wird nun die untere Halterung entfernt, schiebt das expandierende Gas den Kolben vor sich her, bis er von der oberen Halterung festgehalten wird. Das Gas möge sich dabei auf V_2 = 8 l ausdehnen, so daß es nach dem Boyle-Mariotte'schen Gesetz den Druck p_2 = 1 bar erreicht. Da das Gas in ein Vakuum hinein expandiert, ist die verrichtete pV-Arbeit $\vec{w}_1$ = 0 J; s. Gl. (6.1). In welcher Weise hat sich bei der Expansion ins Vakuum die Innere Energie des Gases geändert? Diese Frage läßt sich durch das Ergebnis eines von J. P. Joule (1843) durchgeführten Versuches beantworten. Joule benutzte hierbei zwei kugelförmige Behälter, zwischen denen sich ein Verbindungsrohr mit einem Absperrhahn befand. Den einen Behälter füllte er mit einem Gas, den anderen evakuierte er. Nun tauchte er beide in ein Wasserbad und öffnete den Hahn in dem Verbindungsrohr. Mit Hilfe eines Thermometers stellte er fest, daß bei der Expansion des Gases in die evakuierte Kugel keinerlei Temperaturänderung des Wassers eintrat. Auch spätere, mit sehr genauen Thermometern und bei unterschiedlichen Ausgangsdrücken ausgeführte Versuche ergaben, daß kein Wärmeübergang zwischen Gas und Umgebung erfolgt, wenn ein Gas ins Vakuum expandiert. Also ist gemäß (6.2 a) $\Delta E = 0$ J - 0 J = 0 J. Die Innere Energie eines idealen Gases hängt weder von seinem Druck noch von seinem Volumen, sondern ausschließlich von seiner Temperatur ab.

Versuch (b): Die Ausgangssituation ist wie in Versuch (a); auf dem Kolben steht jedoch ein Gewicht, das p_{ex} = 1 bar simuliert; außerdem ist die obere Halterung entfernt worden. Zieht man nun die untere Halterung zurück, dehnt sich das Gas aus, bis sein Volumen V_2 = 8 l und sein Druck p_2 = 1 bar beträgt, und verrichtet dabei die pV-Arbeit $\vec{w}_2$ = 1 bar 7 l = 700 J. Man kann sich diesen Vorgang in 2 Teilschritte zerlegt denken: Zunächst vermindert man den Außendruck auf 1/8 seines Ausgangswertes. Dann dehnt sich das Gas gegen diesen verminderten Außendruck auf das 8-fache Volumen aus. Die dabei von dem Gas verrichtete pV-Arbeit wird durch die schraffierte Fläche unter der 298 K-Isotherme im pV-Diagramm (Abb. 6.2 a) repräsentiert. Weil die Expansion isotherm erfolgt, ist ΔE(Gas) = 0 J. Das Gas hat aber Expansionsarbeit verrichtet. Daher muß nach dem Ersten Hauptsatz ein äquivalenter Wärmebetrag von der Umgebung in das Gas übergegangen sein: ΔE = 0 J = q - 700 J; also q = 700 J.

Versuch (c): Die Expansion erfolgt in 2 Schritten. Zunächst lasten auf dem Kolben 3 Gewichte, die jeweils einen Außendruck von 4 bzw. 3 bzw. 1 bar simulieren. Die untere Halterung ist nicht mehr nötig, da p_{ex} = 8 bar ist. Nach Wegnahme von 4 bar expandiert das Gas auf 2 l, nach Wegnahme von 3 bar dann auf 8 l. In diesem Zustand ist der Druck des Gases wieder im Gleichgewicht mit dem Außendruck, der von dem noch vorhandenen 1 bar-Gewicht ausgeübt wird. Die Expansionsarbeit ist nun

$\vec{w}_3$ = [4 bar (2 l - 1 l)] + [1 bar (8 l - 2 l)] = 1000 J.

Ein gleich großer Wärmebetrag geht aus der Umgebung in das Gas über. Die beiden schraffierten Flächen in Abb. 6.2 b repräsentieren die Expansionsarbeit.

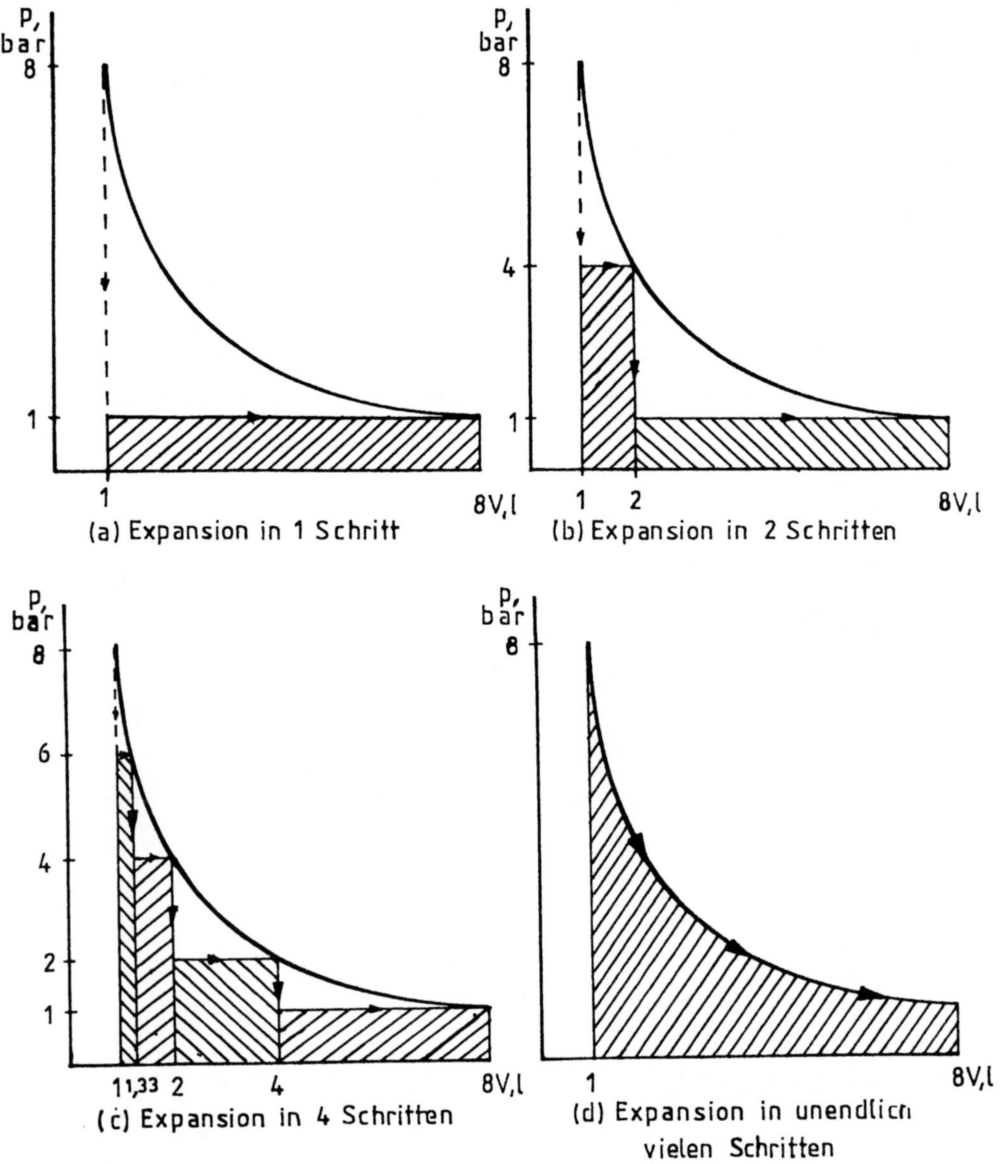

Abb. 6.2 Druck-Volumen-Arbeit bei der isothermen Expansion eines idealen Gases (Erläuterungen im Text)

Versuch (d): Die Expansion erfolgt in 4 Schritten. Vor der Expansion halten 5 Gewichte den Kolben fest, 3 zu je 2 bar und 2 zu je 1 bar. Nach Entfernung von 2 bar expandiert das Gas auf 1,33 l, nach Wegnahme von weiteren 2 bar auf 2 l, nach nochmaliger Entfernung von 2 bar auf 4 l und schließlich nach Wegnahme von 1 bar auf 8 l. Eine analoge Rechnung wie oben ergibt $\vec{w}_4$ = 1266 J. Wieder wird ein gleich großer Wärmebetrag von dem Gas aufgenommen. Die Expansionsarbeit entspricht den 4 schraffierten Flächen in Abb. 6.2 c.

Versuch (e): Die vorhergehenden Versuche haben gezeigt, daß mit steigender Zahl der Expansionsschritte die pV-Arbeit immer mehr wächst. Sie sollte also ihren maximalen Betrag erreichen, wenn man die Expansion in unendlich vielen, aber unendlich kleinen Schritten ausführt, indem man bei jedem Schritt p_{ex} um einen infinitesimalen Betrag (dp) unter den Innendruck senkt. Die dabei von dem unendlich langsam expandierenden Gas verrichtete Arbeit ($\vec{w}_{max}$) entspricht dann der schraffierten Fläche in Abb. 6.2 d. In den vorhergehenden Versuchen war das Gas immer dann, wenn es expandierte, nicht im Druckgleichgewicht mit seiner Umgebung. In diesem gedanklichen, nicht realisierbaren Versuch (e) durchläuft das Gas eine unendlich große Zahl von Gleichgewichtszuständen. Nach jeder Expansion durch Senkung des Außendrucks um einen infinitesimalen Betrag unter den Innendruck ($p_{ex} = p - dp$) kann eine Kompression durch Steigerung des Außendrucks um einen infinitesimalen Betrag über den Innendruck ($p_{ex} = p + dp$) die Expansion rückgängig machen und damit das Gleichgewicht wiederherstellen. Einen solchen Vorgang nennt man in der Thermodynamik einen reversiblen Prozeß. Alle vorher beschriebenen Expansionen sind im thermodynamischen Sinn irreversible Prozesse. Diese für den Spezialfall der Expansion eines idealen Gases getroffene Unterscheidung läßt sich verallgemeinern: Alle in endlicher Zeit in der Natur ablaufenden Vorgänge sind irreversibel. Reversible Vorgänge stellen lediglich gedankliche Grenzfälle dar.

Bei der reversiblen Expansion sinkt der Außendruck ständig um einen infinitesimalen Betrag. Die dabei von dem Gas verrichtete Arbeit $\vec{w}_{max} = \vec{w}_{rev}$, repräsentiert durch die schraffierte Fläche in Abb. 6.2 d, ist

$$(6.3)\quad \vec{w}_{rev} = \int_{V_1}^{V_2} p_{ex}\, dV$$

Um die Integration durchführen zu können, muß man p_{ex} durch eine Funktion von V ausdrücken. Wie oben erläutert, ist $p_{ex} = p - dp$ und daher

$$(6.4)\quad \vec{w}_{rev} = \int_{V_1}^{V_2} (p - dp)\, dV = \int_{V_1}^{V_2} (p\, dV - dp\, dV)$$

Der Term dp dV kann als Produkt zweier infinitesimaler Größen vernachlässigt werden:

$$(6.5)\quad \overleftarrow{w}_{rev} = \int_{V_1}^{V_2} p\, dV$$

Der innere Druck p des Gases ist mit (2.11) als Funktion von V auszudrücken, wobei n, R und T (isotherme Bedingungen!) als konstante Größen aus dem Integranden herausgenommen werden:

$$(6.6)\quad \overrightarrow{w}_{rev} = n\,R\,T \int_{V_1}^{V_2} \frac{1}{V}\, dV = n\,R\,T \ln \frac{V_2}{V_1} = n\,R\,T \ln \frac{p_1}{p_2}$$

(s. die mathematischen Hinweise im Anhang)

Für die erläuterten Versuche ist - wie mit (2.11) zu berechnen - die Stoffmenge des Gases n = 0,323 mol. Daraus ergibt sich mit (6.6) für T = 298 K, V_1 = 1 l, V_2 = 8 l die maximale Expansionsarbeit $\overrightarrow{w}_{rev}$ = 1664 J.

Wie läßt sich nun das expandierte Gas durch Kompression wieder in den Ausgangszustand zurückführen?

Versuch (a): In diesem und den folgenden Versuchen ist die untere Halterung entfernt worden. Der Kolben wird durch die obere Halterung in seiner Position festgehalten (V_2 = 8 l); auf ihm ruht ein Gewicht, das den Druck p_{ex} = 8 bar simuliert. Setzt man die obere Halterung außer Kraft, komprimiert der äußere Druck das Gas auf V_1 = 1 l, wobei der Druck von p_2 = 1 bar auf p_1 = 8 bar steigt. Die Umgebung verrichtet dabei an dem Gas die irreversible Kompressionsarbeit $\overleftarrow{w}_1$ = - [8 bar (8 l - 1 l)] = - 5600 J. Man kann sich diesen Vorgang wie bei der Expansion wieder in 2 Teilschritte zerlegt denken: Zunächst wird p_{ex} auf das 8-fache gesteigert; dann komprimiert dieser nunmehr konstante Außendruck das Gas auf 1/8 seines Ausgangsvolumens. Die schraffierte Fläche in Abb. 6.3 a stellt die Kompressionsarbeit dar. Da nach den oben angestellten Überlegungen ΔE(Gas) = 0 J ist, gibt das Gas die Wärme q = - 5600 J an die Umgebung ab.

Versuch (b): Bei der Kompression in 2 Schritten drückt zunächst ein Gewicht entsprechend p_{ex} = 4 bar das Volumen auf 2 l zusammen. Dann wird noch ein Gewicht entsprechend p_{ex} = 4 bar dazugestellt, wodurch das Gas das Volumen V_1 = 1 l erreicht; $\overleftarrow{w}_2$ = - [[4 bar (8 l - 2 l)] + [8 bar (2 l - 1 l)]] = - 3200 J (s. die beiden schraffierten Flächen in Abb. 6.3 b).

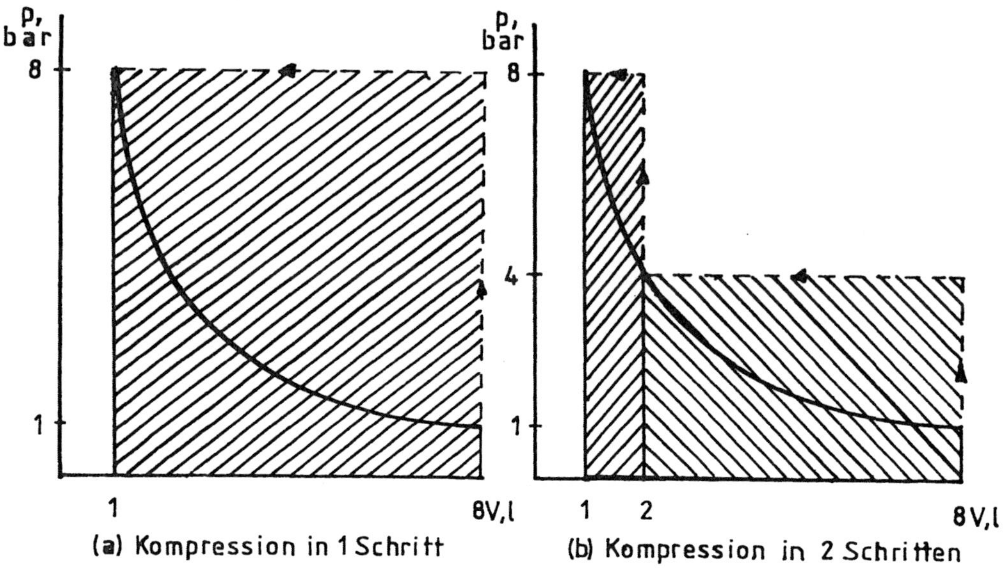

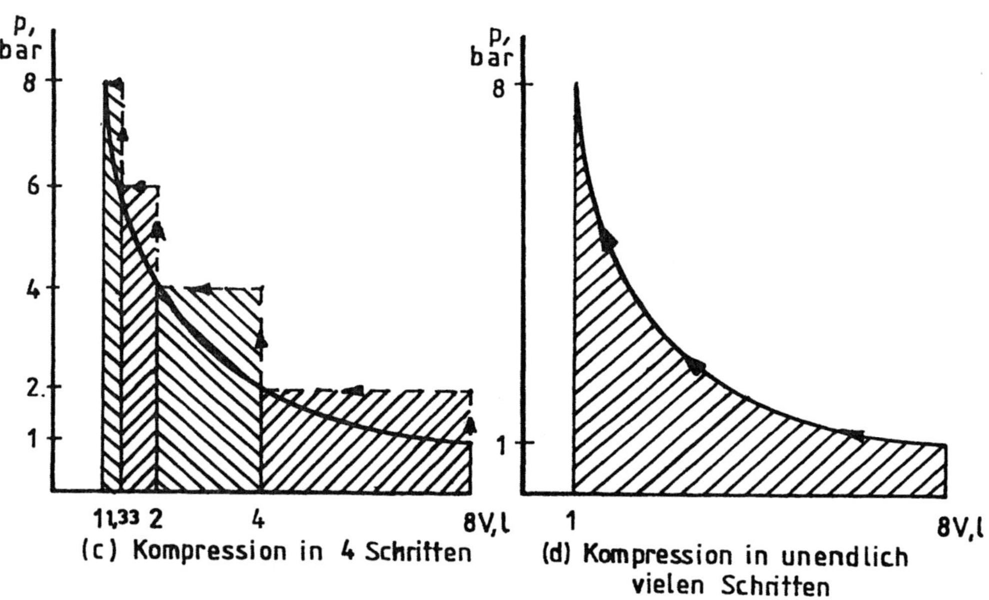

Abb. 6.3 Druck-Volumen-Arbeit bei der isothermen Kompression eines idealen Gases (Erläuterungen im Text)

Versuch (c): Die Kompression verläuft in 4 Schritten, wobei 4 nacheinander auf den Kolben gebrachte Gewichte, die jeweils p_{ex} = 2 bar gleichkommen, für die Kompressionsschritte 8 l/4 l; 4 l/2 l; 2 l/1,33 l; 1,33 l/1 l sorgen. Die an dem Gas verrichtete Kompressionsarbeit ist $\overleftarrow{w}_3$ = - 2266 J, die von dem Gas abgegebene Wärme q = - 2266 J (s. Abb. 6.3 c).

Versuch (d): Bei der reversiblen Kompression ($p_{ex} = p + dp$) erreicht die Kompressionsarbeit ihren minimalen Wert $\overleftarrow{w}_{min} = \overleftarrow{w}_{rev}$ = - 1664 J. Hierbei liefert das Gas die Wärme q = - 1664 J an die Umgebung.

Tabelle 6.2 vermittelt in einem Überblick die Energiebilanz der verschiedenen Expansions-Kompressions-Zyklen.

Tabelle 6.2 w und q bei der isothermen Expansion und Kompression eines idealen Gases (alle Angaben in J)

	Expansion		Kompression		
	$\overrightarrow{w}$	q	$\overleftarrow{w}$	q	Art des Vorgangs
1 Schritt	+ 700	+ 700	- 5600	- 5600	irreversibel
2 Schritte	+ 1000	+ 1000	- 3200	- 3200	irreversibel
4 Schritte	+ 1266	+ 1266	- 2266	- 2266	irreversibel
∞ Schritte	+ 1664	+ 1664	- 1664	- 1664	reversibel

Man sieht sofort, daß jede von dem Gas an der Umgebung verrichtete irreversible Expansionsarbeit kleiner und jede von der Umgebung an dem Gas verrichtete irreversible Kompressionsarbeit (wegen des negativen Vorzeichens von $\overleftarrow{w}$) ebenfalls kleiner ist als die reversible Expansions- bzw. Kompressionsarbeit. In jedem Fall gilt also $w_{rev} > w_{irr}$. Ferner ist leicht zu erkennen, daß ein voller Expansions-Kompressions-Zyklus in der Gesamtbilanz (System und Umgebung zusammen betrachtet) nur dann ohne Überführung von Arbeit in Wärme abläuft, wenn beide Wege reversibel geführt werden. Wärme nimmt unter den Energieformen eine Sonderstellung ein. Alle anderen Energieformen lassen sich ineinander transformieren (s. Tabelle 6.1) und auch restlos in Wärme überführen, während die Transformation von Wärme in andere Energieformen nur begrenzt und nur unter gewissen Voraussetzungen (s. Kap. 7) möglich ist. Bei jedem irreversiblen Zyklus erfolgt unausweichlich eine Entwertung (Degradation) von "nützlicher" Arbeit zu "nutzloser" Wärme. Man könnte anschaulich von dem Wärmetribut sprechen, den ein irreversibler Prozeß dafür zu entrichten hat, daß er - im Gegensatz zu einem reversiblen Prozeß - in endlicher Zeit realisierbar ist. Dieser Tribut wird umso geringer, je mehr ein Vorgang sich dem Grenzfall der Reversibilität nähert. Mit diesen Betrachtungen ist bereits ein Einblick in eine der Aussagen des Zweiten Hauptsatzes erreicht, dem sich das nächste Kapitel widmen wird. Die Überlegungen dieses Abschnittes haben außerdem gezeigt, daß w und q im Gegensatz zu E keine Zustandsfunktionen sind, denn bei festgelegtem Ausgangs- und Endzustand können w und q auf den verschiedenen Übergängen unterschiedliche Werte annehmen; sie erweisen sich als wegabhängig.

6.3 DIE ENTHALPIE

Die meisten chemischen Reaktionen im Labor und auch in den Organismen laufen unter isobaren Bedingungen ab. Isotherme Bedingungen erfordern, daß das System nach Wärmeaustausch mit seiner Umgebung wieder zu seiner Ausgangstemperatur zurückkehrt. Tritt bei einer unter isothermen und isobaren Bedingungen ablaufenden Reaktion w nur in Form von pV-Arbeit auf, dann ist gemäß (6.2 a) die Änderung der Inneren Energie des Systems

(6.7) $\Delta E = q_p - p\,\Delta V$

$E_2 - E_1 = q_p - p\,(V_2 - V_1)$

Das Symbol q_p deutet die Wärme bei konstantem Druck an; sie ist also

(6.8) $q_p = (E_2 + p\,V_2) - (E_1 + p\,V_1)$

Man definiert

(6.9) $H = E + p\,V$

und nennt H die Enthalpie, die eine Zustandsfunktion ist, da sie sich ausschließlich aus anderen Zustandsfunktionen zusammensetzt. Wie von E so kann man auch von H keine Absolutbeträge messen, sondern nur Differenzen:

(6.10) $\Delta H = H_2 - H_1 = H(\text{Endzustand}) - H(\text{Ausgangszustand})$

Wenn man von der Enthalpie einer Reaktion spricht, meint man damit die Enthalpiedifferenz, die beim Übergang des Systems vom Ausgangs- in den Endzustand auftritt. Aus (6.8) und (6.9) erhält man

(6.11) $q_p = H_2 - H_1 = \Delta H$

Die Enthalpie (ΔH) einer chemischen Reaktion ist also der Wärmeumsatz q_p bei konstantem Druck, wenn dabei ausschließlich pV-Arbeit auftritt. Läuft eine Reaktion in einem geschlossenen Gefäß ab, so daß sich das Volumen nicht ändern kann (ΔV = 0; isochore Bedingungen), folgt aus (6.7)

(6.12) $\Delta E = q_V$ ($q_V \mathrel{\hat{=}}$ Wärmeumsatz bei konstantem Volumen)

Reaktionen mit $\Delta H < 0$ nennt man exotherm, Reaktionen mit $\Delta H > 0$ endotherm. Für die Enthalpiedifferenz ergibt sich aus (6.9)

(6.13) $\Delta H = \Delta E + \Delta(p\,V)$

und wenn p = konstant

(6.14) $\Delta H = \Delta E + p\,\Delta V$

Nimmt also im Verlauf einer isobaren Reaktion V zu, ist $\Delta H > \Delta E$, nimmt V ab, ist $\Delta H < \Delta E$. Für isotherme Reaktionen in der Gasphase folgt aus (6.13) und aus (2.11)

(6.15) $\Delta H = \Delta E + R\,T\,\Delta n$

Ändert sich bei einer solchen Reaktion die Gesamtstoffmenge nicht ($\Delta n = 0$), so ist $\Delta H = \Delta E$.

Nicht nur chemische Reaktionen, sondern auch Änderungen der Aggregatzustände und Übergänge zwischen verschiedenen Modifikationen gehen mit meßbaren Enthalpiebeträgen einher. So beträgt z. B. die molare Verdampfungsenthalpie des Wassers bei T = 373,15 K und p = 1013 mbar $\Delta\overline{H}_{Vap}$ = + 40,6 kJ/mol (Vap ≙ Vaporisierung, Verdampfung), die molare Schmelzenthalpie von Eis bei T = 273,15 K und p = 1013 mbar $\Delta\overline{H}_{Fus}$ = + 6 kJ/mol (Fus ≙ Fusion, Schmelzen). Der Strich über dem H bedeutet den Bezug auf n = 1 mol.

Um Enthalpiebeträge messen und mit ihnen rechnen zu können, muß man einen bestimmten Standardzustand als Bezugsgröße festlegen. Man ordnet den Elementen in ihrem thermodynamisch stabilsten Zustand bei T = 298,15 K und p = 101,325 kPa = 1013,25 mbar die Enthalpie H^o = 0 kJ/mol zu. Die ^{o} bezeichnet die Standardbedingungen. So ist z. B. H^o(C, Graphit) = 0 kJ/mol, aber H^o(C, Diamant) = + 2 kJ/mol, d. h. die Modifikationsumwandlung des Kohlenstoffs von dem unter Standardbedingungen stabileren Graphit in den weniger stabilen Diamant ist mit ΔH^o = + 2 kJ/mol eine endotherme Reaktion.

Unter der Standard-Bildungsenthalpie einer Verbindung, gekennzeichnet durch $\Delta H^o{}_f$ (f ≙ formation) versteht man die Enthalpie (eigentlich Enthalpie-Differenz) der Reaktion, bei der unter Standardbedingungen die betreffende Verbindung aus den Elementen entsteht. So gilt z. B. für die Reaktionen

(1) $H_2(g) + 1/2\ O_2(g) \rightarrow H_2O(l)$; $\Delta H^o{}_f(H_2O,\ l) = -\ 285$ kJ/mol

(2) $H_2(g) + 1/2\ O_2(g) \rightarrow H_2O(g)$; $\Delta H^o{}_f(H_2O,\ g) = -\ 242$ kJ/mol

Die Bildungsenthalpie von flüssigem Wasser und Wasserdampf unterscheiden sich somit bei Standardbedingungen um $\Delta H^o{}_{Vap}$ = + 43 kJ/mol, die Standard-Verdampfungsenthalpie.

Die Reaktionsenthalpie (ΔH_r) bzw. Standard-Reaktionsenthalpie ($\Delta H^o{}_r$) einer chemischen Reaktion läßt sich aus den Bildungs- bzw. Standard-Bildungsenthalpien der beteiligten Edukte und Produkte berechnen:

(6.16 a) $\Delta H_r = \sum n\ \Delta H_f(\text{Produkte}) - \sum n\ \Delta H_f(\text{Edukte})$

(6.16 b) $\Delta H^o{}_r = \sum n\ \Delta H^o{}_f(\text{Produkte}) - \sum n\ \Delta H^o{}_f(\text{Edukte})$

Als Standard-Aktivität ist für in Lösungen ablaufende Reaktionen a = 1 mol/l festgelegt.

Beispiel:

Die Standard-Reaktionsenthalpie für die Oxidation der Glucose gemäß $C_6H_{12}O_6(s) + 6\ O_2(g) \rightarrow 6\ CO_2(g) + 6\ H_2O(l)$ ist nach Gl. (6.16 b)

$$\Delta H^o{}_r = [(6\ (-\ 393\ \text{kJ/mol}) + 6\ (-285\ \text{kJ/mol})] - [(-\ 1274\ \text{kJ/mol}) + (6\quad 0\ \text{kJ/mol})] = -\ 2794\ \text{kJ/mol}$$

Einige Standard-Bildungsenthalpien sind im Anhang aufgeführt.
In der Möglichkeit, Reaktionsenthalpien aus den Bildungsenthalpien der Reaktanten berechnen zu können, liegt ein enormer Vorteil. Wenn z. B. jeweils 2 Stoffe miteinander reagieren, gäbe es zwischen 1000 Stoffen (1000˙ 999)/2 = 499500 verschiedene Reaktionsmöglichkeiten. Es leuchtet ein, daß es unmöglich ist, eine derartig große Zahl von ΔH_r-Werten zu ermitteln. Bestimmt man aber die ΔH_f-Werte der 1000 Stoffe, kann man daraus die ΔH_r-Werte für sämtliche zwischen diesen Stoffen ablaufende Reaktionen berechnen. Das bedeutet eine Arbeitsersparnis von 99,8%.
Bei manchen Reaktionen ist es schwierig oder sogar unmöglich, ΔH_r-Werte zu messen. Die Gründe hierfür können z. B. in Reaktionshemmungen oder im Auftreten unkontrollierbarer Nebenreaktionen liegen. Auf der Basis des Hess'schen Wärmesatzes lassen sich die ΔH_r-Werte für derartige Reaktionen in den meisten Fällen trotzdem bestimmen. Im Jahre 1840 erkannte G. H. Hess aus Wärmemessungen bei chemischen Reaktionen, daß die Reaktionswärme (heute spricht man präziser von der Reaktionsenthalpie) für jede gegebene Reaktion stets konstant ist, gleichgültig, in wievielen Schritten und über welche Zwischenstufen die Reaktion abläuft. Die Reaktionsschemata und die ihnen zugeordneten ΔH_r-Werte kann man rechnerisch wie mathematische Gleichungssysteme manipulieren.

Beispiele:

(a) Es ist unmöglich, ΔH_r der Reaktion C(s) + 1/2 O_2(g) → CO(g) zu messen, weil dabei der Kohlenstoff unvermeidlich außer zu CO auch zu CO_2 verbrennt. Das folgende Schema zeigt, wie man trotzdem zum Ziel gelangt.

$$C \xrightarrow{\Delta H_1^o} CO_2$$

$$C \xrightarrow{\Delta H_2^o} CO \xrightarrow{\Delta H_3^o} CO_2$$

$\Delta H^o_2 = \Delta H^o_1 - \Delta H^o_3$ = - 393 kJ/mol - (-283 kJ/mol) = - 110 kJ/mol

(b) Der experimentell nicht meßbare ΔH^o_f-Wert des Methans läßt sich aus den Standard-Verbrennungsenthalpien von CH_4, H_2 und C berechnen:

(3) CH_4(g) + 2 O_2(g) → CO_2(g) + 2 H_2O(l); ΔH^o_r = - 888 kJ/mol

(4) H_2(g) + 1/2 O_2(g) → H_2O(l); ΔH^o_r = - 285 kJ/mol

(5) C(s, Graphit) + O_2(g) → CO_2(g); ΔH^o_r = - 393 kJ/mol

Gleichung (3) wird umgekehrt, Gl. (4) mit 2 multipliziert, und anschließend addiert man diese 3 Gln. mit ihren zugehörigen ΔH^o_r-Werten. Man erhält

(6) C(s, Graphit) + 2 H_2(g) → CH_4(g); ΔH^o_f = - 75 kJ/mol

Die zur Spaltung von Bindungen zwischen den Atomen gleicher oder verschiedener Elemente aufzuwendenden Enthalpien bezeichnet man als Bindungsdissoziations-Enthalpien (kürzer, aber weniger genau auch als Bindungsenergien), Symbol ΔH_D, z. B.

(7) 1/2 H_2(g) → H(g); ΔH_D = + 217,5 kJ/mol

(8) C(s, Graphit) → C(g); ΔH_D = + 715 kJ/mol

Durch Umkehrung von Gl. (6), Multiplikation von Gl. (7) mit 4 und Addition der daraus erhaltenen Gln. mit Gl. (8) ergibt sich

(9) CH_4(g) → 4 H(g) + C(g); ΔH = + 1660 kJ/mol

Auf eine (C-H)-Bindung entfällt also ΔH_D(C-H) = + 1660/4 kJ/mol = + 415 kJ/mol. Zur Bestimmung von ΔH_D(C-H) darf man nicht einfach $\Delta H_f(CH_4)$ durch 4 dividieren, sondern es ist die Enthalpie zu berücksichtigen, die zur Überführung von C(s, Graphit) und H_2(g) aus dem Standardzustand in gasförmige

Einzelatome aufgewandt werden muß. ΔH_D(C-C) erhält man aus

(10) $C_2H_6(g) \rightarrow 2\ C(s) + 3\ H_2(g);\ -\Delta H_f = +\ 85$ kJ/mol

sowie aus der mit 6 multiplizierten Gl. (7) und der mit 2 multiplizierten Gl. (8), wonach dann diese Gln. addiert werden:

(11) $C_2H_6(g) \rightarrow 2\ C(g) + 6\ H(g);\ \Delta H = +\ 2820$ kJ/mol

Dann ist ΔH_D(C-C) = + 2820 kJ/mol - 6 ΔH_D(C-H) = + 330 kJ/mol.
Man hat aus einer großen Zahl von Verbindungen, in denen die einzelnen Bindungstypen jeweils in unterschiedlicher atomarer Umgebung auftreten, durchschnittliche ΔH_D-Werte ermittelt. Einige davon sind in Tabelle 6.3 zusammengefaßt.

Tabelle 6.3 Bindungsdissoziations-Enthalpien für einige Bindungen in kJ/mol

Bindung	ΔH_D	Bindung	ΔH_D	Bindung	ΔH_D
H-H	435	H-I	298	C-Br	282
C-H	414	C-C	347	C-I	213
N-H	390	C=C	610	N≡N	945
O-H	464	C-N	301	F-F	155
H-F	565	C-O	356	Cl-Cl	242
H-Cl	431	C=O	740	Br-Br	192
H-Br	365	C-Cl	336	I-I	150

Wenn der ΔH_D-Wert jedes Bindungstyps unabhängig von der atomaren Umgebung wäre, könnte man im Prinzip ΔH_f einer beliebigen Verbindung aus den ΔH_D-Werten der in dem Molekül auftretenden Bindungen berechnen. Da in organischen Molekülen kaum mehr als 50 verschiedene Bindungstypen vorkommen, wäre damit aus einer relativ kleinen Zahl von Messungen eine sehr große Zahl von ΔH_f-Werten und daraus wiederum eine beliebige Zahl von ΔH_r-Werten zugänglich. Leider führt dieser Weg nur bei kleinen, einfachen Molekülen zu akzeptablen Ergebnissen, denn der ΔH_D-Wert einer bestimmten Bindung hängt von den übrigen Bindungen innerhalb des Moleküls ab. Alle Bindungen eines Moleküls stehen in Wechselwirkungen zueinander, und diese sind umso weniger überschaubar, je größer und komplexer das Molekül ist.

Beispiel:

Die Bildung von 1 mol Benzol kann man gedanklich aufteilen in die Entstehung von 6 mol H(g) aus 3 mol H_2(g) und von 6 mol C(g) aus 6 mol C(s). Hierfür ist $\Delta H = + 5595$ kJ aufzuwenden. Andererseits entstehen 3 mol (C-C), 3 mol (C=C) und 6 mol (C-H), wobei ein Betrag von $\Delta H = - 5355$ kJ freigesetzt wird. In der Bilanz müßte sich daraus ΔH_f(Benzol) = + 240 kJ/mol ergeben. Die gemessene Standard-Bildungsenthalpie des Benzols beträgt aber nur $\Delta H^o{}_f(C_6H_6, l)$ = + 49 kJ/mol. Die Differenz von 191 kJ/mol beruht i. w. auf der Mesomerie des Benzols. An diesem Beispiel sieht man, zu welchen Fehlern der oben angedeutete Weg führen kann.

6.4 DIE WÄRMEKAPAZITÄT

Unter der spezifischen Wärme C' eines Stoffes versteht man die Wärme, die die Temperatur von 1 g des Stoffes um 1 K erhöht. Die Wärmekapazität oder Molwärme C_m eines Stoffes ist definiert als die Wärme, die die Temperatur von 1 mol des Stoffes um 1 K erhöht:

(6.17) $C_m = C' \, M$ (Einheit J K^{-1} mol^{-1})

In den nachfolgenden Überlegungen ist mit C die Wärmekapazität (Molwärme) gemeint. Der Index m wird vereinfachend weggelassen. C_p bedeutet Wärmekapazität bei konstantem Druck, C_V Wärmekapazität bei konstantem Volumen. Die mögliche Art der Abhängigkeit dieser Größen von der Temperatur zeigt Abb. 6.4.

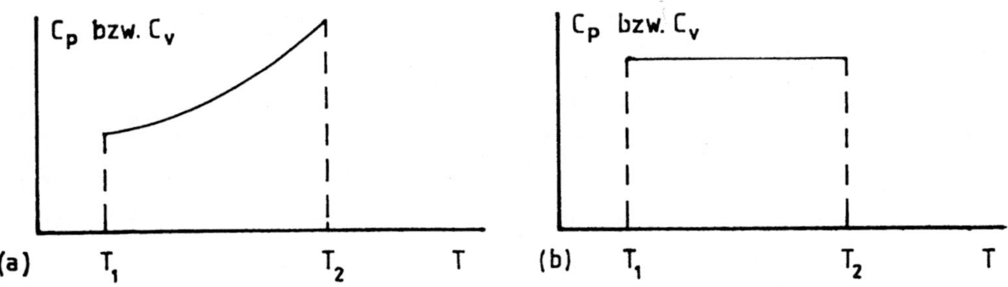

Abb. 6.4 Abhängigkeit der Wärmekapazität eines Stoffes von der Temperatur

Ist C temperaturabhängig (a), dann beträgt die Wärme, die man n mol des Stoffes zur Erhöhung der Temperatur von T_1 auf T_2 zuführen muß

(6.18) $q_p = \Delta H = n \int_{T_1}^{T_2} C_p \, dT$ bzw.

(6.19) $q_V = \Delta E = n \int_{T_1}^{T_2} C_V \, dT$

Diese Terme vereinfachen sich in dem Fall (b), daß C temperaturunabhängig ist:

(6.20) $q_p = \Delta H = n \, C_p \int_{T_1}^{T_2} dT = n \, C_p \, \Delta T = n \, C_p \, (T_2 - T_1)$ bzw.

(6.21) $q_V = \Delta E = n \, C_V \int_{T_1}^{T_2} dT = n \, C_V \, \Delta T = n \, C_V \, (T_2 - T_1)$

Für ein ideales Gas läßt sich der Zusammenhang zwischen C_p und C_V aus (6.13) herleiten. Setzt man hierin gemäß (2.11) n R T für p V, erhält man

(6.22) $\Delta H = \Delta E + n \, R \, \Delta T$

und mit (6.20) und (6.21) nach Division durch $(n \, \Delta T)$

(6.23) $C_p = C_V + R$

Der Quotient C_p/C_V heißt Poisson-Koeffizient γ:

(6.24) $C_p/C_V = (C_V + R)/C_V = \gamma$

Für ideale Gase, die aus monoatomaren Teilchen bestehen, ist $\gamma = (5/2) \, R/(3/2) \, R = 1{,}67$; s. (2.39) und (2.40).

ΔH_r ist grundsätzlich temperaturabhängig, bei vielen Reaktionen in einem nicht allzu großen Temperaturintervall jedoch nur geringfügig. Den quantitativen Zusammenhang zwischen ΔH_r und T beschreibt die Kirchhoff'sche Gleichung:

(6.25) $\Delta H_2 = \Delta H_1 + \int_{T_1}^{T_2} \Delta C_p \, dT$

Hierin bedeuten ΔH_1 und ΔH_2 die Reaktionsenthalpien bei den Temperaturen T_1 und T_2 und ΔC_p die Differenz der Wärmekapazitäten zwischen Produkten und

Edukten. Ist ΔC_p in einem betrachteten Temperaturintervall (nahezu) konstant, vereinfacht sich (6.25) zu

(6.26) $\Delta H_2 = \Delta H_1 + \Delta C_p\ (T_2 - T_1)$

Man kann mit Hilfe der Kirchhoff'schen Gleichung aus den gemessenen Wärmekapazitäten der beteiligten Reaktanten ΔH_r von T_1 auf T_2 umrechnen. Wenn in dem betrachteten Temperaturintervall Änderungen der Aggregatzustände stattfinden, sind die entsprechenden Umwandlungsenthalpien zu berücksichtigen:

(6.27) $\Delta H_2 = \Delta H_1 + \Delta C_p\ (T_{Fus} - T_1) + \Delta H_{Fus} + \Delta C_p\ (T_{Vap} - T_{Fus}) + \Delta H_{Vap}$
$+ \Delta C_p\ (T_2 - T_{Vap})$

Dabei sind

$\Delta C_p\ (T_{Fus} - T_1)$ die Wärmezufuhr von T_1 bis zum Schmelzpunkt;
ΔH_{Fus} die Schmelz-, ΔH_{Vap} die Verdampfungsenthalpie;
$\Delta C_p\ (T_{Vap} - T_{Fus})$ die Wärmezufuhr zwischen Schmelz- und Siedepunkt;
$\Delta C_p\ (T_2 - T_{Vap})$ die Wärmezufuhr zwischen Siedepunkt und Endtemperatur

Beispiel:

Es soll ΔH der Wasser-Synthese aus den Elementen bei T = 398 K berechnet werden. Man geht von folgenden Voraussetzungen aus:
$\Delta H^o = -\ 285$ kJ/mol; $C_p(H_2) = 28{,}8$ J K^{-1} mol^{-1}, $C_p(O_2) = 29{,}4$ J K^{-1} mol^{-1}, beide in dem Intervall $T_1 = 298$ K bis $T_2 = 398$ K (nahezu) konstant; $C_p(H_2O)$ in dem Bereich 273 K bis 373 K zwischen 75,20 und 75,92 (Mittel 75,56) J K^{-1} mol^{-1}, in dem Bereich 373 K bis 398 K 36,1 J K^{-1} mol^{-1}; $\Delta H_{Vap} = 40{,}6$ kJ/mol.
Man verwendet (6.27) in sinngemäß modifizierter Form:
$\Delta H_{398} = \Delta H^o + \Delta C_p\ (373\ K - 273\ K) + \Delta H_{Vap} + \Delta C_p\ (398\ K - 373\ K)$
ΔC_p im 2. Summanden:
$(75{,}56 - 28{,}8 - 0{,}5\ \ 29{,}4)\ \ 10^{-3}$ kJ K^{-1} mol^{-1} = 32,06 10^{-3} kJ K^{-1} mol^{-1}
ΔC_p im 4. Summanden:
$(36{,}1 - 28{,}8 - 0{,}5\ \ 29{,}4)\ \ 10^{-3}$ kJ K^{-1} mol^{-1} = - 7,4 10^{-3} kJ K^{-1} mol^{-1}
$\Delta H_{398} = (-\ 285 + 3{,}206 + 40{,}6 - 0{,}185)$ kJ/mol = - 241,4 kJ/mol
Allgemein weichen ΔH_r-Werte von den ΔH_r^o-Werten dann erheblich ab, wenn sich in dem betrachteten Temperaturintervall der Aggregatzustand eines Reaktanten ändert. Sonst ist ΔH über einen weiten Bereich i. a. nur wenig temperaturabhängig.

6.5 KALORIMETRIE

Zur Messung der bei chemischen Reaktionen und bei der Zustandsänderung von Stoffen (Schmelzen, Verdampfen, Modifikationsumwandlung, Lösen etc.) umgesetzten Wärmebeträge dienen Kalorimeter. Für die verschiedenen Verwendungszwecke gibt es Geräte unterschiedlicher Konstruktion. Weil im biologischen Bereich häufig Verbrennungsenthalpien zu messen sind, sollen Aufbau und Wirkungsprinzip eines Verbrennungskalorimeters näher erläutert werden (s. Abb. 6.5). Der zylinderförmige Glaskörper steht auf einer feuerfesten, hitzebeständigen Platte. Eine genau gewogene Probe der zu verbrennenden Substanz befindet sich in dem Tiegel. Von unten wird Luft oder Sauerstoff in die Brennkammer geleitet. Die Zündung erfolgt durch Anlegen einer Spannung an den Zünddraht. Der von einem Motor angetriebene Rührer sorgt für eine sorgfältige Durchmischung des Wassers. Die Verbrennungsgase werden durch ein schraubenförmig durch das Innere des Zylinders gewundenes Rohr gesogen, wo der Wärmeaustausch mit dem umgebenden Wasser stattfindet. Ein Thermometer registriert den Temperaturanstieg des Wassers. Da nicht nur das Wasser, sondern auch das Material des Kalorimeters die freigesetzte Wärme aufnimmt, muß das Gerät geeicht werden. Das geschieht am besten durch Verbrennung einer Substanz mit bekannter Verbrennungsenthalpie.

Beispiel:

Die Verbrennungsenthalpie von Methanol ist ΔH^o = - 723,3 kJ/mol. Nach der Verbrennung von m = 0,91 g Methanol mißt man einen Temperaturanstieg des Wassers von ΔT = 7,0 K. Dann ist die freigesetzte Wärme

$$q = \frac{m}{M}\,\Delta H^o = \frac{0{,}91\ g}{32\ g/mol}\,(-\ 723{,}3\ kJ/mol) = -\ 20{,}57\ kJ$$

der Eichfaktor des Kalorimeters somit $\sigma = q/\Delta T = -\ 2{,}94$ kJ/K.
Zur Messung der Verbrennungsenthalpie von Glucose werden 1,96 g der Substanz in einer O_2-Atmosphäre verbrannt. Man findet ΔT = 10,4 K. Daraus erhält man die Verbrennungsenthalpie der Glucose:

$$\Delta H^o = \frac{q}{n} = \frac{\sigma\ \Delta T}{n} = \frac{\sigma\ \Delta T\ M}{m} = \frac{-\ 2{,}94\quad 10{,}4\quad 180}{1{,}96}\ kJ/mol = -\ 2808\ kJ/mol$$

Die Eichung eines Kalorimeters ist auch dadurch möglich, daß man dem Gerät einen definierten Betrag an elektrischer Energie zuführt, z. B. dadurch, daß man einen Heizdraht mit bekanntem Widerstand in das Wasser des Kalorimeters taucht und den Draht während einer bestimmten Zeit von einem Strom bekannter Stärke durchfließen läßt. Die elektrische Energie wird während des Stromdurchgangs in Wärme umgewandelt, die an das Wasser und das Material des Kalorimeters abgegeben wird.

Beispiel:

$I = 3\ A;\ R = 9{,}5\ \Omega;\ t = 240\ s;\ \Delta T = 7{,}0\ K$

$q \mathrel{\hat{=}} w_{el} = P\ t = U\ I\ t = I^2\ R\ t$; s. (A 2.2)

$q \mathrel{\hat{=}} w_{el} = (3\ A)^2\ 9{,}5\ \Omega\ 240\ s = 20520\ J = 20{,}52\ kJ$

$\sigma = -\ 20{,}52\ kJ/7\ K = -\ 2{,}93\ kJ/K$

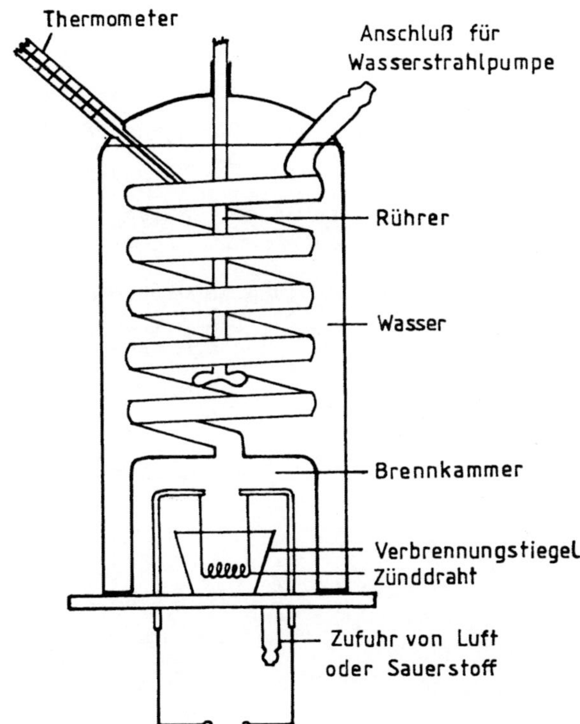

Abb. 6.5 Verbrennungskalorimeter

Reaktionsenthalpien von Vorgängen, die in wäßriger Lösung ablaufen, lassen sich in thermisch sorgfältig nach außen isolierten Gefäßen (Dewar-Gefäßen) messen.

6.6 ADIABATISCHE EXPANSION UND KOMPRESSION EINES IDEALEN GASES

Ein adiabatischer Vorgang verläuft ohne Wärmeaustausch des Systems mit seiner Umgebung. Die adiabatische Expansion und Kompression eines Gases läßt sich in einem "thermodynamischen Zylinder" mit beweglichem Kolben (Abb. 6.1) durchführen, wobei der Zylinder gegenüber dem Wärmereservoir seiner Umgebung thermisch isoliert sein muß: $q = 0$ und daher gemäß (6.2a) $w = -\Delta E$. Während bei der im Abschn. 6.2 besprochenen isothermen Expansion das Gas Expansionsarbeit auf Kosten der ihm aus seiner Umgebung zugeführten Wärme verrichtet und seine Temperatur dabei konstant bleibt, verrichtet bei der adiabatischen Expansion das Gas Expansionsarbeit auf Kosten seiner Inneren Energie, wobei seine Temperatur mit zunehmendem Volumen sinkt. Diese adiabatische Expansion kann also im pV-Diagramm (im Gegensatz zur isothermen Expansion) nicht entlang einer Isotherme verlaufen, sondern sie verläuft entlang einer Adiabate. Bei der adiabatischen Kompression erhöht sich die Innere Energie des Gases auf Kosten der ihm von außen zugeführten Kompressionsarbeit. Seine Temperatur wächst dann mit abnehmendem Volumen.

Zur Herleitung einer Reihe von Beziehungen, die für die adiabatische Volumenänderung eines idealen Gases gelten, geht man von Gl. (6.2b) aus. In einem adiabatischen Prozeß ist $dq = 0$. Wenn die Volumenänderung in differentiellen Beträgen erfolgt, ist die Änderung der Inneren Energie für $n = 1$ mol

$$(6.28)\quad dE = -p\,dV = -\frac{R\,T}{V}\,dV$$

Daraus folgt

$$(6.29)\quad \frac{dE}{T} = -R\,\frac{dV}{V}$$

Gemäß (6.21) ersetzt man dE durch $C_V\,dT$

$$(6.30)\quad C_V\,\frac{dT}{T} = -R\,\frac{dV}{V}$$

Diese Gl. wird zwischen festgelegtem Ausgangs- und Endzustand integriert:

$$(6.31)\quad C_V \int_{T_1}^{T_2} \frac{dT}{T} = -R \int_{V_1}^{V_2} \frac{dV}{V}$$

$$(6.32)\quad C_V \ln\frac{T_2}{T_1} = -R\ln\frac{V_2}{V_1} = R\ln\frac{V_1}{V_2}$$

Nach (6.23) ist $R = C_p - C_V$. Dividiert man (6.32) durch C_V, bekommt man unter Anwendung von (6.24)

(6.33) $\ln T_2/T_1 = (C_p/C_V - 1) \ln V_1/V_2 = (\gamma - 1) \ln V_1/V_2 = \ln (V_1/V_2)^{\gamma - 1}$

und nach Delogarithmieren

(6.34) $T_2/T_1 = (V_1/V_2)^{\gamma - 1}$

Mit Hilfe von (2.9) ergibt sich hieraus

(6.35) $p_2 V_2/p_1 V_1 = (V_1/V_2)^{\gamma - 1} = V_1^{\gamma} V_2/V_1 V_2^{\gamma}$

(6.36) $p_2/p_1 = V_1^{\gamma}/V_2^{\gamma}$

(6.37) $p_1 V_1^{\gamma} = p_2 V_2^{\gamma} =\ldots= p_n V_n^{\gamma}$, also $p V^{\gamma}$ = konstant

Das ist die Poisson-Gleichung, die man mit der Boyle-Mariotte-Gleichung (2.1) für isotherme Volumenänderung vergleiche.
In dem pV-Diagramm (Abb. 6.6) stellt die Isotherme die Expansion von n = 0,323 mol eines idealen Gases bei T = 298 K von p_1 = 8 bar und V_1 = 1 l auf p_2 = 1 bar und V_2 = 8 l dar (s. auch Abb. 6.2 und 6.3). Die Adiabate gibt die adiabatische Expansion der gleichen Stoffmenge eines idealen Gases mit monoatomaren Teilchen (γ = 1,67), in dem gleichen Ausgangszustand beginnend, wieder.

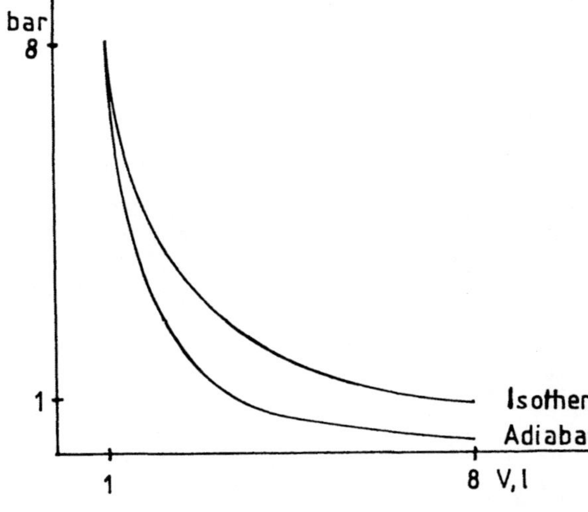

Abb. 6.6 Isotherme und adiabatische Expansion eines idealen Gases

Die Adiabate fällt steiler ab als die Isotherme, m. a. W. , für alle Drücke $p < 8$ bar ist $V_{ad} < V_{is}$ oder für alle Volumina $V > 1$ l ist $p_{ad} < p_{is}$. Mit wachsendem Zahlenwert von γ verläuft die Adiabate zunehmend steiler.

Beispiel:

$n = 0{,}323$ mol eines aus monoatomaren Teilchen bestehenden idealen Gases ($\gamma = 5/3 = 1{,}67$) expandieren von dem Ausgangsdruck $p_1 = 8$ bar adiabatisch und reversibel bei der Ausgangstemperatur $T_1 = 298$ K gegen den konstanten Außendruck $p_{ex} = 1$ bar. Das Ausgangsvolumen des Gases ist nach (2.11)

$$V_1 = \frac{0{,}323 \text{ mol } 8{,}3144 \text{ N m K}^{-1} \text{ mol}^{-1} \text{ } 298 \text{ K}}{8 \text{ } 10^5 \text{ N m}^{-2}} = 10^{-3} \text{ m}^3 = 1 \text{ l}$$

Das Endvolumen des Gases beträgt nach (6.37)

$$V_2 = (p_1/p_2)^{1/\gamma} \, V_1 = (8/1)^{3/5} \text{ 1 l} = 3{,}48 \text{ l}$$

Bei einer isothermen Expansion wäre $V_2 = 8$ l.
Das Gas erreicht gemäß (2.11) die Endtemperatur

$$T_2 = \frac{10^5 \text{ N m}^{-2} \text{ } 3{,}48 \text{ } 10^{-3} \text{ m}^3}{0{,}323 \text{ mol } 8{,}3144 \text{ N m K}^{-1} \text{ mol}^{-1}} = 129{,}6 \text{ K}$$

Die adiabatische Expansion des Gases erfolgt auf Kosten seiner Inneren Energie. Die dabei verrichtete reversible Expansionsarbeit ist nach (6.21)

$$w_{rev,ad} = - \Delta E = - n \, C_V \, (T_2 - T_1) = - n \, (3/2) \, R \, (T_2 - T_1)$$

$$w_{rev,ad} = - 0{,}323 \text{ mol } 12{,}47 \text{ J K}^{-1} \text{ mol}^{-1} \text{ } (- 168{,}4 \text{ K}) = 678{,}3 \text{ J}$$

Wie mit (6.6) zu berechnen, hätte das Gas bei der isothermen reversiblen Expansion die Arbeit $w_{rev,is} = 1664{,}2$ J verrichtet.

7 Der Zweite Hauptsatz der Thermodynamik

7.1 DER CARNOT'SCHE KREISPROZESS

Nach dem Prinzip von Berthelot und Thomsen (1869) besteht die Triebkraft von Reaktionen in dem Streben der Reaktanten nach dem Enthalpieminimum. Danach tendiert jeder ohne Zufuhr von Energie ablaufende chemische Vorgang dazu, ein System so zu verändern, daß dabei der maximale Betrag an Wärme freigesetzt wird. Viele Reaktionen sind tatsächlich stark exotherm, z. B. die Verbrennung eines Kohlenwasserstoffs, die Knallgas- und die Thermit-Reaktion. Es gibt aber auch zahlreiche Reaktionen und Zustandsänderungen, die unter Wärmeaufnahme eines Systems aus seiner Umgebung freiwillig ablaufen, z. B. das spontane Verdunsten von Flüssigkeiten (spürbare Verdunstungskälte nach Übergießen der Handfläche mit Ether !) und das Lösen vieler Salze (z. B. NH_4NO_3, LiCl) in Wasser. Mischt man $Ba(OH)_2$ 8 H_2O mit NH_4SCN, dann kühlt sich das Reaktionsgefäß so stark ab, daß es auf einer feuchten Unterlage festfriert:

$$Ba(OH)_2\ 8\ H_2O(s) + 2\ NH_4SCN(s) \rightarrow Ba^{2+}(aq) + 2\ SCN^-(aq) + 10\ H_2O(l) + 2\ NH_3(g);$$
$$\Delta H_r >> 0$$

Diese und viele andere Beispiele zeigen, daß das Prinzip von Berthelot und Thomsen nicht das Kriterium der Freiwilligkeit und Richtung einer Reaktion liefert. Die Enthalpie wurde im vorigen Kapitel aus dem Ersten Hauptsatz abgeleitet. Die weiteren Überlegungen werden zeigen, daß der Erste Hauptsatz prinzipiell keine Aussagen über die Richtung von Naturvorgängen zuläßt. Es ist eine jedermann vertraute Tatsache, daß bei der Berührung von zwei Körpern mit unterschiedlicher Temperatur Wärme von dem wärmeren auf den kälteren Körper übergeht, bis der Temperaturunterschied ausgeglichen ist. Niemals erfolgt der Wärmeübergang freiwillig in umgekehrter Richtung, so daß der warme Körper noch wärmer und der kalte noch kälter wird als vorher, obwohl hierbei das Prinzip der Erhaltung der Energie nicht verletzt würde. Dieser Vorgang verstieße aber gegen den Zweiten Hauptsatz der Thermodynamik, der allen Vor-

gängen in der Natur eine bestimmte Richtung auferlegt. Diese Richtung wird durch eine Zustandsfunktion bestimmt, die Entropie (S). Durch Betrachtung eines einfachen physikalischen Systems, eines idealen Gases, soll diese Zustandsfunktion jetzt näher untersucht werden.
Der französische Ingenieur S. Carnot gilt als einer der Pioniere der Theorie der Wärmeenergiemaschinen, aus der sich die Thermodynamik entwickelt hat. Die folgenden Überlegungen gehen im Prinzip auf Carnot zurück.
Man denke sich ein ideales Gas, das in einen "thermodynamischen Zylinder" mit reibungsfrei verschiebbarem, masselosem Kolben eingeschlossen ist. Der Zylinder ist von einem Wärmereservoir umgeben, das man sich so groß vorstelle, daß sich seine Temperatur trotz Wärmeaustausches mit dem Gas nicht ändert. Alle Zustandsänderungen des Gases und seiner Umgebung sollen reversibel erfolgen. Sie werden in pV-Diagrammen dargestellt (Abb. 7.1).

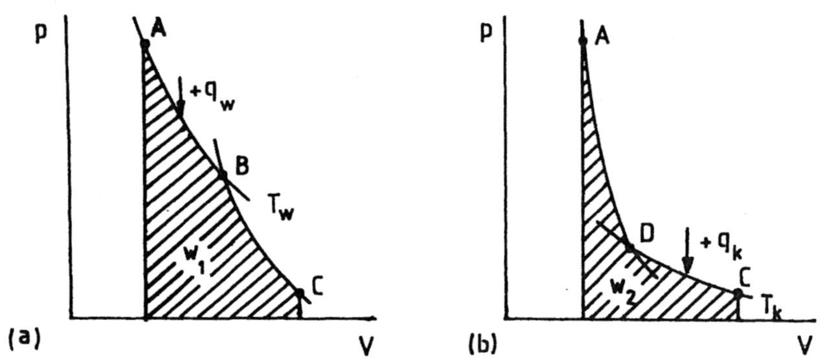

Abb. 7.1 Reversible Expansionsarbeit eines idealen Gases

Die beiden flacher verlaufenden Kurvenäste (AB, CD) sind Isothermen, die beiden steiler verlaufenden Kurvenäste (BC, AD) Adiabaten. Hinsichtlich der Vorzeichen von w und q wird auf die Konvention in Abschn. 6.1 hingewiesen. Vergrößert sich also das Volumen des Gases ($\Delta V > 0$), gibt das Gas Arbeit ab (+ w); bei Verkleinerung des Gasvolumens ($\Delta V < 0$) verrichtet die Umgebung Arbeit an dem Gas (- w). Abbildung 7.1 a stellt im Kurvenast AB die reversible, isotherme Expansion des Gases dar, wobei das Gas bei der höheren Temperatur T_w (warm) reversibel die Wärme q_w aufnimmt, die das Reservoir verliert. Von B nach C expandiert das Gas reversibel und adiabatisch ($q = 0$). Die Zylinderwände sind dabei thermisch gegenüber dem Reservoir isoliert, und die Temperatur des Gases fällt von T_w auf T_k (kalt). Der Zustand C liegt sowohl auf der Adiabaten BC als auch auf der Isothermen DC. Die von dem Gas verrichtete Expansionsarbeit ($+ w_1$) entspricht der schraffierten Fläche unter den beiden Kurvenästen. Während der adiabatischen Expansion hat die Innere Energie des Gases abgenommen. Die Expansionsarbeit $+ w_2$ ist kleiner als $+ w_1$, wenn das Gas gemäß Abb. 7.1 b von A über D in C übergeht und dabei während der reversiblen, isothermen Expansion (DC) den kleineren Wärmebetrag q_k aus einem Reservoir mit der niedrigeren Temperatur (T_k) entnimmt. Weil das Gas in beiden Fällen vom gleichen Ausgangs- den gleichen Endzustand erreicht und die Innere Energie eine (wegunabhängige) Zustandsfunktion ist, muß nach (6.2 a) gelten

(7.1) $\Delta E = q_w - w_1 = q_k - w_2 \quad (w_1 > w_2 \text{ und daher } q_w > q_k)$

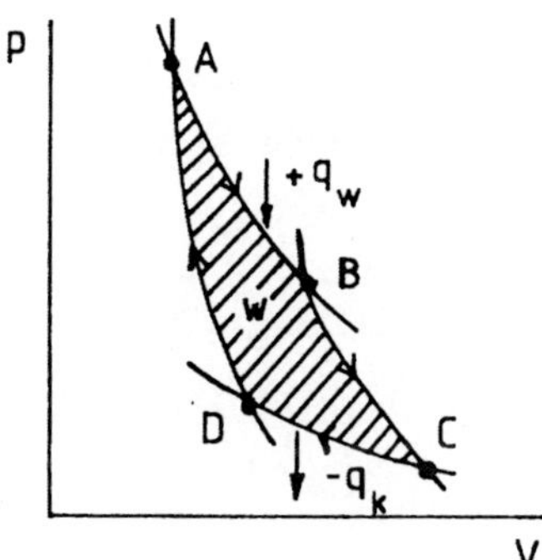

Abb. 7.2 Carnot'scher Kreisprozeß

Die in Abb. 7.1 a und b dargestellten Vorgänge sind in Abb. 7.2 zum Carnot'schen Kreisprozeß vereinigt worden, wobei aber jetzt der Vorgang von Abb. 7.1 b umgekehrt abläuft. Der Carnot'sche Kreisprozeß umfaßt folgende Zustandsänderungen:

1. reversible, isotherme Expansion des Gases (AB) bei T_w, wobei das Gas aus dem wärmeren Reservoir die Wärme + q erhält;
2. reversible, adiabatische Expansion des Gases (BC), wobei das Gas keine Wärme erhält und seine Temperatur auf T_k fällt;
3. reversible, isotherme Kompression des Gases (CD) bei T_k (wärmeres Reservoir durch ein kälteres ersetzt), wobei das Gas die Wärme $- q_k$ an das Reservoir abgibt;
4. reversible, adiabatische Kompression des Gases (DA), wobei das Gas keine Wärme an das Reservoir abgibt und seine Temperatur wieder auf T_w steigt.

Da bei den Schritten CD und DA Volumenarbeit an dem Gas verrichtet wird (- w), ergibt sich die auf dem zyklischen Wege ABCDA von dem Gas verrichtete Netto-Volumenarbeit durch Subtraktion der schraffierten Fläche in Abb. 7.1 b von der schraffierten Fläche in Abb. 7.1 a. Das Ergebnis der Subtraktion stellt die schraffierte Fläche in Abb. 7.2 dar. Die Netto-Wärmeaufnahme des Gases ist $q_w - q_k$, die Netto-Volumenarbeit daher

(7.2) $w = q - \Delta E = (q_w - q_k) - 0 = q_w - q_k > 0$ (da $q_w > q_k$)

Die dem Carnot-Prozeß zugrundeliegende Wärmeenergiemaschine hat auf dem Weg ABCDA die aufgenommene Netto-Wärme $q_w - q_k$ in die abgegebene Netto-Volumenarbeit + w umgesetzt.

Der Wirkungsgrad η einer Wärmeenergiemaschine ist das Verhältnis von verrichteter Arbeit zu aufgenommener Wärme, im Carnot-Prozeß also

(7.3) $\eta = w/q_w = (q_w - q_k)/q_w = 1 - (q_k/q_w)$

Kehrt man alle Vorgänge um (AD, DC, CB, BA), gibt der Carnot-Prozeß die Abläufe in einer Kältemaschine (einem Refrigerator) wieder. Hierbei nimmt das Gas in dem Schritt DC die Wärme + q_k aus dem kälteren Reservoir auf und gibt in dem Schritt BA die Wärme - q_w an das wärmere Reservoir ab. Die schraffierte Fläche der Abb. 7.2 stellt dann die Netto-Arbeitsaufnahme - w des Gases dar, die der Netto-Wärmeabgabe $q_k - q_w = -(q_w - q_k)$ entspricht. Da auch hier $\Delta E = 0$ ist, ergibt sich

(7.4) $\Delta E = -(q_w - q_k) - (-w) = 0$ oder $-w = -(q_w - q_k)$

Der Refrigerator entzieht unter Aufnahme von Arbeit einem kälteren Reservoir Wärme und führt einem wärmeren Reservoir Wärme zu. Eine periodisch, d. h. in ständig sich wiederholenden Zyklen arbeitende Maschine, die ohne Arbeitsaufnahme diesen Vorgang bewirken könnte, bezeichnet man als ein Perpetuum mobile 2. Art. Der Zweite Hauptsatz der Thermodynamik sagt u. a. aus, daß es unmöglich ist, eine solche Maschine zu bauen.

7.2 DIE ENTROPIE

Im Carnot-Prozeß ist q_w die vom Gas im Schritt AB aufgenommene und - q_k die im Schritt CD abgegebene Wärme. Weil bei der reversiblen Expansion oder Kompression eines idealen Gases $+ w_{rev} = + q_{rev}$ bzw. $- w_{rev} = - q_{rev}$ ist (s. Abschn. 6.2 und Tabelle 6.2), erhält man nach (6.6) für diese beiden reversibel ausgetauschten Wärmebeträge

(7.5) $q_w = n\ R\ T_w \ln (V_B/V_A)$

(7.6) $-\ q_k = n\ R\ T_k \ln (V_D/V_C)$

Setzt man diese Terme in (7.3) ein, erhält man nach Vereinfachung

(7.7) $$\eta = \frac{T_w \ln (V_B/V_A) + T_k \ln (V_D/V_C)}{T_w \ln (V_B/V_A)}$$

Weil B und C auf derselben Adiabaten liegen, folgt nach (6.34)

(7.8) $T_w/T_k = (V_C/V_B)^{R/C_V}$

und analog für A und D

(7.9) $T_w/T_k = (V_D/V_A)^{R/C_V}$

und hieraus

(7.10) $V_C/V_D = V_B/V_A$

Indem man diese Beziehung in (7.7) verwendet, bekommt man mit (7.3)

(7.11) $\eta = w/q_w = (q_w - q_k)/q_w = (T_w - T_k)/T_w$

(7.12) $q_w/T_w = q_k/T_k$

Die Quotienten aus der reversibel aufgenommenen Wärme und der Temperatur, bei der das ideale Gas diese Wärme aufnimmt, sind gleich. Der reversible Übergang AC ist auf beliebig vielen Wegen möglich, die sich alle in $+\ q_{rev}$ und in T voneinander unterscheiden, für die aber gilt

(7.13) $q_{rev\ 1}/T_1 = q_{rev\ 2}/T_2 = q_{rev\ 3}/T_3 = \ldots$

Bei festgelegtem Ausgangs- und Endzustand kommt dem wegunabhängigen Quotienten q_{rev}/T also offensichtlich die Bedeutung einer Zustandsfunktion zu. Dieser Quotient entspricht der Änderung der Entropie. Damit ergibt sich die von R. J. Clausius (1865) in die Thermodynamik eingeführte Definition

(7.14) $\Delta S = q_{rev}/T$

Im Carnot-Prozeß nimmt das Gas im Schritt AB bei T_w die Wärme $+\ q_w$ reversibel auf und gibt im Schritt CD die Wärme $-\ q_k$ reversibel ab. Schreibt man (7.12) in der Form $q_w/T_w + (-\ q_k/T_k) = 0$, sieht man, daß für das Gas im gesamten Kreisprozeß gilt

(7.15) $\Delta S = \sum (q_{rev}/T) = 0$

Die Entropie ist also eindeutig eine Zustandsfunktion.

7.3 ENTROPIEÄNDERUNGEN BEI REVERSIBLEN UND IRREVERSIBLEN VORGÄNGEN

Es ist nun zu untersuchen, in welcher Weise sich die am Beispiel der Expansion und Kompression eines idealen Gases hergeleiteten Gesetzmäßigkeiten verallgemeinern lassen. Man denke sich gemäß Abb. 7.3 die reversible, zyklische Zustandsänderung ABCDA einer Substanz, deren Verhalten bei der isothermen und adiabatischen Expansion und Kompression bekannt sei.

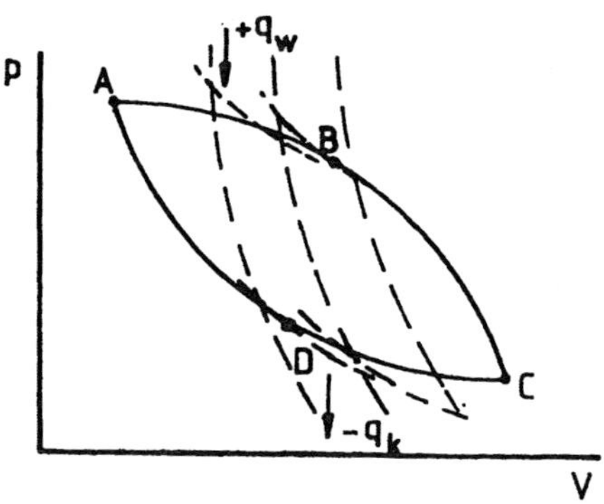

Abb. 7.3 Aufteilung des Kreisprozesses ABCDA in eine unendlich große Zahl von Carnot-Prozessen

Den Zyklus unterteile man gedanklich in eine unendlich große Zahl von Carnot-Prozessen, von denen in Abb. 7.3 nur 2 dargestellt sind. Zwischen A und C lege man unendlich viele (steil verlaufende) Adiabaten. Diese werden von (flacher verlaufenden) Isothermen so geschnitten, daß der Isothermenverlauf sich der den Zyklus darstellenden, durchgezogenen Linie möglichst genau nähert (im Grenzfall mit ihr zur Deckung kommt). Je enger der Raster der Adiabaten und Isothermen ist, umso genauer deckt sich der Isothermenverlauf in seiner Gesamtheit mit dem Zyklus ABCDA.

Auf dem Weg ABC durchläuft die Substanz eine unendlich große Folge von Zustandsänderungen, wobei sie in jeder infinitesimalen isothermen Expansion bei der jeweiligen Temperatur T_w die Wärme + q_w aufnimmt. q_w und T_w unterscheiden sich dabei in jedem der Schritte von q_w und T_w des vorhergehenden und des folgenden Schrittes. Entsprechend (7.13) haben aber alle Quotienten q_w/T_w den gleichen Wert. Die Rückkehr der Substanz zum Ausgangszustand auf dem Weg CDA erfolgt analog, wobei die Substanz in jeder isothermen Kompression die Wärme - q_k bei der jeweiligen Temperatur T_k abgibt. Hierbei sind alle Quotienten - q_k/T_k einander gleich. Weil es nun zu jedem $+q_w/T_w$-Quotienten einen dem Betrage nach gleich großen, aber dem Vorzeichen nach entgegengesetzten - q_k/T_k-Quotienten geben muß, ergibt die Summierung aller

Quotienten in dem Kreisprozeß Null:

(7.16) $$\sum_{ABC} (q_w/T_w) + \sum_{CDA} (-q_k/T_k) = 0$$

(7.17) $$\Delta S = \sum_{ABCDA} (q_{rev}/T) = 0$$

<u>In jedem reversiblen Kreisprozeß ist für jede beliebige Substanz $\Delta S = 0$.</u> Auf dem Weg ABC haben System und Umgebung folgende Entropieänderungen erfahren:

(7.18) $$\Delta S(Sys) = \sum_{ABC} (q_{rev}/T)$$

(7.19) $$\Delta S(Umg) = \sum_{ABC} (-q_{rev}/T)$$

Daher gilt für die gesamte Entropieänderung von System und Umgebung:

(7.20) $$\Delta S_{ges} = \Delta S(Sys) + \Delta S(Umg) = 0$$

Entsprechende Überlegungen mit jeweils umgekehrtem Vorzeichen treffen für den Weg CDA zu. Auch bei einer nicht zyklischen, jedoch reversiblen Zustandsänderung ist die gesamte Entropieänderung Null. Trifft diese Aussage auch für irreversible Zustandsänderungen zu ? Um eine Antwort auf diese Frage zu finden, sei angenommen, daß ein System isotherm und irreversibel von A in B übergeht und isotherm und reversibel von B nach A zurückkehrt. Die dabei mit der Umgebung ausgetauschten Arbeits- und Wärmebeträge sollen mit $w_{irr}(AB)$, $q_{irr}(AB)$, $w_{rev}(BA)$ und $q_{rev}(BA)$ bezeichnet werden. Für den gesamten Vorgang muß gemäß dem Ersten Hauptsatz $\Delta E = q - w = 0$ sein und daher

(7.21) $$[q_{irr}(AB) + q_{rev}(BA)] - [w_{irr}(AB) + w_{rev}(BA)] = 0$$

$$q_{irr}(AB) + q_{rev}(BA) = w_{irr}(AB) + w_{rev}(BA)$$

Nach Abschn. 6.2 ist stets $w_{irr} < w_{rev}$. Außerdem beachte man folgende Beziehungen:

(7.22) $w_{rev}(BA) = - w_{rev}(AB)$ und

(7.23) $$q_{rev}(BA) = - q_{rev}(AB)$$

Da $w_{irr}(AB) < w_{rev}(AB)$ ist, folgt

(7.24) $$w_{irr}(AB) - w_{rev}(AB) < 0$$

ferner mit (7.22)

(7.25) $$w_{irr}(AB) + w_{rev}(BA) < 0$$

sowie mit (7.21)

(7.26) $q_{irr}(AB) + q_{rev}(BA) < 0$

Wegen (7.23) erhält man hieraus

(7.27) $q_{irr}(AB) < q_{rev}(AB)$

(7.28) $q_{rev}(AB)/T > q_{irr}(AB)/T$

(7.29) $\Delta S(AB) > q_{irr}(AB)/T$

Der Term (7.29) heißt Clausius'sche Ungleichung. Faßt man sie mit (7.14) zusammen, bekommt man

(7.30) $\Delta S \geqq q/T$

Hierbei bezieht sich die Gleichheit auf eine reversible und die Ungleichverknüpfung (>) auf eine irreversible Zustandsänderung. Wohlgemerkt: In den bisherigen Überlegungen wurde das System mit seiner Umgebung betrachtet, mit der es ja Wärme und Arbeit austauscht. Wird nun das System von seiner Umgebung isoliert oder, anders ausgedrückt, werden System und Umgebung zu einem umfassenderen isolierten System zusammengefaßt, so daß dieses neue System nicht mehr durch Wärme- und Arbeitsaustausch in eine außerhalb der Systemgrenzen gelegene Umgebung wirken kann, geht (7.30) über in

(7.31) $\Delta S(\text{isoliertes System}) \geqq 0$

Dieser Term gilt nun auch für nicht isotherme Vorgänge, denn außerhalb des jetzt betrachteten isolierten Systems existiert kein Wärmereservoir mehr, mit dem das System Wärme austauschen kann ($q = 0$). Da als isoliertes System strenggenommen nur das gesamte Universum betrachtet werden kann, läßt sich (7.31) auch so formulieren:

(7.32) $\Delta S(\text{Universum}) = \Delta S(\text{Sys}) + \Delta S(\text{Umg}) \geqq 0$

Hierin kommt eine Erkenntnis von fundamentaler Bedeutung zum Ausdruck:
Bei allen Zustandsänderungen (Vorgängen in der Natur) kann die Entropie des Universums entweder (im Grenzfall) nur gleichbleiben oder zunehmen, aber niemals abnehmen.

Der Zweite Hauptsatz der Thermodynamik sagt in einer von mehreren möglichen Formulierungen:
Bei jedem irreversiblen Vorgang nimmt die Entropie des Universums zu ($\Delta S > 0$). Im (gedachten) Grenzfall eines reversiblen (unendlich langsam verlaufenden) Vorgangs bleibt die Entropie des Universums konstant ($\Delta S = 0$). Vorgänge, bei

denen die Entropie des Universums abnimmt ($\Delta S < 0$), sind unmöglich. Clausius faßte diese Erkenntnis mit der Aussage des Ersten Hauptsatzes in seinem berühmten Aphorismus zusammen: "Die Energie der Welt ist constant. Die Entropie der Welt strebt einem Maximum zu." In der Denkvorstellung der klassischen Thermodynamik wird das reale Naturgeschehen durch irreversible, die Entropie des Universums permanent vermehrende Vorgänge beherrscht, wodurch das Universum unaufhaltsam dem "Entropietod" entgegenstrebt. Alle Vorgänge in der realen Welt kommen dann mangels Triebkraft zum Erliegen. Nicht in dem Streben nach dem Enthalpieminimum (Prinzip von Berthelot und Thomsen), sondern in dem Streben nach dem Entropiemaximum liegt die Triebkraft physikalischer und chemischer Vorgänge begründet.

Eine einfache Betrachtung soll die letzten Überlegungen noch einmal verdeutlichen. Im Abschn. 6.2 wurde gezeigt, daß die von einem idealen Gas bei der reversiblen, isothermen Expansion verrichtete Arbeit gleich der von dem Gas dabei aufgenommenen Wärme ist und $w_{rev} = q_{rev} = n\,R\,T\,\ln(V_2/V_1)$ beträgt (6.6). Da hierbei die Umgebung des Gases (das Wärmereservoir) im Austausch gegen die zugeführte Arbeit den gleichen Betrag an Wärme abgibt, nämlich $q_{rev} = -\,n\,R\,T\,\ln(V_2/V_1)$, ist die Entropiezunahme des Gases $\Delta S(\mathrm{Gas}) = q_{rev}(\mathrm{Gas})/T$, also

(7.33) $\Delta S(\mathrm{Gas}) = n\,R\,\ln(V_2/V_1)$

und die Entropiezunahme der Umgebung $\Delta S(\mathrm{Umg}) = -\,q_{rev}(\mathrm{Umg})/T$, also

(7.34) $\Delta S(\mathrm{Umg}) = -\,n\,R\,\ln(V_2/V_1)$

Nach (7.20) ändert sich folglich die Entropie des Universums bei diesem reversiblen Prozeß nicht. Erfolgt die Expansion des idealen Gases isotherm, aber irreversibel, indem man das Gas in ein Vakuum expandieren läßt, ist gemäß dem Joule'schen Versuch kein Wärmeeffekt vorhanden (s. Abschn. 6.2), also $q_{irr}(\mathrm{Umg}) = 0$. Das Gas verrichtet keine Arbeit an der Umgebung, und diese liefert keine Wärme an das Gas. Damit muß $\Delta S(\mathrm{Umg}) = 0$ sein. Die Entropie des Gases nimmt aber um den gleichen Betrag zu wie bei der reversiblen Expansion, sofern man Ausgangs- und Endvolumen genauso wählt wie bei der reversiblen Expansion, denn die Entropie hängt als Zustandsfunktion nicht vom Weg der Zustandsänderung (ob reversibel oder irreversibel) ab. Da $V_2 > V_1$, ist $\Delta S(\mathrm{Universum})$ jetzt > 0.

Mit der Volumenänderung eines Gases ist nach (7.33) eine Entropieänderung verbunden. Man spricht von der Expansions- bzw. Kompressionsentropie. Unter isothermen Bedingungen nimmt die Entropie eines Gases gemäß (7.33) bei der

Expansion zu ($V_2 > V_1$) und bei der Kompression ab ($V_2 < V_1$), wobei ΔS mit Hilfe von (7.33) berechnet werden kann. Unter der Mischungsentropie versteht man die beim Ineinanderdiffundieren verschiedener Gase oder Flüssigkeiten auftretende Entropieänderung. Haben z. B. zwei Gase vor dem Mischen das gleiche Volumen, dann erhöht sich das von den Teilchen jedes Gases eingenommene Volumen nach dem Vermischen auf das Doppelte. Gemäß (7.33) ist dann die Mischungsentropie bei konstanter Temperatur, wenn sich die Gase ideal verhalten, $S = 2\ n\ R\ \ln 2$. Diese Überlegung gilt auch, wenn es sich um verschiedene Isotope des gleichen Gases handelt, jedoch nicht, wenn Gase mit Teilchen des gleichen Isotops unter Volumenvergrößerung des Systems ineinanderdiffundieren (Gibbs'sches Paradoxon).

Beim Schmelzen und Verdampfen von Stoffen erhöht sich deren Entropie. Die (Standard-) Schmelzentropie ΔS^o_{Fus} von Eis erhält man aus der molaren Schmelzenthalpie $\Delta \overline{H}^o_{Fus} = 6$ kJ/mol mit Hilfe von (7.14); denn da bei $T = 273{,}15$ K und $p = 1013{,}25$ mbar Eis und Wasser miteinander im Gleichgewicht stehen, kann man den Schmelzvorgang unter diesen Bedingungen als einen reversiblen Prozeß betrachten:

$$\Delta S_{Fus}(1000\ \text{g Eis}) = \frac{55{,}6\ \text{mol}\ 6\ \text{kJ/mol}}{273{,}15\ \text{K}} = 1{,}22\ \text{kJ/K}$$

Analog ergibt sich die Verdampfungsentropie von 1000 g Wasser aus der molaren Verdampfungsenthalpie $\Delta \overline{H}_{Vap} = 40{,}6$ kJ/mol bei Standarddruck und $T = 373{,}15$ K durch folgende Rechnung:

$$\Delta S_{Vap}(1000\ \text{g}\ H_2O) = \frac{55{,}6\ \text{mol}\ 40{,}6\ \text{kJ/mol}}{373{,}15\ \text{K}} = 6{,}05\ \text{kJ/K}$$

Die Verdampfungsentropie des Wassers ist demnach fast fünfmal so groß wie die Schmelzentropie des Eises. Das beruht darauf, daß die Moleküle des flüssigen Wassers infolge der zwischen ihnen bestehenden Wasserstoffbrücken ein noch verhältnismäßig geordnetes System bilden. Beim Verdampfen werden die Wasserstoffbrücken zerstört, wodurch ein Zustand erheblich größerer Unordnung und Zufälligkeit entsteht.

Wärme geht spontan von einem wärmeren auf einen kälteren Körper über, wobei beide schließlich die gleiche Temperatur annehmen. Gase verteilen sich spontan in jedem ihren Teilchen zugänglichen Volumen völlig gleichmäßig. Es ist intuitiv gut einzusehen, daß der Zustand der Gleichverteilung einen höheren Grad von Wahrscheinlichkeit besitzt als der Zustand der Ungleichverteilung. Im Sinne des Zweiten Hauptsatzes muß bei diesen spontan ablaufenden Vorgängen die Entropie insgesamt zunehmen. L. Boltzmann hat gezeigt, daß die Entropie mit der Wahrscheinlichkeit W eines Zustandes durch folgende Funktion zusammenhängt:

(7.35) $S = k \ln W$

Hierin ist $k = R/N_A$ die Boltzmann-Konstante.
Man stelle sich zwei gleich große Gefäße vor, zwischen denen eine durch einen Absperrhahn verschließbare Verbindung besteht. In Gefäß 1 befinde sich ein einziges Gasmolekül, Gefäß 2 sei vollständig leer. Öffnet man den Hahn, dann ist die Wahrscheinlichkeit, das Gasmolekül in einem der beiden Gefäße anzutreffen, jeweils W = 1/2. Geht man von 2 Molekülen in Gefäß 1 aus, findet man mit der Wahrscheinlichkeit $W = (1/2)^2 = 1/4$ beide Moleküle in einem der beiden Behälter; denn es gibt 4 Möglichkeiten der Molekülverteilung: Molekül 1 in Gefäß 1, Molekül 2 in Gefäß 2; Molekül 2 in Gefäß 1, Molekül 1 in Gefäß 2; beide Moleküle in Gefäß 1; beide Moleküle in Gefäß 2. Sind zunächst $N = n\,N_A$ Moleküle in Gefäß 1, so halten sich nach Öffnen des Hahns mit der Wahrscheinlichkeit $W = (1/2)^N$ alle N Moleküle in einem der beiden Gefäße auf. Man erkennt leicht, daß W mit wachsendem N schnell abnimmt und bei Molekülkollektiven, wie sie selbst in 1 cm^3 eines idealen Gases bei Standardbedingungen vorliegen (ca. $2{,}7\ \ 10^{19}$) praktisch Null wird.
Bezeichnet man als Zustand A (Anfang) denjenigen, in dem alle Moleküle im Gefäß 1 versammelt sind, und als Zustand E (Ende) denjenigen, in dem sich alle Moleküle auf beide Gefäße verteilt haben, ist gemäß (7.35) die zwischen A und E eingetretene Entropieänderung

(7.36) $\Delta S = S_E - S_A = k \ln 1 - k \ln (1/2)^N = k\,N \ln 2 = R\,n \ln 2$

Ist n = 1 mol ($N = N_L$), erhält man

(7.37) $\Delta S = R \ln 2$

Dehnt sich also 1 mol eines idealen Gases isotherm auf das doppelte Volumen aus, nimmt seine Entropie um R ln 2 zu. Zu dem gleichen Ergebnis gelangt man durch Anwendung der Gl. (7.33), die durch vollkommen andere Überlegungen hergeleitet wurde.

7.4 ENTROPIE UND LEBENSVORGÄNGE

Hochgeordnete Systeme befinden sich in einem Zustand geringerer Wahrscheinscheinlichkeit (geringerer Entropie) als wenig geordnete Systeme. Alle realen Vorgänge in der Natur laufen entsprechend dem Zweiten Hauptsatz so ab, daß dabei die Entropie des Universums zunimmt ("Streben nach dem Chaos"). Die Gültigkeit des Zweiten Hauptsatzes als eines universellen Naturprinzips ist für den Bereich des Belebten - bis in die jüngste Zeit - immer wieder bezweifelt worden, meistens auf der Basis bestimmter weltanschaulicher Vorstellungen. Biologische Vorgänge, die auf den ersten Blick einer Zunahme der Entropie der Welt zuwiderzulaufen scheinen, sind z. B.

1. die Biosynthese hochpolymerer Makromoleküle (Nucleinsäuren, Proteine u. a.) aus relativ einfachen Monomeren;
2. der Zusammenbau komplexer Zellorganellen (Mitochondrien, Chloroplasten, Ribosomen, Biomembranen u. a.) aus Makromolekülen;
3. die Selbstorganisation ("self assembly") von Viren aus ihren molekularen Bausteinen in virusinfizierten Zellen;
4. die Entwicklung von Pflanzen und Tieren mit ihren differenzierten Geweben und Organen aus befruchteten Eizellen

und schließlich besonders

5. die gesamte Evolution des Belebten einschließlich der Molekularevolution in der Frühzeit der Erdgeschichte.

Einige Gegner der naturwissenschaftlichen Evolutionstheorie vereinnahmen den Zweiten Hauptsatz zur Stützung ihrer kreationistischen Argumente, indem sie darauf hinweisen, daß alle sich selbst überlassenen Systeme dahin tendieren, in einen Zustand geringerer Ordnung (höherer Entropie) überzugehen, daß also die Evolution derartig hochgeordneter Systeme, wie sie die Organismen darstellen, ohne eine schöpferische Kraft als antreibendes Agens völlig undenkbar ist und daß in der Natur eine spontane Änderung immer nur in umgekehrter Richtung verläuft, nämlich Ordnung in Chaos zu überführen.
In dieser Argumentation wird die entscheidende Tatsache unterschlagen, daß der Zweite Hauptsatz sich nicht lediglich auf offene oder geschlossene Systeme, sondern auch auf deren Umgebung bezieht, und diese Umgebung kann in vielen Fällen außerordentlich weitreichend sein. Auf jeden Fall schließt sie auch den extraterrestrischen Raum ein. Beispielsweise stammt der energetische Antrieb der irdischen Photosynthese aus den Kernfusionsprozessen, die im Innern der Sonne ablaufen. Die Erde und ihre Organismen sind offene Systeme, die im Materie- und Energieaustausch mit ihrer kosmischen Umgebung stehen. Selbst wenn die Erde energetisch vollkommen vom Rest des Universums isoliert wäre, widerspräche eine Abnahme der Entropie in Teilen dieses isolierten Systems nicht dem Zweiten Hauptsatz, sofern in anderen Teilen des Systems die Entropie stärker zunimmt, als sie in ersteren geringer wird. Der Zweite Hauptsatz fordert, daß in einem isolierten System bei thermo-

dynamisch irreversiblen Vorgängen die gesamte Entropie wachsen muß, wobei sie sich in Teilen des Systems durchaus vermindern (oder - wenn ein Vorgang den Gleichgewichtszustand erreicht - gleich bleiben) kann. Die Organismen als gegenüber ihrer irdischen Umgebung offene Systeme und als Teile des gegenüber der kosmischen Umgebung ebenfalls offenen Systems Erde sind während ihrer Lebenszeit imstande, einen Zustand hoher Ordnung aufrecht zu erhalten und damit dem "Streben nach dem Chaos" zeitweilig zu widerstehen. Sie müssen dazu jedoch in ihrer Umgebung die Entropie stärker anwachsen lassen, als sie innerhalb ihrer Abgrenzungen nach außen geringer wird. Dies geschieht bei den heterotrophen Organismen durch Aufnahme von mehr oder weniger energiereichen organischen Verbindungen aus ihrer Umgebung, die dann in meistens stark exothermen Dissimilationsreaktionen mit relativ hoher Reaktionsentropie (s. Abschn. 8.2) in energiearme Stoffe mit geringer Molekülmasse zerlegt werden. Hierbei gewinnen die Organismen Bausteine zum Aufbau ihrer eigenen Zellen, Gewebe und Organe. Die auftretende Wärme und die nicht verwertbaren Endprodukte der Dissimilationsreaktionen werden an die Umgebung abgegeben. Die Umgebung erwärmt sich, ihr Gehalt an energiearmen, kleinmolekularen Komponenten wächst - ihre Entropie nimmt zu. Es ist wie beim Bau einer Kathedrale: Die Umgebung dieses Bauwerks muß zwecks Materialentnahme in einen (wenigstens zeitweilig) chaotischen Zustand versetzt werden, und nicht alles in den Steinbrüchen und sonstigen Quellen entnommene Material läßt sich restlos in den Bau einfügen. Es entsteht sehr viel Abfall.

Die Synthese der energiereichen organischen Verbindungen, von denen alle heterotrophen Organismen letztlich abhängig sind, erfolgt fast ausschließlich durch die zur Photosynthese fähigen Pflanzen (s. Abschn. 12.8). Aber auch der Aufbau der oft hochdifferenzierten Pflanzenkörper erfordert eine gigantische Entropieerzeugung. Betrachtet man nur den geringen Teil der von der Sonne abgestrahlten Energie, der die Erde erreicht (flächenbezogene Strahlungsleistung an der Oberfläche der Erdatmosphäre etwa 12 10^4 kJ m^{-2} d^{-1}), so ist den Pflanzen hiervon im Durchschnitt nur etwa ein Betrag von 10 bis 15 10^3 kJ m^{-2} d^{-1} verfügbar, und davon gehen nur etwa 120 kJ m^{-2} d^{-1} in den Stoffwechsel der Pflanzen ein (Bruttoprimärproduktion), also nur 1/1000 des Betrages, der die oberste Schicht der irdischen Lufthülle erreicht. Höchstens die Hälfte hiervon (Nettoprimärproduktion) dient dem Aufbau der Pflanzenkörper, ist also zeitweilig in den Strukturen der pflanzlichen Zellen, Gewebe und Organe energetisch festgelegt und steht den heterotrophen Organismen potentiell zur Verfügung. Der gesamte übrige Betrag ist in Wärme umgewandelt worden, und auch die in den Organismen gespeicherte chemische Energie geht nach unterschiedlicher Verweildauer in der lebenden Materie schließlich in Wärme über.

Die Organismen schwimmen folglich nur vorübergehend auf Kosten ihrer Umgebung gegen den die gesamte reale Welt durchfließenden Entropiestrom, um dann bei ihrer Dekomposition nach dem Tode von ihm mitgerissen zu werden.

8 Der Dritte Hauptsatz der Thermodynamik

8.1 DER ZUSAMMENHANG ZWISCHEN TEMPERATUR UND ENTROPIE

Gleichung (7.35) stellt die Entropie als eine Funktion der Zustandswahrscheinlichkeit dar. Je ungeordneter und zufälliger der Zustand eines Systems ist, umso größer ist seine Wahrscheinlichkeit und damit seine Entropie. Die Überlegungen dieses Kapitels sollen zeigen, wie man Stoffen einen numerischen Betrag an Entropie zuordnen kann und wie sich aus den Entropien der Reaktanten die Entropieänderung (ΔS) bei einer Reaktion berechnen läßt.
Kühlt man ein Gas ab, dann vermindert sich sowohl die Translationsenergie der Moleküle als auch die Energie der intramolekularen Schwingungen und Rotationen. Die Zahl der Verteilungsmöglichkeiten der Energie und damit die Bewegungsunordnung und die Entropie der Moleküle nehmen dabei ab. Beim Erreichen der Kondensationstemperatur geht das Gas in eine Flüssigkeit über. Dabei werden die Translationsbewegungen der Moleküle stark eingeschränkt. Die Moleküle können sich weniger regellos verteilen als in der Gasphase. Die Entropie nimmt beim Kondensieren sprunghaft ab. Beim weiteren Abkühlen der Flüssigkeit vermindert sich die Entropie immer mehr, um beim Erreichen der Erstarrungs- (Verfestigungs-) temperatur erneut sprunghaft abzufallen, weil jetzt die Moleküle in ein geordnetes Kristallgitter eingebaut werden. Die Bewegung der Moleküle ist jetzt auf Schwingungen um ihre Plätze im Gitter eingeschränkt. Das Kristallgitter stellt einen Zustand hoher Ordnung dar. Deshalb ist die Entropie eines kristallisierten Stoffes geringer als die des flüssigen und insbesondere des gasförmigen Zustandes desselben Stoffes.
Kühlt man den kristallisierten Stoff weiter ab, dann werden auch die Schwingungen der Moleküle um ihre Gitterplätze immer schwächer, und am absoluten Nullpunkt der Temperatur (0 K $\hat{=}$ - 273,15 ^{o}C) geht der Stoff in den Zustand höchster Ordnung (geringster Entropie) über. Seine Entropie erreicht hier den Wert Null. Diese intuitiv gut verständliche, aber auch experimentell be-

gründbare Aussage wird im Dritten Hauptsatz der Thermodynamik zum Ausdruck gebracht:

Die Entropie eines idealen Kristalls am absoluten Nullpunkt der Temperatur ist S = 0.

Der Dritte Hauptsatz wurde 1905 von W. Nernst gefunden. Dieser Satz wird auch als Nernst'sches Wärmetheorem bezeichnet.[1]

Die Abhängigkeit der Entropie eines Stoffes von der Temperatur zeigt schematisch Abb. 8.1.

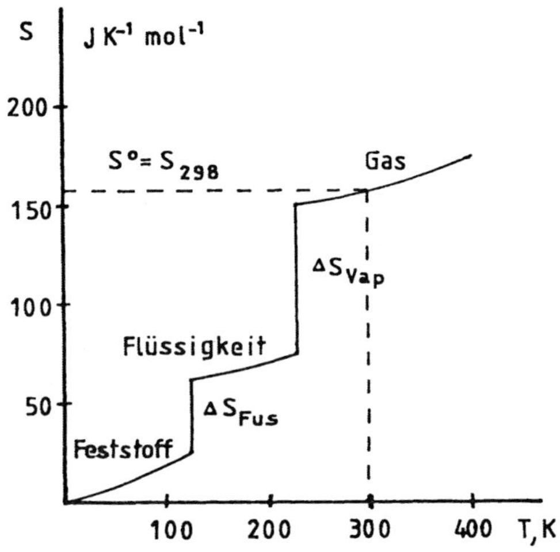

Abb. 8.1 Zusammenhang zwischen der Temperatur und der Entropie eines Stoffes

Der Betrag, um den die Entropie beim Schmelzen zu- bzw. beim Erstarren abnimmt, heißt Schmelzentropie (ΔS_{Fus}), der Betrag, um den die Entropie beim Verdampfen zu- bzw. beim Kondensieren abnimmt, Verdampfungsentropie (ΔS_{Vap}). Bei vielen Stoffen kommt innerhalb des festen oder flüssigen Zustands noch eine Umwandlung von einer Modifikation in eine andere hinzu. Die damit verbundene, ebenfalls sprunghafte Entropieänderung heißt Umwandlungsentropie.

---

[1] Nach einem Bericht seines Biographen K. Mendelssohn pflegte Nernst in seinen Vorlesungen darauf hinzuweisen, daß der 1. Hauptsatz von 3 Männern (Joule, Helmholtz, J. R. Mayer), der 2. Hauptsatz von 2 Männern (Carnot, Clausius) und der 3. Hauptsatz von 1 Mann (Nernst) gefunden wurde, daß es folglich einen 4. Hauptsatz nicht geben könne.

8.2 ABSOLUTE ENTROPIE UND REAKTIONSENTROPIE

Wie bereits im 6. Kapitel erwähnt, kann man den Stoffen keine Absolutbeträge der Enthalpie (H) und der Inneren Energie (E) zuordnen. Analoges gilt für eine im nächsten Kapitel zu behandelnde Zustandsgröße, die Gibbs-Energie (G). Anders ist das bei der Entropie. Aufgrund des Dritten Hauptsatzes hat jeder Stoff bei jeder Temperatur oberhalb des absoluten Nullpunktes einen positiven Absolutbetrag an Entropie. Schaut man in Tabellenwerken die Entropien von Stoffen nach, so fallen einem allerdings einige scheinbare Ausnahmen auf. So wird z. B. für das hydratisierte PO_4^{3-}-Ion $S^o = -222\ J\ K^{-1}\ mol^{-1}$ angegeben. Die ^{o} bedeutet auch hier wieder Standardbedingungen. Es ist zu beachten, daß solche negativen molaren Standard-Entropien ausschließlich bei einzelnen solvatisierten Ionen vorkommen. Ionisch aufgebaute Substanzen bestehen ja niemals nur aus Kationen oder nur aus Anionen. Die S^o-Werte einzelner Ionen bedürfen auch hier wieder (wie bei der Enthalpie und - s. nächstes Kapitel - bei der Gibbs-Energie) einer Festlegung: $S^o(H^+,aq) = 0\ J\ K^{-1}\ mol^{-1}$. Das gesamte System aus Kationen, Anionen und Lösungsmittel hat auch in diesen Fällen einen positiven Betrag an Entropie.

Erwärmt man eine Substanz von einer Temperatur möglichst nahe dem absoluten Nullpunkt bis z. B. zur Standardtemperatur, für welche die Entropien der Stoffe i. a. tabelliert werden, dann nimmt die Entropie immer mehr zu, und die bei T erreichte Entropie ist dann gleich der Differenz der Entropien bei T und beim absoluten Nullpunkt

(8.1) $\Delta S = S_T - S_0 = S_T - 0 = S_T$

Gemäß (7.14) entspricht die beim Erwärmen erzielte Entropiezunahme der reversibel zugeführten Wärme, dividiert durch die Temperatur, bei der diese reversible Wärmezufuhr erfolgt. Bei konstantem Druck gilt für den Wärmebetrag die Gl. (6.18). Die reversible Wärmezufuhr muß so erfolgen, daß die Temperatur der Umgebung um einen möglichst geringen Betrag (im Idealfall um einen differentiellen Betrag) höher ist als die des zu erwärmenden Stoffes, so daß ein langsamer (im Idealfall unendlich langsamer) Wärmeübergang erfolgt.

Um die Entropie eines Stoffes bei der Temperatur T zu bestimmen, mißt man in möglichst kleinen Temperaturintervallen (dT) zwischen dem absoluten Nullpunkt und der betreffenden Temperatur die Wärmekapazität C_p des Stoffes unter möglichst großer Annäherung an reversible Bedingungen. In der Praxis geht man von einer Temperatur nahe dem absoluten Nullpunkt aus und extrapoliert C_p auf ihn. Aus (8.1) und (6.18) ergibt sich

(8.2) $S_T = n \int_0^T C_p \frac{dT}{T}$

D. h. die Entropie des Stoffes bei der Temperatur T ist die Summe aller in differentiellen Temperaturintervallen (dT) zwischen 0 K und T unter reversiblen Bedingungen ermittelten C_p/T-Werte. Man mißt also, ausgehend von der Temperatur des flüssigen Wasserstoffs oder Heliums, C_p in der oben beschriebenen Art und Weise, dividiert den gefundenen Wert durch die Temperatur, bei der die Messung erfolgt, und wiederholt diese Messung in kleinen Intervallen bis zur gewünschten Temperatur, i. a. T = 298,15 K. Von der ersten Temperatur bis 0 K muß - wie erwähnt - extrapoliert werden. Zur graphischen Integration trägt man sämtliche ermittelten C_p/T-Quotienten gegen T auf. Abbildung 8.2 zeigt die Auswertung am Beispiel der Aminosäure Glycin.

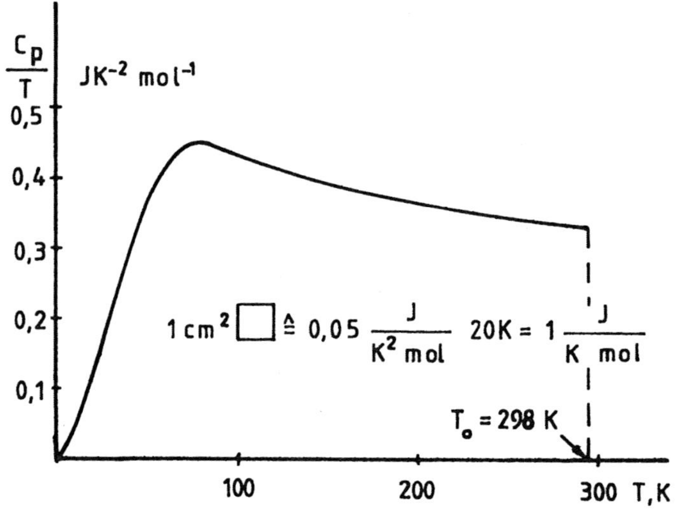

Abb. 8.2 Bestimmung der molaren Standard-Entropie von Glycin

Die Fläche unter der Kurve bis T = 298,15 K entspricht der molaren Standard-Entropie S^o von Glycin. Einen recht brauchbaren Näherungswert erhält man, wenn man die Kurve auf Millimeterpapier zeichnet, die Fläche zwischen der Kurve und der T-Achse ausschneidet, mit einer Präzisionswaage wiegt und ihr Gewicht mit dem einer aus demselben Papier ausgeschnittenen rechteckigen Fläche vergleicht. Eine einfache Proportion führt dann zu S^o. Die Integration läßt sich auch rechnerisch durchführen, wenn man eine Funktion für die Tempe-

raturabhängigkeit von C_p findet. C_p ist in dem weiten Temperaturbereich, um den es hier geht, sehr variabel.
Liegen in dem Temperaturbereich zwischen dem absoluten Nullpunkt und der Standardtemperatur Phasenübergänge und Modifikationsumwandlungen, so sind die damit verbundenen Entropiesprünge mit zu berücksichtigen. Diese Übergangs- und Umwandlungsentropien ergeben sich aus den entsprechenden molaren Enthalpien, dividiert durch die Temperatur, bei der der Vorgang stattfindet. Bei langsamem Wärmeübergang kann man Schmelzen und Verdampfen als (weitgehend) reversible Prozesse betrachten. In Erweiterung von (8.2) gilt dann für n = 1 mol

$$(8.3)\quad S^o = \int_0^{T_{Fus}} \frac{(C_p)_s\, dT}{T} + \frac{\Delta\overline{H}_{Fus}}{T_{Fus}} + \int_{T_{Fus}}^{T_{Vap}} \frac{(C_p)_l\, dT}{T} + \frac{\Delta\overline{H}_{Vap}}{T_{Vap}} + \int_{T_{Vap}}^{298} \frac{(C_p)_g\, dT}{T}$$

Hierin bedeuten: T_{Fus}, T_{Vap} die Schmelz- bzw. Siedetemperatur; $(C_p)_s$, $(C_p)_l$, $(C_p)_g$ die Molwärme des Feststoffes bzw. der Flüssigkeit bzw. des Dampfes; $\Delta\overline{H}_{Fus}$, $\Delta\overline{H}_{Vap}$ die molare Schmelz- bzw. Verdampfungsenthalpie. Die molaren Standard-Entropien einiger Stoffe sind im Anhang A 3 zusammengestellt.

Beispiel:

Es soll die molare Entropie des Wassers bei T = 423 K ermittelt werden. Die molare Standard-Entropie ist $S^o = S_{298} = 70\ J\ K^{-1}\ mol^{-1}$. Für $(C_p)_l$ und $(C_p)_g$ kann man die im Abschn. 6.4 genannten Werte verwenden und mit guter Näherung als in dem hier betrachteten Bereich konstant ansehen, so daß sie vor die Integranden gestellt werden dürfen. Damit erhält man unter sinngemäßer Anwendung von (8.3)

$$S_{423} = S_{298} + (C_p)_l \int_{298}^{373} \frac{dT}{T} + \frac{\Delta\overline{H}_{Vap}}{373\ K} + (C_p)_g \int_{373}^{423} \frac{dT}{T}$$

$$S_{423} = 70\ J\ K^{-1}\ mol^{-1} + 75{,}6\ J\ K^{-1}\ mol^{-1}\ \ln(373/298) + (40600/373)\ J\ K^{-1}\ mol^{-1} + 36{,}1\ J\ K^{-1}\ mol^{-1}\ \ln(423/373) = 200{,}36\ J\ K^{-1}\ mol^{-1}$$

Die Entropieänderung des Wassers beim Erwärmen von 298 K auf 423 K ist dann $\Delta S = S_{423} - S_{298} = 130{,}36\ J\ K^{-1}\ mol^{-1}$. (Zur Lösung des Integrals s. Anhang A 1).

Da die Entropie eine Zustandsfunktion ist, muß die Entropieänderung bei einer chemischen Reaktion, die Reaktionsentropie ΔS_r, gleich der Differenz aus den

Entropien aller Produkte und aller Edukte sein:

(8.4 a) $\Delta S_r = \sum n\, S(\text{Produkte}) - \sum n\, S(\text{Edukte})$

und unter Standardbedingungen

(8.4 b) $\Delta S^o_r = \sum n\, S^o(\text{Produkte}) - \sum n\, S^o(\text{Edukte})$

Beispiel:

Die Standard-Reaktionsentropie der Oxidation von Glucose ist nach (8.4 b) für die Reaktion $C_6H_{12}O_6(s) + 6\ O_2(g) \rightarrow 6\ CO_2(g) + 6\ H_2O(l)$

$\Delta S^o_r = [6\ S^o(CO_2,\ g) + 6\ S^o(H_2O,\ l)] - [S^o(C_6H_{12}O_6,\ s) + 6\ S^o(O_2,\ g)]$

$\Delta S^o = [(1284 + 420) - (212 + 1230)]\ J\ K^{-1}\ mol^{-1} = 262\ J\ K^{-1}\ mol^{-1}$

Für Reaktionen mit positiver Reaktionsentropie trifft (treffen) i. a. eines oder mehrere der folgenden Kriterien zu:

1. Gasförmige Produkte entstehen aus festen oder flüssigen Edukten.
2. Die Gesamtstoffmenge (die Summe der stöchiometrischen Koeffizienten) der Produkte ist größer als die der Edukte.
3. Aus komplexen Molekülen mit größerer molarer Masse entstehen weniger komplexe, kleinere Moleküle mit geringerer molarer Masse.

Bei Reaktionen mit negativer Reaktionsentropie gilt häufig das Umgekehrte.

Es entspricht der Bedeutung der Gl. (7.35), daß die Entropie eines Stoffes logarithmisch mit dem Grad der Verteilungsmöglichkeit der ihm zugeführten Energie wächst, mit dem Ausmaß also, in dem bei Energiezufuhr Translationen der Moleküle sowie intramolekulare Rotationen und Schwingungen angeregt werden können. Bei den Edelgasen mit ihren monoatomaren Teilchen, die ausschließlich zu Translationsbewegungen fähig sind, wächst die Entropie linear mit dem (natürlichen) Logarithmus der Atommasse. Man kann sich hiervon überzeugen, wenn man die im Anhang A 3 angegebenen S^o-Werte gegen den ln der Zahlenwerte der Atommassen aufträgt.

Bei den Gasen mit 2-atomigen Molekülen (HF, HCl, HBr, HI), 3-atomigen Molekülen (H_2O, H_2S, H_2Se, H_2Te), 4-atomigen Molekülen (NH_3, PH_3, AsH_3, SbH_3) und 5-atomigen Molekülen (CH_4, SiH_4, GeH_4, SnH_4) steigt in jeder Gruppe die Entropie linear mit dem ln der Zahlenwerte der Molekülmassen. Vergleicht man dagegen verschiedene Gase mit annähernd übereinstimmenden Molekülmassen, aber unterschiedlicher Zahl der Atome innerhalb der Moleküle, dann zeigt sich, daß die Entropie mit zunehmender intramolekularer Atomzahl wächst.

Stoffe, deren Moleküle aus vielen Atomen bestehen, haben bei gleicher Temperatur und gleichem Aggregatzustand eine höhere Entropie als Stoffe, deren Moleküle nur aus wenigen Atomen aufgebaut sind. Das ist kein Widerspruch zu der Tatsache, daß bei Reaktionen, die einen Abbau großer, komplexer Moleküle zu mehreren kleinen Molekülen bewirken (z. B. bei Verbrennungen), i. a. relativ hohe Reaktionsentropien auftreten. Man muß beachten, daß es sich bei der Reaktionsentropie um eine Entropiedifferenz (ΔS) der Produkte gegenüber den Edukten handelt.

9 Die Thermodynamik des Gleichgewichtszustands

9.1 DIE GIBBS-ENERGIE

Nach dem Zweiten Hauptsatz ist bei allen realen, irreversiblen Vorgängen $\Delta S(Sys) + \Delta S(Umg) > 0$. Erreicht ein Vorgang seinen Gleichgewichtszustand, so wird $\Delta S(Sys) + \Delta S(Umg) = 0$; der Vorgang besitzt dann keine thermodynamische Triebkraft mehr. Wenn man also die Frage beantworten will, ob ein bestimmter Vorgang thermodynamisch möglich ist, so muß untersucht werden, ob sich, während dieser Vorgang dem Gleichgewicht entgegenstrebt, die gesamte Entropie des reagierenden Systems und seiner Umgebung dabei in positiver Richtung ändern kann ($\Delta S_{ges} > 0$). Weil aber die Änderung der Entropie in der Umgebung eines reagierenden Systems häufig schwer zu beurteilen ist, sollte eine ausschließlich auf das System (und nicht auf seine Umgebung) bezogene Zustandsfunktion gesucht werden, deren Änderung die thermodynamische Realisierbarkeit eines Vorgangs zu entscheiden gestattet. Die meisten chemischen Reaktionen laufen unter isothermen und isobaren Bedingungen ab, d. h. in dem reagierenden System herrschen nach Ablauf des Vorgangs die gleiche Temperatur und der gleiche Druck wie in seiner Umgebung. Unter diesen Bedingungen läßt sich mit Hilfe einer von J. W. Gibbs in die Thermodynamik eingeführten Funktion beurteilen, ob eine bestimmte Reaktion möglich ist und welcher Energiebetrag dabei auf dem Weg des reagierenden Systems zum Gleichgewichtszustand freigesetzt wird. Die Definitionsgleichung der Gibbs-Funktion oder Gibbs-Energie (auch als Freie Enthalpie bezeichnet) lautet

(9.1) $G = H - T\,S$ (T und p konstant)

G muß eine Zustandsfunktion sein, da H, T und S ebenfalls Zustandsfunktionen sind. Meßbar sind analog zu H und E, aber im Gegensatz zu S, keine Absolutbeträge, sondern nur Änderungen von G:

(9.2 a) $\Delta G = \Delta H - T\,\Delta S$ (T und p konstant)

bzw. unter Standardbedingungen

(9.2 b) $\Delta G^o = \Delta H^o - T\,\Delta S^o$ (T und p konstant)

Bei einem isothermen Vorgang ist die von dem System abgegebene gleich der von der Umgebung aufgenommenen Wärme: q(Umg) = - q(Sys). Ferner gilt bei konstantem Druck gemäß (6.11) q(Sys) = ΔH(Sys). Verläuft also ein Vorgang unter isothermen und isobaren Bedingungen, dann gilt für die Entropieänderung der Umgebung

(9.3) $\Delta S(Umg) = q(Umg)/T = -\,q(Sys)/T = -\,\Delta H(Sys)/T$

Unter Verwendung von (7.32) ergibt sich folglich für isotherme und isobare Vorgänge

(9.4) $\Delta S(Sys) - \Delta H(Sys)/T \geqq 0$

Hierbei bezieht sich > auf einen irreversiblen, das Gleichheitszeichen auf einen reversiblen Vorgang (auf den Gleichgewichtszustand). Gleichung (9.4) enthält jetzt nur noch das System betreffende Zustandsgrößen. Die Kennzeichnung Sys wird ab jetzt weggelassen. Multipliziert man (9.4) mit (- T), so erhält man unter Benutzung der Definition (9.1)

(9.5) $\Delta H - T\,\Delta S \leqq 0$ bzw. $\Delta G \leqq 0$ (T und p konstant)

Dieser als <u>thermodynamische Grundgleichung</u> bezeichnete Term besagt folgendes: <u>Bei jedem realen (irreversiblen) Vorgang ändert sich die Gibbs-Energie des reagierenden Systems in negativer Richtung ($\Delta G < 0$). Im Grenzfall eines reversiblen Vorgangs, anders ausgedrückt, wenn ein System den Gleichgewichtszustand erreicht, ändert sich die Gibbs-Energie nicht ($\Delta G = 0$). Vorgänge, bei denen die Gibbs-Energie des Systems zunimmt ($\Delta G > 0$), sind unmöglich.</u>

Ist $\Delta G < 0$, so heißt der betreffende Vorgang <u>exergonisch</u>, ist $\Delta G > 0$, dann nennt man den Vorgang <u>endergonisch</u>. Im letzten Fall ist folglich nur die Umkehrung des Vorgangs realisierbar.

Analog zu (6.16 a) bzw. (6.16 b) sowie zu (8.4 a) bzw. (8.4 b) gilt für die Gibbs-Energie einer Reaktion (die Freie Reaktionsenthalpie)

(9.6 a) $\Delta G_r = \sum n\,\Delta G_f(\text{Produkte}) - \sum n\,\Delta G_f(\text{Edukte})$ bzw.

(9.6 b) $\Delta G^o{}_r = \sum n\,\Delta G^o{}_f(\text{Produkte}) - \sum n\,\Delta G^o{}_f(\text{Edukte})$

ΔG_f ($\Delta G^o{}_f$) stellt die Gibbs-Energie der Bildung (unter Standardbedingungen) einer Verbindung aus ihren Elementen dar. Auch hier ist analog zu $\Delta H^o{}_f$ wieder eine Festlegung erforderlich. Man ordnet den Elementen in ihrer stabilsten Modifikation die Standard-Gibbs-Energie der Bildung (Freie Standard-Bildungsenthalpie) ΔG^o_f = 0 kJ/mol zu. Um Gibbs-Energien der Bildung für einzelne Ionen angeben zu können, erteilt man dem H^+-Ion unter Standardbedingungen (T = 298,15 K, p = 1013,25 mbar, a = 1 mol/l) den Wert $\Delta G^o_f(H^+, aq)$ = 0 kJ/mol. Im Anhang A 3 findet man die ΔG^o_f-Werte einiger Stoffe.

Beispiel:

Die Gibbs-Energie der Oxidation von Glucose unter Standardbedingungen (Reaktionsschema s. Abschn. 6.3 und 8.2) ist gemäß (9.6 b)

$$\Delta G^o_r = [6\ (-394) + 6\ (-237)] - [-911 + (6\ \ 0)]\ \text{kJ/mol} = -2875\ \text{kJ/mol}$$

Man kann auch die in Abschn. 6.3 berechnete Standard-Reaktionsenthalpie ΔH^o_r = - 2794 kJ/mol und die in Abschn. 8.2 berechnete Standard-Reaktionsentropie $\Delta S^o_r = 262\ J\ K^{-1}\ mol^{-1}$ in (9.2 b) einsetzen:

$$\Delta G^o_r = -2794\ \text{kJ mol}^{-1} - 298{,}15\ \text{K}\ 0{,}262\ \text{kJ K}^{-1}\ \text{mol}^{-1} = -2872\ \text{kJ/mol}$$

Die geringfügige Abweichung ist durch die Rundung der im Anhang A 3 angegebenen Werte bedingt.

Die Umkehrung der in dem letzten Beispiel betrachteten Oxidation der Glucose gibt summarisch den Photosyntheseprozeß wieder. Hierfür ist demnach ΔG^o_r = + 2872 kJ/mol. Diese stark endergonische Reaktion bedarf des energetischen Antriebs durch die Strahlungsenergie der Sonne.
Anhand der Gln. (9.2 a) und (9.2 b) kann man sich leicht klarmachen, in welcher Weise das Enthalpieglied ΔH_r und das Entropieglied $T\ \Delta S_r$ die Gibbs-Energie einer Reaktion beeinflussen. Tabelle 9.1 faßt diese Beziehungen kurz zusammen.

Tabelle 9.1 Beeinflussung der Gibbs-Energie durch die Enthalpie und die Entropie einer Reaktion

	ΔH_r	ΔS_r	ΔG_r	Folgerung
(a)	< 0	> 0	< 0	Reaktion bei jeder T möglich
(b)	> 0	< 0	> 0	Reaktion bei keiner T möglich
(c)	< 0	< 0	< 0 oder > 0	Reaktion bei niedriger T begünstigt
(d)	> 0	> 0	> 0 oder < 0	Reaktion bei hoher T begünstigt

Reaktionen vom Typ (c) bezeichnet man als "enthalpiegetrieben" (Beispiel: Knallgas-Reaktion; mit Hilfe des Zahlenmaterials im Anhang A 3 kann man sich hiervon überzeugen). Reaktionen vom Typ (d) heißen "entropiegetrieben" (Beispiel: die zu Beginn des Abschn. 7.1 angegebene Reaktion zwischen NH_4SCN und $Ba(OH)_2$ 8 H_2O). Eine Reaktion vom Typ (a) ist "enthalpie- und entropiegetrieben" (Beispiel: Oxidation von Glucose zu CO_2 und H_2O).
Die unter isothermen und isobaren Bedingungen ablaufende Reaktion A + B $\rightleftarrows$ C + D möge zu einem mehr oder weniger rechts (oder auch links) liegenden Gleichgewicht führen (s. Kapitel 4). Die Änderung der Gibbs-Energie im Reaktionsablauf läßt sich anschaulich in den folgenden Diagrammen darstellen (Abb. 9.1).

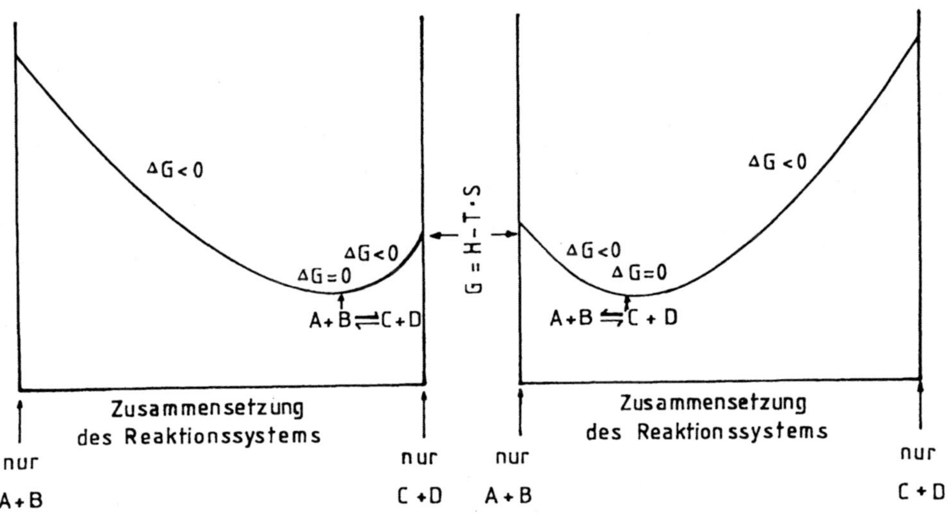

Abb. 9.1 Änderung der Gibbs-Energie und Gleichgewicht (Erklärung im Text)

Unter isothermen und isobaren Bedingungen erreicht das reagierende System den Gleichgewichtszustand, wenn $\Delta G = 0$ wird. Dieser Zustand entspricht der tiefsten Stelle der Kurven in Abb. 9.1. In diesem Punkt ist die Steigung der Kurve 0. Durch Umwandlung von A und B in C und D und umgekehrt wird dieser Gleichgewichtszustand erreicht. Während das System diesem Zustand zustrebt, ist $\Delta G < 0$. Die Kurve besitzt dann eine endliche Steigung. Die Aktivitäten der Reaktanten ändern sich noch. Im Gleichgewichtszustand hat das Reaktionssystem eine konstante Endzusammensetzung, obwohl Teilchen der Edukte nach wie vor in Teilchen der Produkte übergehen und umgekehrt (dynamisches Gleichgewicht). Es soll bei dieser Gelegenheit darauf hingewiesen werden, daß die Begriffspaare reversibel/irreversibel und umkehrbar/nicht umkehrbar exakt voneinander zu unterscheiden sind. Das erste Begriffspaar hat eine ausschließlich thermodynamische Bedeutung (s. Abschn. 6.2), während das zweite Begriffspaar sich auf die Reaktionsrichtung bezieht. Eine typische umkehrbare Reaktion ist z. B. die Veresterung (s. Abschn. 4.1). Diese Reaktion ist aber wie jeder tatsächlich ablaufende Vorgang im Sinne der Thermodynamik irreversibel.

Im 6. Kapitel war häufig von pV-Arbeit die Rede. Diese Arbeitsform tritt bei chemischen Reaktionen nur dann in nennenswertem Umfang auf, wenn Gase beteiligt sind. pV-Arbeit ist bei chemischen Reaktionen in vielen Fällen praktisch nicht verwertbar. In besonderem Maße gilt das für die biochemischen Reaktionen im Stoffwechsel der Organismen. Biologisch wichtige Arbeitsformen, die bei Reaktionen in belebten Systemen auftreten, sind die elektrische, die chemische und die osmotische Arbeit, worauf in späteren Kapiteln (12 und 15) noch näher eingegangen wird. Diese Arbeitsformen sollen hier unter dem Begriff Nutzarbeit (w_{Nutz}) zusammengefaßt werden. Bei den folgenden Überlegungen seien T und p als konstant angenommen. Für einen reversiblen Vorgang, bei dem außer pV- noch Nutzarbeit auftritt, gilt dann gemäß (6.2 a)

$$(9.7) \quad \Delta E = q_{rev} - (p\,\Delta V + w_{Nutz}) = q_{rev} - p\,\Delta V - w_{Nutz}$$

Setzt man hierin nach (6.14) $\Delta E = \Delta H - p\,\Delta V$ und nach (7.14) für $q_{rev} = T\,\Delta S$, erhält man aus (9.7)

$$(9.8) \quad \Delta H = T\,\Delta S - w_{Nutz}$$

Durch Vergleich mit der nach ΔH umgestellten Gl. (9.2 a) erkennt man

$$(9.9) \quad \Delta G = -\,w_{Nutz} \quad \text{oder} \quad w_{Nutz} = -\,\Delta G$$

Das bedeutet: Unter reversiblen Bedingungen ist die von einem System (T und p konstant) neben der pV-Arbeit maximal zu verrichtende Nutzarbeit gleich der Gibbs-Energie. Man beachte die Vorzeichenkonvention (Abschn. 6.1): Ist $\Delta G < 0$ (exergonische Reaktion), wird $w_{Nutz} > 0$; das System verrichtet Nutzarbeit an seiner Umgebung. Erreicht das System den Gleichgewichtszustand ($\Delta G = 0$), ist es nicht mehr zur Verrichtung von Nutzarbeit fähig ($w_{Nutz} = 0$).

Bei einem in endlicher Zeit ablaufenden irreversiblen Vorgang gilt nach (7.29) $q_{irr} < T\,\Delta S$. Eine analoge Überlegung wie oben führt in diesem Fall zu

(9.10) $\Delta G < - w_{Nutz}$ oder $w_{Nutz} < - \Delta G$

Das bedeutet: Bei einem tatsächlich ablaufenden irreversiblen Vorgang (T und p konstant) ist die neben der pV-Arbeit gewinnbare Nutzarbeit kleiner als die Gibbs-Energie. Anders formuliert: Die für eine thermodynamisch mögliche Reaktion bestimmte Gibbs-Energie läßt sich nie vollständig als Nutzarbeit gewinnen.

Aus diesen Überlegungen geht hervor, warum die Gibbs-Energie auch als Freie Enthalpie bezeichnet wird. Sie entspricht nämlich dem Anteil der Reaktionsenthalpie (ΔH), der maximal (im Grenzfall des reversiblen Ablaufs) als Nutzarbeit frei verfügbar gemacht werden könnte, während der dem Entropieglied ($T\ \Delta S$) entsprechende Anteil von ΔH auf keinen Fall (nicht einmal bei reversiblem Ablauf) in Nutzarbeit zu transformieren ist:

ΔH	=	ΔG	+	$T\ \Delta S$
Reaktionsenthalpie		Freie Enthalpie maximal (im Grenzfall der Reversibilität) in Nutzarbeit überführbar		$= q_{rev}$ nur als Wärme auftretender Anteil

Die Reaktionsentropie ist also der Wärmetribut, den jede Reaktion neben der aus ihr zu entnehmenden Nutzarbeit an ihre Umgebung entrichten muß.

9.2 DIE THERMODYNAMIK DES CHEMISCHEN GLEICHGEWICHTS

Um eine Beziehung für die Abhängigkeit der Gibbs-Energie G von der Temperatur und dem Druck zu entwickeln, geht man von der Definitionsgleichung der Gibbs-Energie (9.1) aus und schreibt unter Anwendung der Produktregel der Differentialrechnung für eine infinitesimale Änderung von G

(9.11) $dG = dH - d(T\ S) = dH - T\ dS - S\ dT$.

Gemäß (6.9) ist eine infinitesimale Änderung der Enthalpie

(9.12) $dH = dE + d(p\ V) = dE + p\ dV + V\ dp$

Ersetzt man nun nach (6.7) dE durch $dq - p\ dV$ und (bei einem reversiblen Prozeß) $dq = dq_{rev}$ nach (7.14) durch $T\ dS$, erhält man aus (9.12)

(9.13) $dH = (dq - p\ dV) + p\ dV + V\ dp = dq + V\ dp$

$dH = T\ dS + V\ dp$

und unter Einführung der letzten Gl. in (9.11)

(9.14) $dG = V\,dp - S\,dT$

Da V und S immer positive Beträge haben, kann man Gl. (9.14) entnehmen, daß bei konstantem Druck die Gibbs-Energie eines Systems, dem keine weiteren Stoffe zu- und aus dem keine Stoffe abgeführt werden, durch Temperaturerhöhung abnimmt und bei konstanter Temperatur durch Druckerhöhung zunimmt. Setzt man konstante Temperatur voraus ($dT = 0$), vereinfacht sich (9.14) zu

(9.15) $dG = V\,dp$ (wenn T = konstant)

Diese Gl. soll zunächst auf 1 mol eines idealen Gases angewandt werden, wobei man nach (2.10) $R\,T/p$ für V setzt. Integriert man dann (9.15) in den Grenzen G^o (bei Standarddruck) und G (bei beliebigem Druck) mit den zugehörigen Drükken p_o und p, erhält man

(9.16) $G - G^o = \Delta G = R\,T\,\ln\,(p/p_o)$

Hierin sind sowohl p als auch p_o als Vielfache oder Teile des Standarddrucks p_o = 101,325 kPa auszudrücken, also durch p_o zu dividieren. Für p = 202,65 kPa erhält man dann z. B.

$$\frac{p}{p_o} = \frac{202{,}65\ \text{kPa}/101{,}325\ \text{kPa}}{101{,}325\ \text{kPa}/101{,}325\ \text{kPa}} = 2$$

Unabhängig von der gewählten Druckeinheit ist also stets $p_o = 1$. Damit wird aus (9.16)

(9.17 a) $G = G^o + R\,T\,\ln\,p$ (für 1 mol)

(9.17 b) $n\,G = n\,G^o + n\,R\,T\,\ln\,p$ (für n mol)

In dem ausschließlich aus gasförmigen Reaktanten bestehenden Gleichgewicht $a\,A(g) + b\,B(g) \rightleftarrows e\,E(g) + f\,F(g)$, wobei a, b, e, f die stöchiometrischen Koeffizienten darstellen, ist für die einzelnen Reaktanten nach (9.17 b)

$a\,G(A) = a\,G^o(A) + a\,R\,T\,\ln\,p(A) = a\,G^o(A) + R\,T\,\ln\,p^a(A)$

$b\,G(B) = b\,G^o(B) + b\,R\,T\,\ln\,p(B) = b\,G^o(B) + R\,T\,\ln\,p^b(B)$

$e\,G(E) = e\,G^o(E) + e\,R\,T\,\ln\,p(E) = e\,G^o(E) + R\,T\,\ln\,p^e(E)$

$f\,G(F) = f\,G^o(F) + f\,R\,T\,\ln\,p(F) = f\,G^o(F) + R\,T\,\ln\,p^f(F)$

p(A), p(B),... sind die Partialdrücke der Reaktanten A, B,...

Weil G eine Zustandsfunktion ist, muß gelten:

$\Delta G = [e\,G(E) + f\,G(F)] - [a\,G(A) + b\,G(B)]$

$\Delta G = e\,G(E) + f\,G(F) - a\,G(A) - b\,G(B)$

Durch Einsetzen der o. a. Terme bekommt man

(9.18) $$\Delta G = e\,G^o(E) + f\,G^o(F) - a\,G^o(A) - b\,G^o(B) + R\,T\,\ln\,\frac{p^e(E)\,p^f(F)}{p^a(A)\,p^b(B)}$$

Die Glieder e $G^o(E)$ + ... vor dem logarithmischen Glied werden durch $\Delta G^o = G^o(\text{Produkte}) - G^o(\text{Edukte})$ zusammengefaßt; s. (9.6 b):

(9.19) $$\Delta G = \Delta G^o + R\ T \ln \frac{p^e(E)\ p^f(F)}{p^a(A)\ p^b(B)}$$

Den Quotienten aus den Partialdrücken der Produkte und der Edukte stellt man kürzer durch das Symbol Q_p dar:

(9.20) $\Delta G = \Delta G^o + R\ T \ln Q_p$ (für beliebige Partialdrücke)

Im Gleichgewichtszustand ist $\Delta G = 0$ (s. Abschn. 9.1), und daher folgt aus (9.20)

(9.21) $$\Delta G^o = - R\ T \ln (Q_p)_{Glgw}$$

ΔG^o hat für eine bestimmte Reaktion einen konstanten Wert. Folglich muß auch $(Q_p)_{Glgw}$ bei gegebener Temperatur einen konstanten Wert besitzen. Er entspricht der Gleichgewichtskonstanten K_p:

(9.22) $$(Q_p)_{Glgw} = \left(\frac{p^e(E)\ p^f(F)}{p^a(A)\ p^b(B)}\right)_{Glgw} = K_p$$

Damit gelangt man zu einer für die Thermodynamik sehr wichtigen Beziehung, mit deren Hilfe man aus der Gleichgewichtskonstanten einer Reaktion die Standard-Gibbs-Energie (oder umgekehrt) berechnen kann:

(9.23) $$\Delta G^o = - R\ T \ln K_p$$

Diese aus den Gesetzen der Thermodynamik abgeleiteten Überlegungen bestätigen somit das 1867 von C. Guldberg und P. Waage empirisch gefundene Massenwirkungsgesetz (s. Abschn. 4.1).

Setzt man statt der Partialdrücke die molaren Konzentrationen der gasförmigen Reaktanten in Q_{Glgw} ein, erhält man die Gleichgewichtskonstante K_c:

(9.24) $$\frac{c^e(E)\ c^f(F)}{c^a(A)\ c^b(B)} = K_c$$

Für das o. a. Gleichgewicht mit gasförmigen Reaktanten läßt sich mit $c = n/V$ (1.14) und $n/V = p/(R\ T)$ nach (2.11) die Gl. (9.24) folgendermaßen schreiben:

(9.25) $$K_c = \frac{[p(E)/R\ T]^e\ [p(F)/R\ T]^f}{[p(A)/R\ T]^a\ [p(B)/R\ T]^b} = \frac{[p(E)]^e\ [p(F)]^f}{[p(A)]^a\ [p(B)]^b}\ (R\ T)^{a+b-e-f}$$

a + b - e - f = Δn (Differenz aus den stöchiometrischen Koeffizienten der Edukte und der Produkte); kürzer:

(9.26) $K_c = K_p\ (R\ T)^{\Delta n}$

und umgekehrt

(9.27) $K_p = K_c\ (R\ T)^{-\Delta n}$

Beispiel:

Bei T = 773 K ist für das Ammoniak-Gleichgewicht $K_c = 6\ \ 10^{-2}\ l^2\ mol^{-2}$. Mit (9.27) erhält man

$K_p = 6\ \ 10^{-8}\ m^6\ mol^{-2}\ (8{,}31\ N\ m\ K^{-1}\ mol^{-1}\ 773\ K)^{-2}$

$K_p = 14{,}52\ \ 10^{-16}\ m^4\ N^{-2} = 14{,}52\ \ 10^{-16}\ (N\ m^{-2})^{-2}$

$K_p = 14{,}52\ \ 10^{-16}\ (10^{-5}\ bar)^{-2} = 14{,}52\ \ 10^{-6}\ bar^{-2}$

Wenn die Summe der stöchiometrischen Koeffizienten auf beiden Seiten eines aus Gasen bestehenden Gleichgewichts den gleichen Wert hat ($\Delta n = 0$), besitzen K_p und K_c den gleichen Zahlenwert und sind dann dimensionslos, wie man anhand von (9.26) und (9.27) leicht erkennt.

Für eine gelöste Substanz lassen sich durch prinzipiell gleiche Schlüsse, wie sie bisher auf ein ideales Gas angewandt wurden, die folgenden zu (9.17 a) und (9.17 b) analogen Gln. herleiten:

(9.28 a) $G = G^o + R\ T\ \ln a$ (für 1 mol)

(9.28 b) $n\ G = n\ G^o + n\ R\ T\ \ln a$ (für n mol)

Hierin bedeutet a die Aktivität der gelösten Substanz. Die Standard-Aktivität eines gelösten Reaktanten ist a = 1 mol/l. Die gleiche Folge von Argumenten wie bei Gleichgewichten mit gasförmigen Komponenten, nun jedoch auf ein Gleichgewicht mit gelösten Komponenten angewandt ($w\ W + x\ X \rightleftarrows y\ Y + z\ Z$), ergibt die zu (9.19), (9.20), (9.21) und (9.23) analogen Gln.

(9.29) $\Delta G = \Delta G^o + R\ T\ \ln \dfrac{a^y(Y)\ a^z(Z)}{a^w(W)\ a^x(X)}$

(9.30) $\Delta G = \Delta G^o + R\ T\ \ln Q_a$ (für beliebige Aktivitäten)

(9.31) $\Delta G^o = -\ R\ T\ \ln (Q_a)_{Glgw}$

(9.32) $\Delta G^o = -\ R\ T\ \ln K_a$

Für stark verdünnte Lösungen kann man statt mit Aktivitäten auch mit Konzentrationen rechnen. Aus den Gln. (9.23) und (9.32) geht hervor, daß $G^{o} > 0$ wird, wenn $K < 1$ ist, und $G^{o} < 0$ wird, wenn $K > 1$ ist. In einer endergonischen Reaktion liegt also das Gleichgewicht auf der Seite der Edukte ("links"), in einer exergonischen Reaktion auf der Seite der Produkte ("rechts"); s. Abb. 9.1.

Beispiel:

Eine der Schlüsselreaktionen der Glykolyse ist die durch das Enzym Aldolase katalysierte Spaltung von Fructose-1,6-bisphosphat:

Fructose-1,6-bisphosphat (FP_2) $\rightleftarrows$ Glycerinaldehyd-3-phosphat (GAP)
+ Dihydroxyaceton-phosphat (DAP)

Untersucht man in vitro dieses Gleichgewicht, indem man Aldolase auf FP_2 einwirken läßt und die Gleichgewichtskonzentrationen der 3 Reaktanten mißt, findet man bei 298 K $(Q_c)_{Glgw} = K_c = 8{,}9 \; 10^{-5}$ mol/l. Daraus ergibt sich mit (9.32)

$$\Delta G^{o} = -\,8{,}31 \text{ J K}^{-1} \text{ mol}^{-1} \; 298 \text{ K} \ln 8{,}9 \; 10^{-5} = +\,23{,}1 \text{ kJ/mol}$$

Sind $c(FP_2) = 10^{-3}$ mol/l und c(GAP) sowie c(DAP) je 10^{-4} mol/l, was den tatsächlichen Konzentrationen dieser Metaboliten in lebenden Zellen näherkommt, wird die Gibbs-Energie dieser Reaktion mit (9.29)

$$\Delta G = +\,23{,}1 \text{ kJ mol}^{-1} + 8{,}31 \; 10^{-3} \text{ kJ K}^{-1} \text{ mol}^{-1} \; 298 \text{ K} \ln (10^{-4})^2/10^{-3}$$

$$\Delta G = -\,5{,}4 \text{ kJ/mol}$$

An diesem Beispiel zeigt sich, daß eine Reaktion, die bei Standardbedingungen (hier: Standard-Konzentrationen) der Reaktanten endergonisch ist, bei Änderung der Konzentrationen exergonisch werden kann.

Treten in einer Reaktion Protonen bzw. Hydroniumionen (H_3O^+) als Reaktanten auf, dann erfordern die Standardbedingungen, daß $a(H^+) = 1$ mol/l ist (pH = 0), wie die Aktivitäten aller anderen Reaktanten. Dieser pH-Wert ist aber für lebende Zellen intolerabel. Daher gibt man bei biochemischen pH-abhängigen Reaktionen die Gibbs-Energie in Bezug auf $a(H^+) = 10^{-7}$ mol/l (pH = 7) an und bezeichnet sie unter diesen Bedingungen als physiologische (biochemische) Standard-Gibbs-Energie (Symbol $\Delta G^{o\prime}$). Alle anderen Reaktanten müssen weiterhin in der Standard-Aktivität a = 1 mol/l vorliegen.

Beispiele:

(a) ΔG^o für das Protolyse-Gleichgewicht des primären Phosphats in wäßriger Lösung gemäß $H_2PO_4^- \rightleftarrows HPO_4^{2-} + H^+$ ist + 41 kJ/mol. Da $a(H_2PO_4^-) = a(HPO_4^{2-})$ = 1 mol/l ist, erhält man

$$\Delta G^{o\prime} = \Delta G^o - 2{,}303\ R\ T\ pH$$

$$\Delta G^{o\prime} = +\ 41\ kJ\ mol^{-1} - 2{,}303\ \ 8{,}31\ \ 10^{-3}\ kJ\ K^{-1}\ mol^{-1}\ 298\ K\ 7 = +\ 1{,}08\ kJ/mol$$

(b) Für die Hydrolyse des ATP gemäß ATP + $H_2O \rightleftarrows$ ADP + P_i (P_i steht für anorganisches Phosphat; i ≙ inorganic) ist $\Delta G^{o\prime} = -\ 30$ kJ/mol. In lebenden Zellen dürfte $c(P_i)$ in der Größenordnung von 10^{-3} bis 10^{-2} mol/l liegen. Ferner ist es berechtigt anzunehmen, daß ATP und ADP in annähernd gleichen Konzentrationen vorhanden sind. Das Wasser tritt in Q_c nicht auf, da seine thermodynamische Aktivität aufgrund seines großen Überschusses bei der Reaktion praktisch konstant bleibt. Mit (9.29) oder (9.30) erhält man also

$$\Delta G = \Delta G^{o\prime} + R\ T\ \ln \frac{c(ADP)\ c(P_i)}{c(ATP)}$$

und da $c(ADP) \approx c(ATP)$

$$\Delta G = -\ 30\ kJ\ mol^{-1} + 8{,}31\ \ 10^{-3}\ kJ\ K^{-1}\ mol^{-1}\ 298\ K\ \ln c(P_i)$$

Das ergibt mit $c(P_i) = 10^{-3}$ mol/l $\Delta G = -\ 47{,}1$ kJ/mol. Es ist also davon auszugehen, daß die ATP-Hydrolyse in lebenden Zellen wesentlich stärker exergonisch ist als unter Standardbedingungen.

9.3 DIE TEMPERATURABHÄNGIGKEIT DER GLEICHGEWICHTSKONSTANTEN

Durch Gleichsetzen von (9.2 b) und (9.23) oder (9.32) bekommt man

$$(9.33)\qquad \ln K = -\frac{\Delta H^o}{R\ T} + \frac{\Delta S^o}{R}$$

ΔH^o und ΔS^o sind, sofern keine Änderung von Aggregatzuständen oder keine Modifikationsumwandlung stattfindet, in einem nicht zu großen Temperaturintervall annähernd konstant, so daß die für Standard-Temperatur gültigen Werte unter den genannten Einschränkungen in einem bestimmten Intervall auch bei anderen Temperaturen benutzt werden dürfen. Wendet man (9.33) auf ein chemisches Gleichgewicht bei zwei verschiedenen Temperaturen T_1 und T_2 mit den Gleichgewichtskonstanten K_1 und K_2 an und subtrahiert man die für K_2 erhaltene Gl. von der für K_1, ergibt sich

(9.34) $\ln \frac{K_2}{K_1} = - \frac{\Delta H^o}{R} (\frac{1}{T_2} - \frac{1}{T_1})$

Diese wichtige Beziehung heißt van't Hoff'sche Gleichung. Sie erlaubt innerhalb des Temperaturintervalls, in dem ΔH^o und ΔS^o als (annähernd) konstant zu betrachten sind, die Berechnung von ΔH^o aus den für zwei Temperaturen bekannten Gleichgewichtskonstanten K_1 und K_2 oder die Berechnung von K_2 aus ΔH^o und K_1.

Beispiel:

Für das Ionenprodukt des Wassers (5.2 a oder 5.2 b) ist $\lg K_{W(2)} = - 14{,}0000$ bei $T_2 = 298$ K und $\lg K_{W(1)} = - 14{,}7338$ bei $T_1 = 278$ K. Hieraus erhält man mit der van't Hoff'schen Gleichung die Standard-Reaktionsenthalpie der Autoprotolyse des Wassers:

$$\Delta H^o = - \frac{2{,}303\ R\ (\lg K_{W(2)} - \lg K_{W(1)})}{1/T_2 - 1/T_1} = + 58{,}17\ \text{kJ/mol}$$

Bei einer graphischen Bestimmung von ΔH^o trägt man für verschiedene (mindestens zwei) Temperaturen ln K (oder lg K) gegen die zugehörigen Werte von 1/T auf. Man erhält eine Gerade, die die Steigung $\Delta H^o/R$ bzw. $\Delta H^o/(2{,}303\ R)$, also bei einer endothermen Reaktion eine negative, bei einer exothermen Reaktion eine positive Steigung hat. Aus dem Diagramm sind die ln K- bzw. lg K-Werte für beliebige 1/T-Werte des o. g. Gültigkeitsbereichs abzulesen. Die van't Hoff'sche Gleichung liefert auch die Erklärung für einen im Abschn. 4.1 lediglich mitgeteilten Sachverhalt. Geht man von einer bestimmten Temperatur T_1 aus, dann wird mit wachsender Temperatur T_2 der Term $(1/T_2 - 1/T_1)$ immer stärker negativ und daher, wenn $\Delta H^o > 0$ ist, die rechte Seite von Gl. (9.34) immer stärker positiv. Daraus folgt, daß auch der Wert von $\ln (K_2/K_1)$ zunimmt. Der Wert der Gleichgewichtskonstanten einer endothermen Reaktion wird mit Erhöhung der Temperatur größer. Bei einer exothermen Reaktion muß er dann mit Erhöhung der Temperatur geringer werden.

9.4 DIE THERMODYNAMIK DES OSMOTISCHEN GLEICHGEWICHTS

Die grundlegenden Gesetzmäßigkeiten der Osmose wurden bereits im Abschn. 3.4 behandelt. Zur Veranschaulichung des osmotischen Druckes einer Lösung denke man sich die in Abb. 9.2 dargestellte Vorrichtung.

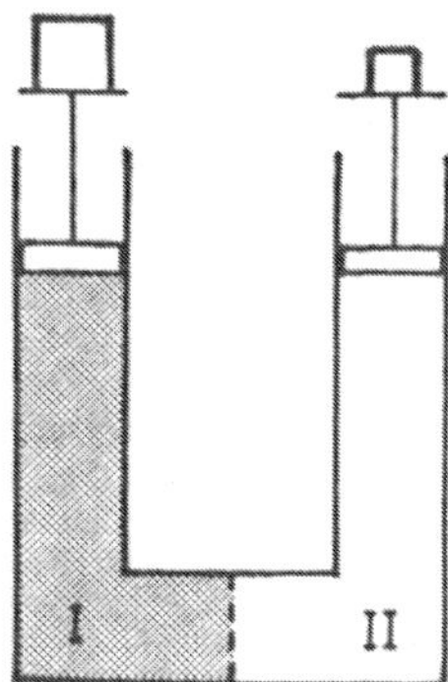

Abb. 9.2 Zur Veranschaulichung des osmotischen Druckes (Erläuterung im Text)

Im Raum I befindet sich die Lösung, im Raum II das reine Lösungsmittel. Beide Räume sind durch eine semipermeable Membran (gestrichelte Linie) getrennt, die nur Molekülen des Lösungsmittels den Durchtritt gestattet. Auf die Flüssigkeiten in beiden Räumen lassen sich durch verschiebbare Stempel, die mit Gewichten belastet werden können, mechanische Drücke ausüben. Wenn beide Stempel (gleiches Eigengewicht und gleicher Querschnitt) mit der gleichen Masse belastet sind, hebt sich infolge der von II nach I gerichteten Diffusion des Lösungsmittels der linke und senkt sich der rechte Stempel. Bei genügend hohem Druck auf I kann aber das Lösungsmittel auch wieder nach II ausgepreßt werden. Durch Variation der Massen der auf den Stempeln stehenden Körper und damit der von ihnen ausgeübten Gewichtskräfte und Drücke läßt sich ein Zustand finden, in dem beide Stempel eine konstante gleiche Höhe erreichen. In diesem Zustand lastet auf I ein höherer Druck als auf II. Aus den Gewichtskräften der aufgelegten Massen (die gleich großen Gewichte der Stempel brauchen nicht berücksichtigt zu werden) kann man die auf die Flüssigkeiten ausgeübten Drücke berechnen. Die Differenz dieser Drücke entspricht dem osmotischen Druck der Lösung.

Beispiel:

Im Gleichgewichtszustand möge bei gleicher Höhe der Stempel auf I die Masse m_I = 300 g, auf II die Masse m_{II} = 200 g ruhen. Die Querschnittsfläche der Stempel sei A = 1 cm^2. Dann ist der osmotische Druck der Lösung

$$\pi \equiv \Delta p = \frac{g\ m}{A} = \frac{9{,}81\ N\ kg^{-1}\ 0{,}1\ kg}{10^{-4}\ m^2} = 9810\ N\ m^{-2} = 0{,}0981\ bar$$

Wenn im Gleichgewichtszustand der Stempel in I höher steht als in II, müßte man noch den der Höhendifferenz Δh entsprechenden hydrostatischen Druck der Flüssigkeitssäule berücksichtigen. Mit Gl. (3.15) kann man aus π die Konzentration der Lösung berechnen.

Die Diffusion des reinen Lösungsmittels von II nach I ist offenbar ein exergonischer Vorgang, denn er tritt spontan ein. Umgekehrt muß der Übertritt des Lösungsmittels von I nach II durch einen mechanischen Gegendruck erzwungen werden. Wenn also eine konzentrierte und eine weniger konzentrierte Lösung (oder eine Lösung und das reine Lösungsmittel) durch eine nur für Lösungsmittel-Moleküle durchlässige Membran voneinander getrennt sind, kann eine weitere Anreicherung des gelösten Stoffes in der konzentrierten Lösung durch Austritt des Lösungsmittels nur unter Aufwand von zugeführter Arbeit erfolgen. Der spontanen Diffusion des Lösungsmittels von II nach I wirkt in steigendem Ausmaß der durch das aufgelegte Gewicht und auch durch das Gewicht der Flüssigkeitssäule bedingte Druck in I entgegen. Durch Integration von Gl. (9.15) in festgelegten Grenzen von G und p erhält man eine Beziehung zwischen der Änderung dieses Druckes und der Änderung der Gibbs-Energie:

(9.35) $\Delta G = V\ \Delta p$ (bei T = konstant)

Dabei ist V als konstant zu betrachten, weil das Volumen einer Flüssigkeit praktisch nicht vom äußeren Druck abhängt. Man bezieht sich hier zweckmäßig auf 1 mol des Lösungsmittels und setzt $V = V_m$. Ferner entspricht, wie oben erläutert, der Unterschied des äußeren Druckes (Δp) auf I gegenüber demjenigen, der auf II wirkt, im Gleichgewichtszustand dem osmotischen Druck der Lösung (π):

(9.36) $\Delta G = V_m\ \pi$

Der Zusammenhang zwischen dem spontanen "Verdünnungsbestreben" der Lösung und der damit verbundenen Änderung der Gibbs-Energie folgt aus einer (9.16) analogen Gleichung, in der p den Dampfdruck der Lösung und p_1 den Dampfdruck des reinen Lösungsmittels darstellt. Für 1 mol des Lösungsmittels gilt

(9.37) $\Delta G = R\ T \ln (p/p_1) = - R\ T \ln (p_1/p)$

Nach dem Raoult'schen Gesetz (s. Abschn. 3.2) besteht zwischen p, p_1 und der Molfraktion X_2 des gelösten Stoffes die Beziehung (3.3). Gemäß Gl. (3.4) läßt sich, weil in verdünnten Lösungen $n_2 \ll n_1$ ist, in guter Näherung $X_2 \approx n_2/n_1$ setzen. Durch Logarithmieren von (3.3) erhält man

(9.38) $\ln (p_1/p) = - \ln (1 - X_2)$

Für $X_2 \ll 1$ (verdünnte Lösung) ergibt sich die Näherung

(9.39) $- \ln (1 - X_2) \approx X_2$

Mit Hilfe eines Taschenrechners kann man sich von der Berechtigung dieser Vereinfachung überzeugen, indem man z. B. X_2 = 0,1; 0,01 etc. wählt. Je stärker verdünnt die Lösung (je kleiner die Molfraktion des gelösten Stoffes) ist, umso genauer trifft die Näherung zu. Man kann also für verdünnte Lösungen schreiben:

(9.40) $\ln (p_1/p) = X_2 = n_2/n_1$

Unter dieser Bedingung ist gemäß (9.37)

(9.41) $\Delta G = - R\ T\ (n_2/n_1)$

Im osmotischen Gleichgewicht wird die durch die spontane Diffusion des Lösungsmittels von II nach I (infolge des "Verdünnungsbestrebens") bedingte Änderung der Gibbs-Energie gerade mit umgekehrtem Vorzeichen, aber dem Betrag nach gleich der Änderung der Gibbs-Energie durch den äußeren Gegendruck. Ein exergonischer Vorgang (spontane Diffusion des Lösungsmittels von II nach I) und ein endergonischer Vorgang (Zurückpressen des Lösungsmittels von I nach II) halten einander die Waage. Aus (9.36) und (9.41) folgt für diesen Zustand

(9.42) $V_m\ \pi = R\ T\ (n_2/n_1)$ oder $\pi = (R\ T\ n_2)/(V_m\ n_1)$

Da $V_m\ n_1$ = V(Lösungsmittel) und, wenn es sich um eine verdünnte Lösung handelt, V(Lösungsmittel) $\approx$ V(Lösung) ist, vereinfacht sich (9.42) zu

(9.43) $\pi = R\ T\ n_2/V$

Mit n_2/V = c(gelöster Stoff) bekommt man die van't Hoff'sche Gleichung des osmotischen Drucks (3.15). Die Anwendung dieser Gleichung wurde bereits im 3. Kapitel besprochen. Dort wurde auch darauf hingewiesen, daß sie streng nur für eine verdünnte, ideale Lösung gilt.

Die erläuterten osmotischen Vorgänge weisen übrigens vom thermodynamischen Standpunkt eine Analogie zur isothermen Destillation auf. Zwei Schälchen mögen sich in einem abgeschlossenen Dampfraum, z. B. unter einer Glocke befinden. Das eine sei mit der Lösung eines nicht flüchtigen Stoffes in einem flüchtigen Lösungsmittel, beispielsweise Saccharose in Wasser, das andere lediglich mit dem Lösungsmittel gefüllt. Da der Dampfdruck des Lösungsmittels über der Lösung geringer ist als über der reinen Flüssigkeit (s. Abschn. 3.2 und 3.3), besteht kein Gleichgewicht, auch wenn T konstant ist. Die gelösten Teilchen können den Dampfraum nicht passieren, die Lösungsmittel-Moleküle treten jedoch in den Dampfraum über und andererseits aus dem Dampfraum wieder in die Oberfläche der Flüssigkeiten ein. Dabei kommt es in der Bilanz zu einem Hinüberdestillieren von Lösungsmittel aus der reinen Flüssigkeit in die Lösung, wodurch diese verdünnt wird. Bringt man zwei verschieden konzentrierte Lösungen des gleichen Systems aus Lösungsmittel und gelöstem Stoff unter die Glocke, erfolgt der Übertritt des Lösungsmittels aus der verdünnteren in die konzentriertere Lösung solange, bis beide die gleiche Konzentration annehmen. In diesem Zustand erreicht der Gesamtvorgang das Gleichgewicht ($\Delta G = 0$).

9.5 DIE ENERGETISCHE KOPPLUNG BEI BIOCHEMISCHEN REAKTIONEN

Die Synthese vieler für den Stoffwechsel lebender Zellen unentbehrlicher hochpolymerer Stoffe aus den monomeren Bausteinen ist endergonisch, z. B. die Synthese von Nucleinsäuren aus Nucleotiden, von Proteinen aus Aminosäuren, von Polysacchariden aus Monosacchariden etc. In die Synthese von solchen Verbindungen (aber auch von vielen Stoffen weit geringerer Molekülmasse) muß die lebende Zelle chemische Energie investieren; es ist ein energetischer Antrieb erforderlich. Die endergonischen Synthesereaktionen werden unter der katalytischen Wirkung von Enzymen mit exergonischen Vorgängen gekoppelt, deren Betrag an Gibbs-Energie größer ist als derjenige der Synthesereaktionen, so daß die Gesamtvorgänge nunmehr exergonisch verlaufen:

exergonische Reaktion: $A + B \rightarrow C + D;\ \Delta G_1 < 0$

Synthesereaktion: $E + D \rightarrow F + B;\ \Delta G_2 > 0$

Gesamtreaktion: $A + D \rightarrow C + F;\ \Delta G_{ges} < 0$

$|\Delta G_1| > |\Delta G_2|$

An der Oberfläche spezifischer Enzyme (s. Kap. 11) laufen derartige energetisch gekoppelte Reaktionen über gemeinsame Zwischenstufen ab (s. das allgemeine Schema), allerdings häufig über mehr als 2 gekoppelte Teilreaktionen. Eine wesentliche Funktion der Enzyme besteht bei solchen Kopplungen darin, die Reaktanten in eine räumlich günstige Position zueinander zu bringen, so daß ihre funktionellen Gruppen miteinander reagieren können. Es ist aber darauf hinzuweisen, daß die Enzyme keinen Einfluß auf ΔG haben. Die für den energetischen Antrieb einer endergonischen Reaktion notwendige Gibbs-Energie stammt im Zellstoffwechsel letztlich immer aus der hydrolytischen Spaltung des Adenosin-triphosphats (ATP) zu Adenosin-diphosphat (ADP) und Phosphat (P_i) oder zu Adenosin-monophosphat (AMP) und Diphosphat (PP_i). Der Vorgang ATP + $H_2O \rightarrow$ ADP + P_i ist mit $\Delta G^{o\prime}$ = - 30 kJ/mol exergonisch, und zwar - wie im Abschn. 9.2 näher erläutert - unter den in lebenden Zellen herrschenden Konzentrationsverhältnissen erheblich stärker als bei Standard-Konzentration.

Die Verknüpfung von 2 freien Aminosäuren (im folgenden mit AS_1 und AS_2 abgekürzt) gemäß $AS_1 + AS_2 \rightarrow$ Dipeptid + H_2O erfordert unter physiologischen Standardbedingungen (je nach dem Typ der daran beteiligten Aminosäuren) eine Gibbs-Energie in der Größenordnung von $\Delta G^{o\prime}$ = + 20 kJ/mol (Bildung von Alanylglycin z. B. + 17,6 kJ/mol). Für diese Reaktion ist bei den tatsächlich vorliegenden Konzentrationen ΔG stärker positiv als bei Standard-Konzentration, was die auf diesen Fall angewandte Gl. (9.29) einsichtig macht:

$$\Delta G = 20 \text{ kJ/mol} + R\ T \ln \frac{c(\text{Dipeptid})}{c(AS_1)\ c(AS_2)}$$

Nimmt man für die Aminosäuren und das Dipeptid Konzentrationen von jeweils 10^{-4} bis 10^{-3} mol/l an, ergeben sich ΔG-Werte zwischen ca. 37 und 43 kJ/mol. Die tatsächlichen intracellulären Konzentrationen von Aminosäuren und Peptiden dürften beträchtlichen zeitlichen und auch vom Zelltyp abhängigen Schwankungen unterliegen. Aus diesen und auch aus anderen Gründen, die hier nicht diskutiert werden können, sind thermodynamische Rechnungen, die von intracellulären Konzentrationen ausgehen, problematisch. Legt man Standard-Konzentrationen zugrunde, ergibt sich für die Synthese einer Peptidbindung unter Spaltung von ATP folgende Bilanz:

$AS_1 + AS_2 \rightarrow$ Dipeptid + H_2O; $\Delta G^{o\prime} \approx$ + 20 kJ/mol

ATP + $H_2O \rightarrow$ ADP + P_i; $\Delta G^{o\prime}$ = - 30 kJ/mol

Gesamtreaktion:

$AS_1 + AS_2$ + ATP $\rightarrow$ Dipeptid + ADP + P_i; $\Delta G^{o\prime}_{ges} \approx$ - 10 kJ/mol

Bei der Protein-Biosynthese, bei der u. U. mehrere hundert Aminosäuren zu einem Proteinmolekül verknüpft werden, treten noch weitere gemeinsame Zwischenstufen auf. Obwohl gemäß der angegebenen Bilanz pro mol Peptidbindungen die Hydrolyse von 1 mol ATP genügen müßte, um die erforderliche Energie bereitzustellen, haben die Untersuchungen des Vorgangs gezeigt, daß pro mol Peptidbindungen mehr als 1 mol ATP gespalten wird. Das verleiht dem Gesamtvorgang seine thermodynamische Triebkraft, wobei der Differenzbetrag zwischen freigesetzter und aufgewandter Gibbs-Energie sofort als Wärme degradiert wird. Diesen Tribut haben die Organismen dafür zu entrichten, daß es ihnen gelingt, in einem verdünnten wäßrigen Milieu Proteine aus Aminosäuren und auch andere Polymere aus den Monomeren zusammenzusetzen. Der thermodynamisch begünstigte Vorgang ist nämlich genau der umgekehrte, die hydrolytische Spaltung von Makromolekülen zu freien Monomeren.

Die Auffüllung des ATP-Vorrats geschieht bei den photosynthetisch aktiven Organismen durch den mittels Lichtenergie angetriebenen Elektronentransport und bei den aeroben heterotrophen Organismen durch exergonische Elektronentransport-Vorgänge der Zellatmung (s. Abschn. 12.8).

10 Allgemeine Reaktionskinetik

10.1 GRUNDLEGENDE ZUSAMMENHÄNGE

Die Thermodynamik untersucht, unter welchen Bedingungen das Gleichgewicht von chemischen Reaktionen und stofflichen Zustandsänderungen erreicht werden kann und welche energetischen Effekte auf dem Wege vom Ausgangs- zum Gleichgewichtszustand zu erwarten sind. Die klassische Thermodynamik, mit der sich die vier letzten Kapitel befaßt haben, kommt dabei fast vollständig ohne Annahmen und Modelle bezüglich der Struktur der reagierenden Teilchen (Atome, Moleküle, Ionen) aus. Sie geht von einer relativ geringen Zahl von Zustandsfunktionen der Materie und Grundprinzipien (den Hauptsätzen) aus und errichtet daraus ein in sich widerspruchsfreies System von Beziehungen, durch die sich das Ausmaß energetischer Effekte bei stofflichen Umwandlungen, wenn sie eintreten, vorausberechnen läßt.

Einen grundsätzlich anderen Aspekt untersucht die Reaktionskinetik. Sie betrachtet die Bedingungen, unter denen thermodynamisch mögliche stoffliche Umwandlungen tatsächlich stattfinden, die Reaktionsgeschwindigkeiten und die Reaktionszwischenprodukte. Die Reaktionskinetik kommt nicht ohne detaillierte Annahmen und Modelle bezüglich der Teilchenstruktur aus.

Die meisten der im Stoffwechsel der Organismen ablaufenden Reaktionen sind bei Standard-Temperatur ohne die Wirkung geeigneter Katalysatoren kinetisch gehemmt, auch wenn sie aufgrund eines negativen ΔG-Wertes thermodynamisch möglich sind. Als Beispiele seien die für den Energiehaushalt der Organismen wichtigen Oxidationen von Glucose (ΔG^o = - 2872 kJ/mol) und von Wasserstoff (ΔG^o = - 237 kJ/mol) genannt. Diese beiden und viele andere Reaktionen erreichen bei Standard-Temperatur ohne enzymatische Katalyse derart langsam den Gleichgewichtszustand, daß sie unter diesen Bedingungen für das Leben bedeutungslos wären. Die Organismen haben aber im Verlauf ihrer Evolution Enzyme entwickelt, die die kinetischen Hemmungen beseitigen, indem sie die erforderliche Aktivierungsenergie dieser Reaktionen so stark herabsetzen, daß die Vorgänge bei mit dem Leben kompatiblen Temperaturen mit genügend hoher Reaktionsgeschwindigkeit ablaufen. Die meisten für den Stoffwechsel der Organismen wichtigen Verbindungen sind in Gegenwart von Sauerstoff metastabil, d. h. sie werden bei den Temperaturen, denen die Lebewesen normalerweise ausgesetzt sind, nur durch die katalytische Wirkung von Enzymen mit genügend großer Geschwindigkeit oxidiert. Das ist aber kein Nachteil. Im Gegenteil: Verliefen derartige Oxidationen schon bei niedriger Temperatur spontan und rasch, würden (a) die hochempfindlichen Zellstrukturen durch die freigesetzte Wärme geschädigt und wäre (b) eine Transformation in gespeicherte chemische Energie (ATP-Bildung) nicht möglich. Die Situation wäre ähnlich wie in einem Wasserkraftwerk, das an einem reißenden Fluß steht. Wenn die herabstürzenden Fluten die Turbinen immer wieder beschädigen oder zerstören, kann die kinetische Energie des Wassers nicht zur Transformation in wertvolle mechanische und elektrische Arbeit genutzt werden.

Ein wichtiges Ziel der Reaktionskinetik ist die Aufklärung von Reaktionsmechanismen. Dazu muß in der Regel untersucht werden, welche Teilchen in welcher zeitlichen Abfolge an den Einzelschritten einer Reaktion beteiligt sind. Stellt sich z. B. heraus, daß in einem bestimmten Schritt eine Teilchenart A in eine andere Teilchenart B oder in zwei andere Teilchenarten B und C übergeht, ohne daß A mit einem anderen Reaktanten in Wechselwirkung tritt, spricht man von einer monomolekularen Reaktion:

(1) $A \rightarrow B$

(2) $A \rightarrow B + C$

Beispiele für den Typ (1) stellen gewisse Isomerisierungsreaktionen, bei denen es lediglich zur Umlagerung von Bindungselektronen kommt, und radioaktive Zerfallsprozesse von β-Strahlern dar (s. Abschn. 10.2). Den Typ (2) findet man z. B. beim radioaktiven Zerfall von α-Strahlern und bei bestimmten Eliminierungsreaktionen der Organischen Chemie.

Treten in einem Elementarschritt einer Reaktion zwei gleiche oder zwei verschiedene Teilchen gleichzeitig miteinander in Wechselwirkung, liegt eine bimolekulare Reaktion vor:

(3) $A + A \rightarrow A_2$

(4) $A + B \rightarrow C$

(5) $A + B \rightarrow C + D$

Bei einer trimolekularen Reaktion besteht ein Elementarschritt in der gleichzeitigen Wechselwirkung von drei Teilchen:

(6) A + B + C → D

(7) A + A + B → 2 C

(8) A + A + B → C + D

Die Molekularität beinhaltet also die Anzahl der Teilchen, die in einem Elementarschritt gleichzeitig in Wechselwirkung zueinander treten müssen. Da es sehr unwahrscheinlich ist, daß mehr als drei Teilchen gleichzeitig zusammentreffen, sind höher- als trimolekulare Einzelschritte praktisch ausgeschlossen. Eine eindeutige Klärung der Molekularität ist in den meisten Fällen schwierig und problematisch. Auf keinen Fall darf man aus den Koeffizienten des Reaktionsschemas Rückschlüsse auf die Molekularität ziehen. So besteht z. B. die Oxidation von Stickstoffmonoxid gemäß $2\ NO + O_2 \rightarrow 2\ NO_2$ wahrscheinlich aus zwei bimolekularen Teilschritten:

$2\ NO \rightarrow N_2O_2$ und $N_2O_2 + O_2 \rightarrow 2\ NO_2$

Einer experimentellen Analyse leichter zugänglich ist dagegen die Reaktionsordnung. Eine Reaktion vom o. g. Typ (5) stellt z. B. die alkalische Esterspaltung dar:

$$\underset{(A)}{CH_3\text{-}CO\text{-}O\text{-}C_2H_5} + \underset{(B)}{OH^-} \rightarrow \underset{(C)}{CH_3\text{-}COO^-} + \underset{(D)}{C_2H_5\text{-}OH}$$

Bei der kinetischen Untersuchung zeigt sich, daß die Reaktionsgeschwindigkeit v den Konzentrationen der beiden Edukte A und B proportional ist:

$v = k\ c(A)\ c(B)$

Die Reaktionsgeschwindigkeit ist definiert als Abnahme der Konzentration eines Eduktes oder als Zunahme der Konzentration eines Produktes in einem bestimmten Zeitintervall. Durch die stöchiometrischen Beziehungen zwischen den einzelnen Reaktanten kann man hierbei jedes beliebige Edukt oder Produkt der Reaktion wählen. Für die zuletzt genannte Reaktion läßt sich also die Geschwindigkeitsgleichung folgendermaßen schreiben:

$$v = -\frac{dc(A)}{dt} = -\frac{dc(B)}{dt} = +\frac{dc(C)}{dt} = +\frac{dc(D)}{dt} = k\ c(A)\ c(B)$$

Hierin bezeichnet das Minuszeichen eine Konzentrationsabnahme, das Pluszeichen eine Konzentrationszunahme. In manchen Fällen wählt man statt der Konzentrations- die Stoffmengenänderungen der Reaktanten. Die Reaktionsordnung ergibt sich allgemein aus der Summe der Exponenten der Reaktanten-Konzentrationen, denen die Reaktionsgeschwindigkeit proportional ist. So findet man z. B. für die oben erwähnte Oxidation des NO zu NO_2:

$$v = -\frac{1}{2}\frac{dc(NO)}{dt} = -\frac{dc(O_2)}{dt} = +\frac{1}{2}\frac{dc(NO_2)}{dt} = k\ c^2(NO)\ c(O_2)$$

Es handelt sich also um eine Reaktion 3. Ordnung oder - wie man auch sagen kann - um eine Reaktion 2. Ordnung bzgl. NO und 1. Ordnung bzgl. O_2. Die Geschwindigkeitskonstante k ist der Proportionalitätsfaktor, der die Reaktionsgeschwindigkeit mit den Konzentrationen der Reaktanten, von denen v abhängt, in Beziehung setzt. Es ist jedoch zu beachten, daß man die Reaktionsordnung keinesfalls aus den Koeffizienten des die Gesamtreaktion darstellenden Reaktionsschemas entnehmen kann. So ergibt sich z. B. für die folgende Substitutionsreaktion des t-Butylchlorids (tBuCl)

$$(CH_3)_3CCl + H_2O \rightarrow (CH_3)_3COH + H^+ + Cl^-$$

experimentell, daß eine Reaktion 1. Ordnung vorliegt: v = k c(tBuCl). Die Ermittlung der Reaktionsordnung ist also ausschließlich durch experimentelle Untersuchungen möglich. Der o. g. Typ (6) könnte z. B. auch in folgenden Teilschritten ablaufen:

$A + B \rightarrow X$ (langsam)

$X + C \rightarrow D$ (schnell)

Weil eine Teilreaktion, die viel langsamer abläuft als eine andere, die Gesamtgeschwindigkeit bestimmt, findet man in diesem Fall: v = k c(A) c(B), also eine Reaktion 2. Ordnung. Ohne nähere Ausführungen sei erwähnt, daß es auch nicht-ganzzahlige Reaktionsordnungen gibt.

Bei reaktionskinetischen Untersuchungen muß man nicht unbedingt die Ab- oder Zunahme der Konzentrationen bzw. Stoffmengen von Reaktanten messen, sondern man kann auch Parameter heranziehen, die mit den Konzentrationen bzw. Stoffmengen in einem erfaßbaren Zusammenhang stehen (optische Drehung, Lichtabsorption, elektrische Leitfähigkeit, Zerfallsraten radioaktiver Isotope, Partialdrücke von Gasen etc.). Abschnitt 10.2 und Kapitel 11 werden hierzu Beispiele bringen.

10.2 DIE KINETISCHEN GLEICHUNGEN

(1) Reaktionen 0. Ordnung

In einer Reaktion 0. Ordnung ist v unabhängig von der Konzentration c eines Reaktanten A. Stellt man v gegen c(A) graphisch dar, erhält man eine zur

Abszisse parallel verlaufende Gerade. Es gilt also folgende Differentialgleichung:

$$(10.1) \quad v = -\frac{dc(A)}{dt} = k$$

Zur Integration dieser Gl. legt man als Integrationsgrenzen die Ausgangskonzentration c_o und die Konzentration c_t zur Zeit t sowie die zugehörigen Zeiten 0 (≙ Start der Reaktion) und t (≙ Zeitpunkt der Konzentrationsmessung) fest:

$$(10.2) \quad \int_{c_o}^{c_t} dc(A) = -k \int_0^t dt$$

$$(10.3) \quad c_t(A) - c_o(A) = -k\ t \text{ oder } c_t(A) = c_o(A) - k\ t$$

Man bezeichnet die in der Zeit t umgesetzte Stoffkonzentration mit x:

$$(10.4) \quad c_t(A) = c_o(A) - x$$

und erhält dann aus (10.3)

$$(10.5) \quad x = k\ t$$

Trägt man bei einer Reaktion 0. Ordnung die umgesetzte Stoffkonzentration x über t auf, ergibt sich eine Gerade mit der Steigung k. Die Geschwindigkeitskonstante k muß die Dimension einer Konzentration, dividiert durch eine Zeitdimension, haben, z. B. die Einheit mol l^{-1} min^{-1}.
In der Reaktionskinetik wird häufig der Begriff Halbwertzeit (τ) verwendet. Darunter versteht man die Zeit, in der ein Stoff auf die Hälfte seiner Ausgangskonzentration abgenommen hat. Für $t = \tau$ gilt nach (10.3)

$$(10.6) \quad c_o(A)/2 = c_o(A) - k\ \tau \text{ oder } k = c_o(A)/2\ \tau \text{ oder } \tau = c_o(A)/2\ k$$

Ein wichtiges Beispiel für eine Reaktion 0. Ordnung ist eine enzymatisch katalysierte Reaktion bei Substratsättigung des Enzyms (s. Kap. 11).

(2) Reaktionen 1. Ordnung

In einer Reaktion 1. Ordnung ist v nur von der Konzentration eines Reaktanten A abhängig. Bei graphischer Darstellung von v gegen c(A) erhält man eine Gerade, die durch den Koordinatenursprung geht. Es gilt folgende Differentialgleichung:

$$(10.7) \quad v = -\frac{dc(A)}{dt} = k\ c(A)$$

Die Integration dieser Differentialgleichung in den schon im vorigen Fall angewandten Grenzen führt zu

$$(10.8)\quad \ln \frac{c_o(A)}{c_t(A)} = \ln c_o(A) - \ln c_t(A) = k\,t$$

oder unter Anwendung von (10.4)

$$(10.9)\quad \ln \frac{c_o(A)}{c_o(A) - x} = k\,t$$

und bei Benutzung des dekadischen Logarithmus nach Gl. (A 1.7) zu

$$(10.10)\quad 2{,}3026\ \lg \frac{c_o(A)}{c_o(A) - x} = k\,t$$

Stellt man $\ln (c_o/c_o - x)$ oder $\lg (c_o/c_o - x)$ als Funktion von t graphisch dar, erhält man daher eine Gerade mit der Steigung k bzw. k/2,3026. Die Geschwindigkeitskonstante hat eine reziproke Zeitdimension, z. B. die Einheit min^{-1}. Mit $t = \tau$ und $c_t = c_o/2$ wird aus (10.8)

$$(10.11)\quad k = \ln 2/\tau = 0{,}693/\tau \text{ oder } \tau = 0{,}693/k$$

In einer Reaktion 1. Ordnung ist folglich τ nicht von c_o abhängig.
Der Zerfall radioaktiver Isotope folgt einer Kinetik 1. Ordnung. In diesem Fall wird (10.8) am besten in folgender Form angewandt:

$$(10.12)\quad \ln \frac{N_o}{N_t} = k\,t \quad \text{oder} \quad \ln \frac{N_o}{N_o - x} = k\,t$$

Darin bedeuten N_o die Zahl der Atome des Isotops zu Beginn der Messung, N_t die Zahl der im Zeitpunkt t noch vorhandenen Atome und k die <u>Zerfallskonstante</u>. Als Maß für N_o und N_t wird mit Hilfe eines Zählrohrs die Anzahl der radioaktiven Zerfallsprozesse pro Sekunde ermittelt und in den Einheiten Curie (Ci) oder Becquerel (Bq) angegeben: 1 Ci = 3,7 10^{10} Zerfälle/s (Radioaktivität von 1 g Radium), 1 Bq = 1 Zerfall/s.
Das bei biochemischen Markierungsexperimenten häufig verwendete Isotop ^{32}P zerfällt unter Emission einer β-Strahlung: $^{32}_{15}P \rightarrow ^{32}_{16}S + {}_{-1}e$
Geht man z. B. von einer Anfangsaktivität von 100 mCi aus, mißt man
nach 20 d noch 37,7 mCi; $\ln (N_o/N_t) = 0{,}975$
nach 40 d noch 14,2 mCi; $\ln (N_o/N_t) = 1{,}952$
nach 60 d noch 5,3 mCi; $\ln (N_o/N_t) = 2{,}937$
nach 80 d noch 2,0 mCi; $\ln (N_o/N_t) = 3{,}912$
nach 100 d noch 0,8 mCi; $\ln (N_o/N_t) = 4{,}828$

Eine graphische Darstellung dieser Meßwerte zeigt die für radioaktive Zerfallsprozesse (aber auch für andere Reaktionen 1. Ordnung) typische "Abklingkurve" (Abb. 10.1). Man kann daran ablesen, daß nach ca. 14 d (τ) die Anfangsaktivität auf die Hälfte abgeklungen ist, nach weiteren 14 d (2 τ) auf ein Viertel, nach nochmals 14 d (3 τ) auf ein Achtel etc.

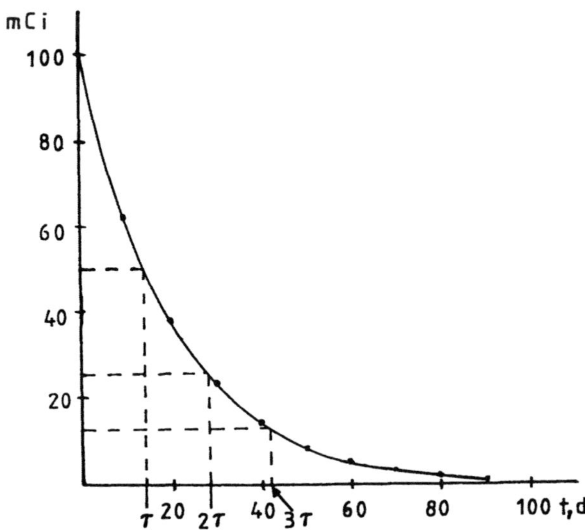

Abb. 10.1 Zerfallskurve des Isotops ^{32}P

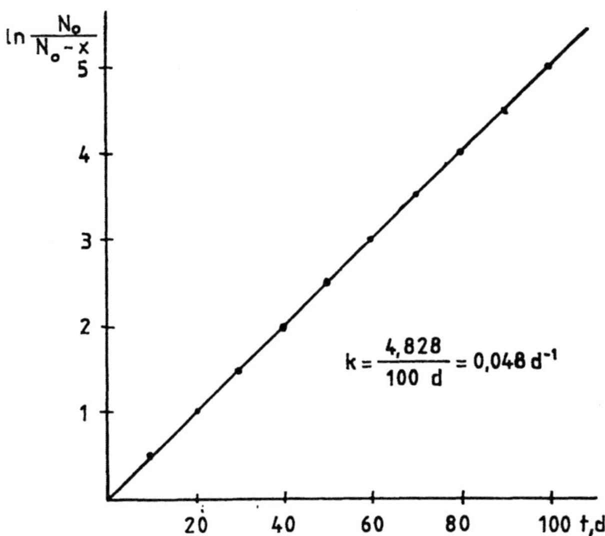

Abb. 10.2 Bestimmung der Zerfallskonstanten von ^{32}P

In Abb. 10.2 wurden die Werte von ln (N_o/N_t) über den zugehörigen Zeiten aufgetragen. Aus der Steigung der Geraden bestimmt man die Zerfallskonstante des ^{32}P ($k = 0{,}0483\ d^{-1}$) und daraus mit (10.11) die Halbwertzeit $\tau = 14{,}35$ d.

Ein in der biologischen und biochemischen Forschung sehr wichtiges radioaktives Isotop ist das ^{14}C. Man benutzt es, um den Weg von Kohlenstoffverbindungen im Stoffwechsel zu verfolgen, aber auch für Altersbestimmungen von Organismenresten, die nicht älter sind als ca. 40000 a ("Radiocarbon-Methode"). In den oberen Luftschichten der Atmosphäre reagieren Stickstoff-Atome mit Neutronen der kosmischen Höhenstrahlung: $^{14}_{7}N + ^{1}_{0}n \rightarrow ^{14}_{6}C + ^{1}_{1}H$. Das dabei entstehende Isotop ^{14}C zerfällt unter Emission von β-Strahlung: $^{14}_{6}C \rightarrow ^{14}_{7}N + _{-1}e$. Es kommt zur Einstellung eines radioaktiven Gleichgewichts, in dem die Geschwindigkeiten der Bildung und des Zerfalls von ^{14}C gleich groß sind, so daß der Anteil dieses Isotops am Gesamt-Kohlenstoff in der Gegenwart und (zumindest in der jüngeren) geologischen Vergangenheit konstant ist. Ein gewisser, allerdings sehr geringer Anteil des CO_2 enthält ^{14}C. Es gelangt bei der Photosynthese in die Pflanzen und über die Nahrungskette auch in die Tiere. Wenn ein Organismus stirbt, hört die Zufuhr von Kohlenstoffverbindungen auf, so daß durch den Zerfall des ^{14}C der radioaktive Kohlenstoff immer mehr abnimmt. Aus dem ^{14}C-Gehalt heute lebender Organismen (N_o), dem noch vorhandenen Rest an ^{14}C eines gefundenen Fossils (N_t) und der Halbwertzeit des ^{14}C ($\tau = 5730$ a) bzw. der Zerfallskonstanten kann man dann die Zeit bestimmen, die seit dem Tod des Organismus vergangen ist. Lebende Organismen, die im ständigen C-Austausch mit ihrer Umgebung stehen, haben eine durchschnittliche ^{14}C-Aktivität von 15,3 β-Zerfällen pro min und pro g Gesamt-C (Angabe für rezentes Holz nach W. F. Libby). Die Zerfallskonstante des ^{14}C ist $k = 1{,}209\ \ 10^{-4}\ a^{-1}$.

Beispiel:

In einer altägyptischen Grabkammer fand man eine Holzfigur, in der die ^{14}C-Aktivität auf 65% des Wertes von frischem Holz abgeklungen ist. Das Alter der Holzfigur ist dann gemäß (10.12)

$$t = (\ln N_o - \ln N_t)/k = (\ln 100 - \ln 65)/1{,}209\ \ 10^{-4}\ a^{-1} = 3565\ a$$

Setzt man einer wäßrigen Saccharose-Lösung eine starke Säure zu, dann wird die β-glykosidische Bindung zwischen den beiden Monosaccharid-Einheiten der Saccharose hydrolytisch gespalten:

Saccharose	+ H_2O $\overset{(H^+)}{\rightarrow}$	D-Glucose	+ D-Fructose
$[\alpha]_D^{20} = + 66{,}5^o$		$[\alpha]_D^{20} = + 52{,}5^o$	$[\alpha]_D^{20} = - 92^o$

Auch das Hefeenzym Invertase katalysiert diese Spaltung, deren Fortschreiten sich mit Hilfe eines Polarimeters quantitativ verfolgen läßt. $[\alpha]_D^{20}$ heißt spezifische Drehung. Darunter versteht man den Winkel, um den 1 g einer optisch aktiven Substanz, gelöst in 1 cm^3 Lösungsmittel, in einer Küvette mit dem Lichtweg $l = 1$ dm bei 20 ^oC die Polarisationsebene von linear polarisiertem Licht der Natrium-D-Linie ($\lambda = 589{,}3$ nm) dreht. Das aus der Spaltung der Saccharose entstehende äquimolare Gemisch von Glucose und Fructose nennt man Invertzucker. Dieser hat die spezifische Drehung $[\alpha]_D^{20} = - 20^o$. Mit α_∞ sei die Enddrehung bezeichnet, die nach totaler Spaltung der Saccharose gemessen wird (nach Erhitzen der Lösung auf 70 ^oC für einige Minuten). Die Anfangskonzentration (c_o) der Saccharose ist der gesamten Drehungsänderung proportional: $c_o \sim \alpha_o - \alpha_\infty$. Die zu jedem Zeitpunkt t noch vorhandene Saccharose-Konzentration (c_t) ist der Differenz aus der in diesem Zeitpunkt gemessenen Drehung α_t und dem Enddrehwinkel α_∞ proportional: $c_t \sim \alpha_t - \alpha_\infty$. Setzt man diese Differenzen in Gl. (10.8) ein, bekommt man

$$(10.13) \quad \ln \frac{\alpha_o - \alpha_\infty}{\alpha_t - \alpha_\infty} = k\,t$$

Beispiel:

Bei einem Versuch mißt man folgende Drehwinkel:

t	0 min	2 min	4 min	6 min	8 min	10 min	∞
	$+ 25{,}00^o$	$+ 11{,}05^o$	$+ 2{,}95^o$	$- 1{,}40^o$	$- 3{,}90^o$	$- 5{,}30^o$	$- 7{,}10^o$

$\alpha_o - \alpha_\infty = + 25{,}00^o - (- 7{,}10^o) = + 32{,}10^o$

Handelt es sich um eine Reaktion 1. Ordnung, dann erhält man eine Gerade mit der Steigung k, wenn man die für ln $(\alpha_o - \alpha_\infty/\alpha_t - \alpha_\infty)$ berechneten Werte gegen die zugehörigen Zeiten aufträgt. Will man sich die graphische Darstellung ersparen, kann man nachprüfen, ob alle ln $(\alpha_o - \alpha_\infty/\alpha_t - \alpha_\infty)$-Werte, dividiert durch die zugehörigen Zeiten, (annähernd) den gleichen konstanten Wert, nämlich k, ergeben. Eine Überprüfung nach der graphischen oder rechnerischen Methode zeigt, daß das der Fall ist ($k = 0{,}288$ min^{-1}).

Die Reaktionsgeschwindigkeit der Saccharose-Inversion ist theoretisch auch von der Konzentration des Wassers als Reaktionspartner sowie von der H^+-Konzentration abhängig. Da aber beide in so großem Überschuß vorliegen, daß sich ihre Konzentrationen nicht meßbar ändern, und die H^+-Ionen zudem als Katalysator in der Bilanz nicht verbraucht werden, erscheint diese Reaktion als eine Reaktion 1. Ordnung, deren Geschwindigkeit bei großem Überschuß an H_2O und H^+ nur von der Saccharose-Konzentration abhängt. Man bezeichnet solche Reaktionen als Reaktionen pseudo-1. Ordnung.

(3) Reaktionen 2. Ordnung

In einer Reaktion 2. Ordnung ist (a) $v = k\ c^2(A)$ oder (b) $v = k\ c(A)\ c(B)$. Die graphische Darstellung von v als Funktion der Konzentration eines Reaktanten - bei konstanter Konzentration des anderen Reaktanten im Falle (b) - ergibt eine gleichmäßig gekrümmte Kurve.

Es sei zunächst vereinfachend angenommen, daß die Anfangskonzentrationen beider Edukte gleich sind: $c_o(A) = c_o(B)$. Dann gilt folgende Gleichung:

$$(10.14) \quad v = -\frac{dc(A)}{dt} = k\ c^2(A)$$

Für c(A) stehe ab jetzt c. Die Integration dieser Differentialgleichung in den gewohnten Grenzen c_o und c_t sowie 0 und t ergibt

$$(10.15) \quad \frac{1}{c_t} - \frac{1}{c_o} = k\ t$$

oder unter Berücksichtigung von (10.4)

$$(10.16) \quad \frac{x}{c_o(c_o - x)} = k\ t$$

Der Term für die Halbwertzeit einer solchen Reaktion folgt hieraus, wenn man $x = c_o/2$ und $t = \tau$ setzt:

$$(10.17) \quad \tau = \frac{1}{k\ c_o}$$

τ ist also hier im Gegensatz zu einer Reaktion 1. Ordnung von c_o abhängig. Die Geschwindigkeitskonstante muß hier die Dimension $[c^{-1}\ t^{-1}]$ haben, z. B. die Einheit $l\ mol^{-1}\ min^{-1}$. Stellt man für eine Reaktion 2. Ordnung (wenn nur ein Edukt vorhanden ist oder die Anfangskonzentrationen der beiden Edukte gleich sind) $x/c_o\ (c_o - x)$ in Abhängigkeit von t dar, erhält man eine Gerade mit der Steigung k.

Beispiel:

Im Jahre 1828 gelang es F. Wöhler, die erste organische Verbindung synthetisch herzustellen, und zwar Harnstoff aus Ammoniumcyanat: $NH_4CNO \rightarrow OC(NH_2)_2$. Damit war die lange Zeit gültige Meinung führender Gelehrter widerlegt, organische Verbindungen könnten nur durch die Lebenstätigkeit von Organismen entstehen. Bei der kinetischen Untersuchung der Reaktion erhält man folgende Ergebnisse (Tabelle 10.1):

Tabelle 10.1 Kinetische Daten der Reaktion $NH_4CNO \rightarrow OC(NH_2)_2$

t	$c(NH_4CNO)$	x	$x/c_o\ (c_o - x)$
0 min	0,381 mol/l	0,000 mol/l	0,000 l/mol
20 min	0,264 mol/l	0,117 mol/l	1,163 l/mol
50 min	0,180 mol/l	0,201 mol/l	2,931 l/mol
65 min	0,151 mol/l	0,230 mol/l	3,998 l/mol
150 min	0,086 mol/l	0,295 mol/l	9,003 l/mol

Trägt man die Werte der 4. Spalte über der Zeit t auf, bekommt man eine Gerade, deren Steigung der Geschwindigkeitskonstanten k entspricht ($k = 0{,}06\ l\ mol^{-1}\ min^{-1}$). Die Geschwindigkeitsgleichung dieser Reaktion lautet somit $v = k\ c^2(NH_4CNO) = 0{,}06\ c^2\ mol\ l^{-1}\ min^{-1}$. Die Halbwertzeit ist gemäß (10.17) $\tau = 43{,}7$ min.

Schwieriger wird die mathematische Behandlung einer Kinetik 2. Ordnung, wenn die Edukte unterschiedliche Anfangskonzentrationen haben ($c_o(A) \neq c_o(B)$). Die Konzentrationen von A und B sind in jedem Zeitpunkt der Reaktion $c_o(A) - x$ bzw. $c_o(B) - x$. Für die Konzentrationsänderung der Edukte gilt:

$$(10.18) \quad -\frac{dc(A)}{dt} = -\frac{dc(B)}{dt} = k\,[c_o(A) - x]\,[c_o(B) - x]$$

Die Lösung dieses Systems aus 2 Differentialgleichungen wird im Anhang A 1.4 erklärt. Sie ist

$$(10.19) \quad \frac{1}{c_o(A) - c_o(B)} \ln \frac{[c_o(A) - x]\ c_o(B)}{[c_o(B) - x]\ c_o(A)} = k\ t$$

Trägt man die Zahlenwerte des logarithmischen Gliedes über den zugehörigen Werten von t auf, erhält man eine Gerade mit der Steigung $k\,[c_o(A) - c_o(B)]$.

Beispiel:

Die Daten der Tabelle 10.2 beziehen sich auf die alkalische Spaltung des Essigsäure-ethylesters.

Tabelle 10.2 Kinetische Daten einer alkalischen Esterspaltung

t in s	c(NaOH) in 10^{-3} mol/l	c(Ester) in 10^{-3} mol/l	$\ln \frac{[c_o(A) - x]\, c_o(B)}{[c_o(B) - x]\, c_o(A)}$
0	9,80	4,86	0,000
178	8,92	3,98	0,106
273	8,64	3,70	0,147
531	7,92	2,97	0,279
866	7,24	2,30	0,445
1510	6,45	1,51	0,750
2401	5,74	0,80	1,269

Die Auftragung der Werte der 4. Spalte über den zugehörigen Zeiten t ergibt eine Gerade ($k = 0{,}107\ l\ mol^{-1}\ s^{-1}$). Die Halbwertzeit kann bei unterschiedlichen Anfangskonzentrationen der Reaktanten nicht angegeben werden.

(4) Reaktionen 3. Ordnung

Es seien lediglich die einfachen Fälle (a) $3\,A \rightarrow P$ mit $v = k\,c^3(A)$ und (b) $A + B + C \rightarrow P + Q$ mit $v = k\,c(A)\,c(B)\,c(C)$ betrachtet, wobei im Fall (b) von gleichen Anfangskonzentrationen der 3 Edukte ausgegangen wird. Dann gilt

$$(10.20)\quad v = -\frac{dc(A)}{dt} = k\,c^3(A)$$

Die Integration dieser Differentialgleichung in den gewohnten Grenzen führt zu

$$(10.21)\quad \frac{1}{2\,c_t^2(A)} - \frac{1}{2\,c_o^2(A)} = k\,t$$

Setzt man auch hier wieder $c_t = c_o - x$ gemäß (10.4), bekommt man

(10.22) $$\frac{1}{2\,(c_o - x)^2} - \frac{1}{2\,c_o^2} = k\,t$$

Als Beispiel für eine Reaktion 3. Ordnung wurde im Abschn. 10.1 schon die Oxidation von NO zu NO_2 genannt. Wenn $c_o(NO) = c_o(O_2)$ ist, lautet die Geschwindigkeitsgleichung für diese Reaktion $v = k\,c^3(NO)$.

10.3 DIE AKTIVIERUNGSENERGIE

Im Jahre 1889 stellte S. Arrhenius aufgrund von experimentellen Untersuchungen eine Gleichung auf, die die Geschwindigkeitskonstante k mit der Aktivierungsenergie E_{act} einer Reaktion in Beziehung bringt:

(10.23) $$k = A\,e^{-E_{act}/R\,T}$$

Für manche rechnerischen Zwecke eignet sich statt der Exponentialform besser die logarithmische Form dieser Gleichung:

(10.24) $$\ln k = \ln A - \frac{E_{act}}{R}\,\frac{1}{T}$$

Man erkennt, daß die Auftragung von ln k über 1/T eine Gerade mit der Steigung $\tan\alpha = -E_{act}/R$ und dem Ordinatenabschnitt ln A ergibt. A ist ein nur für eine bestimmte Reaktion unter definierten Bedingungen gültiger Faktor, der sog. präexponentielle Faktor. Dieser Faktor A beinhaltet nach der sog. Stoßtheorie eine sterische Komponente der Reaktionsgeschwindigkeit. Damit es zu einer Reaktion zwischen den aufeinandertreffenden Teilchen kommen kann, muß der Zusammenstoß nicht nur mit einem Mindestbetrag an Energie, sondern auch in einer bestimmten räumlichen Orientierung erfolgen. Aus Gl. (10.23) geht hervor, daß die Geschwindigkeitskonstante und damit die Reaktionsgeschwindigkeit mit zunehmender Aktivierungsenergie kleiner wird. Mit Hilfe der Arrhenius-Gleichung kann man aus den für eine bestimmte Reaktion bei verschiedenen Temperaturen (mindestens 2) gemessenen Geschwindigkeitskonstanten die Aktivierungsenergie berechnen.

Beispiel:

Für die protonenkatalysierte, nicht-enzymatische Hydrolyse von ATP gemäß $ATP + H_2O \rightarrow ADP + P_i$ wurden bei verschiedenen Temperaturen die Geschwindigkeitskonstanten bestimmt (Tabelle 10.3).

Tabelle 10.3 Daten zur Ermittlung von E_{act} und A für die ATP-Hydrolyse

T	1/T	k	ln k
313,15 K	3,19 10^{-3} K^{-1}	4,69 10^{-6} s^{-1}	- 12,27
316,15 K	3,16 10^{-3} K^{-1}	6,46 10^{-6} s^{-1}	- 11,95
319,15 K	3,13 10^{-3} K^{-1}	8,98 10^{-6} s^{-1}	- 11,62
322,15 K	3,10 10^{-3} K^{-1}	12,37 10^{-6} s^{-1}	- 11,30

$$E_{act} = - \tan \alpha\, R = - \frac{- 12{,}27 - (- 11{,}30)}{(3{,}19 - 3{,}10)\ 10^{-3}\ K^{-1}}\ 8{,}314\ 10^{-3}\ kJ\ K^{-1}\ mol^{-1}$$

E_{act} = 89,6 kJ/mol

Der präexponentielle Faktor A wird mit (10.24) berechnet:

$$\ln A = \ln k + \frac{E_{act}}{R\ T} = - 11{,}30 + \frac{89{,}6\ kJ\ mol^{-1}}{8{,}314\ 10^{-3}\ kJ\ K^{-1}\ mol^{-1}\ 322{,}15\ K}$$

ln A = 22,15; A = 4,18 10^{9} s^{-1}

Die Einheit von A entspricht der Einheit von k der jeweiligen Reaktion (hier einer Reaktion 1. Ordnung). Der exponentielle Faktor von (10.23) hat keine Einheit.

Nach einer von J. H. van't Hoff aufgestellten Regel über den Zusammenhang zwischen der Temperatur und der Reaktionsgeschwindigkeit (RGT-Regel) steigert bei Raumtemperatur (20 ^{o}C) eine Temperaturerhöhung um je 10 ^{o}C die Reaktionsgeschwindigkeit vieler Reaktionen auf das Zwei- bis Dreifache. Bei 100 ^{o}C verlaufen demnach viele Reaktionen etwa 2^{8} bis 3^{8} mal so schnell wie bei 20 ^{o}C. Mit Hilfe der Arrhenius-Gleichung kann man berechnen, um welchen Betrag die Aktivierungsenergien einer Reaktion bei zwei verschiedenen Temperaturen sich voneinander unterscheiden, wenn die van't Hoff'sche RGT-Regel zutrifft. Für zwei Temperaturen T_1 und T_2 seien die Geschwindigkeitskonstanten k_1 und k_2, wofür sich mit (10.24) die folgenden Gln. aufstellen lassen:

$\ln k_1 = \ln A - E_{act}/(R\ T_1)$ und $\ln k_2 = \ln A - E_{act}/(R\ T_2)$

Dúrch Subtraktion der zweiten von der ersten Gl. bekommt man

$$(10.25)\quad \ln \frac{k_1}{k_2} = \frac{\Delta E_{act}}{R} \left(\frac{1}{T_2} - \frac{1}{T_1}\right)$$

Man beachte die Ähnlichkeit dieser Gl. mit der van't Hoff'schen Gleichung für die Temperaturabhängigkeit der Gleichgewichtskonstanten (9.34).
Wenn sich die Reaktionsgeschwindigkeit bei Erhöhung der Temperatur von 293 K auf 303 K verdoppelt ($k_1 : k_2 = 1 : 2$), ergibt sich für ΔE_{act} folgender Wert:

$$\Delta E_{act} = \frac{(\ln k_1 - \ln k_2)\, R}{1/T_2 - 1/T_1} = \frac{(-\,0{,}693)\ 8{,}314\ \ 10^{-3}\ \mathrm{kJ\ K^{-1}\ mol^{-1}}}{(3{,}30 - 3{,}41)\ 10^{-3}\ \mathrm{K^{-1}}} = 52{,}4\ \mathrm{kJ/mol}$$

Reaktionen, bei denen die RGT-Regel gilt, müssen hierin (zumindest näherungsweise) übereinstimmen.

11 Die Kinetik enzymkatalysierter Reaktionen

11.1 DIE PHOTOMETRISCHE MESSUNG IN DER ENZYMKINETIK

Tritt elektromagnetische Strahlung durch eine homogene Lösung, so wird infolge der Wechselwirkung mit den Molekülen der Lösung ein bestimmter Teil der Strahlung absorbiert. Die Energie der absorbierten Strahlung erhöht die Energie der Moleküle und wird letztlich in Wärme umgewandelt. Bezeichnet man die in die Lösung eintretende Strahlungsintensität (Strahlungsenergie pro Sekunde und pro cm^2 bestrahlter Fläche) mit I_o und die aus der Lösung austretende Strahlungsintensität mit I (beide z. B. gemessen in W/cm^2), dann ist die prozentuale Durchlässigkeit (D) der Lösung

(11.1) $$D = \frac{I}{I_o} 100\% \quad \text{bzw.} \quad T = \frac{I}{I_o}$$

wobei man für die Durchlässigkeit D = 100% die Transmission T = 1 setzt. Die prozentuale Absorption (A) der Lösung ist demnach

(11.2) $$A = 100\% - \frac{I}{I_o} 100\% = 100\% - D$$

Nach einem von J. H. Lambert und A Beer gefundenen Gesetz ist die Schwächung (Intensitätsabnahme) der Strahlung auf ihrem Weg durch die Lösung in jedem infinitesimalen Schichtelement (ds) proportional der Intensität der in das Schichtelement eintretenden Strahlung (hohe Strahlungsintensitäten werden also relativ stärker geschwächt als geringe) und proportional der Konzentration c der Lösung:

(11.3) $$-\frac{dI}{ds} = k\, I\, c$$

Die Proportionalitätskonstante k heißt molarer natürlicher Extinktionskoeffizient. Die gesamte Schwächung der Strahlungsintensität ergibt sich aus der Summierung aller Intensitäts-Differentiale über alle Schichtdicken-Differentiale, m. a. W., durch Integration der Differentialgleichung (11.3), wobei als Grenzen I_o (entsprechend s = 0) und I (entsprechend s) angewandt werden. Das Ergebnis ist

(11.4) $\ln (I/I_o) = - k\,c\,s$ oder $I/I_o = e^{-k\,c\,s}$

Durch Übergang zum dekadischen Logarithmus bekommt man

(11.5) $2{,}3026 \lg (I/I_o) = - k\,c\,s$

$\lg (I_o/I) = 0{,}4343\,k\,c\,s$ oder $I_o/I = 10^{0{,}4343\,k\,c\,s}$

Das Produkt 0,4343 k faßt man zum molaren dekadischen Extinktionskoeffizienten ε zusammen; $\lg (I_o/I)$ bezeichnet man als die Extinktion E der Lösung:

(11.6) $E = \lg (I_o/I) = \lg (1/T) = \varepsilon\,c\,s$

Die genannten Größen D bzw. T, A und E lassen sich mit Hilfe eines Photometers messen. Das Aufbauprinzip eines solchen Gerätes ist in Abb. 11.1 schematisch dargestellt.

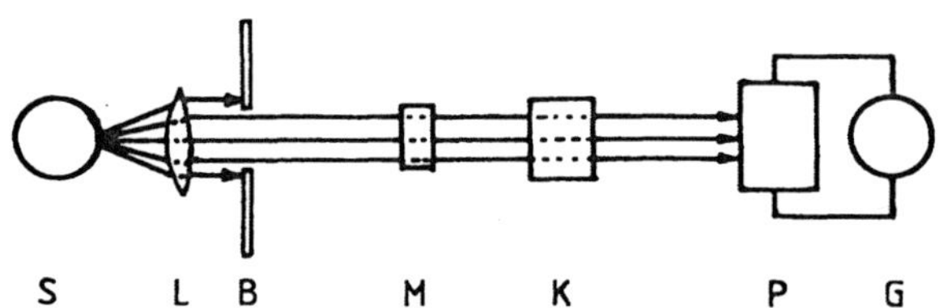

Abb. 11.1 Aufbau eines Photometers (Erklärung im Text)

Das von einer Strahlungsquelle (S) ausgehende und durch eine Linse (L) gebündelte Licht fällt durch eine Blende (B) auf den Monochromator (M). Dieser dient zur Erzeugung einer Meßstrahlung mit einer bestimmten Wellenlänge (λ). Im einfachsten Fall kann der Monochromator ein optischer Filter sein, der nur Licht einer bestimmten Wellenlänge (monochromatisches Licht) durchtreten läßt (Filterphotometer). Die Monochromasierung des Lichtes kann aber auch durch Brechung an einem Prisma oder durch Beugung an einem optischen Gitter erreicht werden. Das nunmehr monochromatische Licht tritt durch die Küvette (K). In ihr befindet sich der gelöste Stoff, dessen Absorption bzw. Extinktion gemessen werden soll. Die Küvette ist meistens ein quaderförmiger, im Querschnitt quadratischer Behälter aus optischem Spezialglas oder (für Messungen im UV-Bereich) aus Quarz. Das nicht von dem Küvetteninhalt absorbierte Licht fällt schließlich auf eine Photozelle (P) und löst hier einen Strom aus, der mit Hilfe eines empfindlichen Galvanometers (G) gemessen wird. Die

Skala des Gerätes ist so geeicht, daß direkt D oder A (in %) und E (ohne Einheit) angezeigt werden. Mit Hilfe eines Spektralphotometers kann man das Absorptionsspektrum eines Stoffes ermitteln (s. Abb. 11.2). Hierbei wird die Absorption oder Extinktion eines Stoffes in einem bestimmten Bereich des Spektrums kontinuierlich gemessen und von einem angeschlossenen Schreiber aufgezeichnet.

An vielen enzymatisch katalysierten Reaktionen sind als Coenzyme $NADH/NAD^+$ oder $NADPH/NADP^+$ beteiligt (s. Abschn. 12.8). Das Absorptionsspektrum dieser Coenzyme im oxidierten und reduzierten Zustand zeigt Abb. 11.2. Im oxidierten Zustand hat NAD^+ nur 1 Absorptionsmaximum bei 260 nm. Wird NAD^+ zu NADH reduziert, tritt ein 2. Maximum bei 340 nm auf. Das Absorptionsspektrum von $NADP^+$ und NADPH ist mit demjenigen von NAD^+ und NADH nahezu identisch.

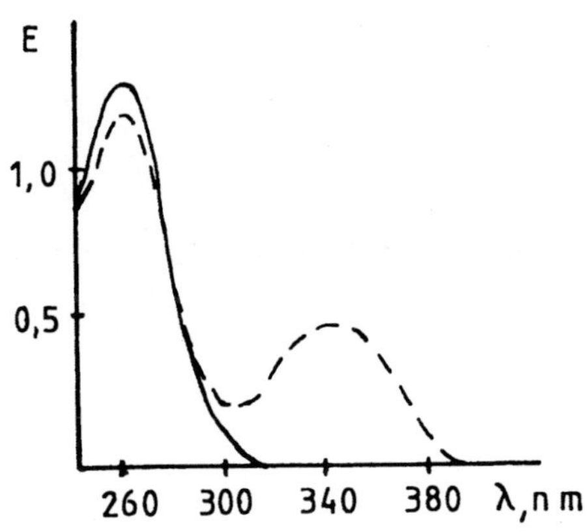

Abb. 11.2 Absorptionsspektrum von NAD^+ (durchgezogene Linie) und NADH (gestrichelte Linie)

Mit Hilfe des Extinktionskoeffizienten ε für NADH bzw. NADPH, dessen Messung unten noch erläutert wird, kann man unter Benutzung von (11.6) aus der gemessenen Extinktionsänderung (ΔE) die Konzentrations- oder Stoffmengenänderung (Δc oder Δn) des oxidierten oder reduzierten Coenzyms berechnen. Da 1 mol des Coenzyms mit 1 mol des Substrats reagiert, erhält man aufgrund dieses einfachen stöchiometrischen Zusammenhangs die umgesetzte Stoffmenge des Substrats.

Die Extinktion E und der Koeffizient ε sind außer von der Temperatur und der Wellenlänge der Meßstrahlung bei vielen Stoffen auch vom pH-Wert der Lösung abhängig. Am genauesten mißt man im Absorptionsmaximum (bei NADH und NADPH also bei λ = 340 nm). Aus technischen Gründen wählt man bei Filterphotometern Strahlungen mit λ = 334 nm oder λ = 365 nm.

Beispiel:

Zur Bestimmung von ε(NADH) löst man reines NADH bei pH = 7,6 und 25 °C, so daß die Lösung die Konzentration c = 0,05 µmol/cm^3 hat. Verwendet man die Meßstrahlung λ = 365 nm und eine Küvette mit dem Lichtweg s = 1 cm, mißt man E = 0,170. Nach (11.6) folgt hieraus

$$\varepsilon = \frac{E}{c\ s} = \frac{0{,}172}{0{,}05\ \mu mol\ cm^{-3}\ 1\ cm} = 3{,}44\ cm^2/\mu mol$$

Für NADPH erhält man unter den gleichen Bedingungen ε = 3,5 cm^2/µmol.

Bei enzymkinetischen Messungen bestimmt man meistens die Initialgeschwindigkeit, d. h. die Reaktionsgeschwindigkeit unmittelbar nach dem Start der Reaktion, z. B. in der 1. Minute. Die Geschwindigkeit der Stoffmengenänderung des Coenzyms und damit des Substrats ist

$$(11.7)\quad v = \frac{\Delta n}{\Delta t}$$

Gemäß (11.6) ist bei konstantem Lichtweg

$$(11.8)\quad \Delta E = \varepsilon\ \Delta c\ s$$

Da das Volumen des Reaktionsgemischs (V) in der Küvette konstant ist, kann man auch schreiben

$$(11.9)\quad \Delta E = \varepsilon\ \frac{\Delta n}{V}\ s$$

Die Reaktionsgeschwindigkeit ist daher

$$(11.10)\quad v = \frac{\Delta n}{\Delta t} = \frac{\Delta E\ V}{\varepsilon\ s\ \Delta t}$$

Mißt man V in cm^3, ε in cm^2/µmol, s in cm und Δt in min, erhält man v in µmol/min.

Bei der enzymkinetischen Messung einer Reaktion, in deren Verlauf NAD^+ oder $NADP^+$ reduziert wird, stellt man zweckmäßig die Extinktion des Küvetteninhalts vor dem Start auf E = 0 ein. Ein Beispiel für eine solche Reaktion ist die durch die Glutamat-Dehydrogenase (GlDh) katalysierte Oxidation von Glutamat zu α-Ketoglutarat (s. Abschn. 11.4). Umgekehrt nimmt bei der von der Lactat-Dehydrogenase (LDh) katalysierten Reaktion Pyruvat + NADH + $H^+ \rightleftarrows$ Lactat + NAD^+ die Extinktion der Lösung im Verlauf der Reaktion ab, so daß man die Skalenanzeige des Photometers vor dem Start z. B. auf E ≐ 0,5 einstellt. Enzymkatalysierte Reaktionen, an denen NAD^+ oder $NADP^+$ bzw. deren reduzierte Formen nicht beteiligt sind, lassen sich häufig mit anderen Reaktionen derart koppeln, daß sie durch die Reduktion oder Oxidation dieser Coenzyme photometrisch gemessen werden können. Ein Beispiel für dieses Verfahren ist die von der Glucose-6-phosphat-Isomerase (G6PI) katalysierte Reaktion Fructose-6-phosphat $\rightleftarrows$ Glucose-6-phosphat. Das Glucose-6-phosphat wird durch die Reaktion Glucose-6-phosphat + $NADP^+$ $\rightleftarrows$ Gluconat-6-phosphat + NADPH + H^+ unter der Wirkung von Glucose-6-phosphat-Dehydrogenase (G6PDh) weiter umgesetzt.

11.2 DER THEORETISCHE ANSATZ IN DER ENZYMKINETIK

Der Einfachheit halber sei eine Ein-Substrat-Reaktion betrachtet, z. B. die von der Hexose-phosphat-Isomerase katalysierte Gleichgewichtseinstellung zwischen Glucose-6-phosphat und Fructose-6-phosphat. Stellt man die Initialgeschwindigkeit v als Funktion der Substrat-Konzentration c(S) graphisch dar, so ergibt sich bei vielen Enzymen die in Abb. 11.3 dargestellte Michaelis-Menten-Kurve.

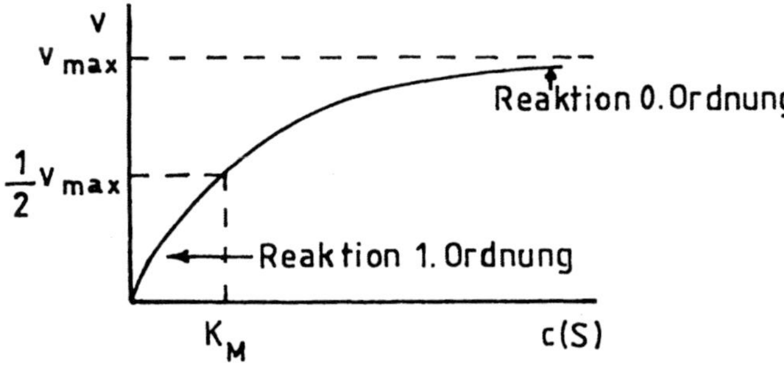

Abb. 11.3 Initialgeschwindigkeit einer enzymatisch katalysierten Reaktion in Abhängigkeit von der Substrat-Konzentration

Bei geringen Substrat-Konzentrationen nimmt v zunächst nahezu linear mit c(S) zu und nähert sich bei hohen Substrat-Konzentrationen asymptotisch dem Grenzwert v_{max}, der maximalen Initialgeschwindigkeit.

Zur Erklärung dieser Tatsache gingen L. Michaelis und M. Menten in ihrer 1913 publizierten Theorie davon aus, daß das Enzym E mit dem Substrat S zunächst einen Enzym-Substrat-Komplex ES bildet:

$$E + S \underset{k_2}{\overset{k_1}{\rightleftharpoons}} ES$$

Dieser zerfällt in das freie Enzym E und das Produkt P:

$$ES \underset{k_4}{\overset{k_3}{\rightleftharpoons}} E + P$$

Beide Reaktionen sind im Prinzip umkehrbar; k_1 bis k_4 stellen die Geschwindigkeitskonstanten dar. Bei Messung der Initialgeschwindigkeit v kann die Rückbildung von ES aus E und P (mit k_4) vernachlässigt werden, weil c(P) zu Beginn der Reaktion sehr gering ist. 1925 schlugen G. E. Briggs und J. B. S. Haldane in ihrem sog. "steady state"-Ansatz vor, daß unmittelbar nach dem Start der Reaktion die Konzentration des Enzym-Substrat-Komplexes einen konstanten Wert erreicht, d. h. dc(ES)/dt = 0. ES bildet sich mit der Geschwindigkeit k_1 c(E) c(S) und zerfällt mit der Geschwindigkeit k_2 c(ES) + k_3 c(ES) = (k_2 + k_3) c(ES). Die Differenz der Geschwindigkeiten von Bildung und Zerfall ergibt also für das "steady state"-Gleichgewicht

$$(11.11)\quad \frac{dc(ES)}{dt} = [k_1\ c(E)\ c(S)] - [k_2 + k_3\ c(ES)] = 0$$

Die Gesamtkonzentration des Enzyms $c_{ges}(E)$ setzt sich aus den Konzentrationen des freien Enzyms c(E) und des im Enzym-Substrat-Komplex gebundenen Enzyms c(ES) zusammen:

$$(11.12)\quad c_{ges}(E) = c(E) + c(ES)$$

Setzt man in (11.11) $c_{ges}(E) - c(ES)$ für c(E), erhält man

$$(11.13)\quad k_1\ [c_{ges}(E) - c(ES)]\ c(S) - (k_2 + k_3)\ c(ES) = 0$$

$$(11.14)\quad c(ES) = \frac{k_1\ c_{ges}(E)\ c(S)}{k_2 + k_3 + k_1\ c(S)}$$

Die Initialgeschwindigkeit der Bildung des Produktes ist

$$(11.15)\quad v = k_3\ c(ES) = \frac{k_3\ k_1\ c_{ges}(E)\ c(S)}{k_2 + k_3 + k_1\ c(S)}$$

$$(11.16)\quad v = \frac{k_3\ c_{ges}(E)\ c(S)}{(k_2 + k_3)/k_1 + c(S)}$$

Der Quotient $(k_2 + k_3)/k_1$ wird zu einer neuen Konstanten K_M zusammengefaßt, die man als Michaelis-Konstante bezeichnet:

$$(11.17) \quad v = \frac{k_3\, c_{ges}(E)\, c(S)}{K_M + c(S)}$$

Anhand dieser Gl. seien zwei Grenzfälle betrachtet:

(a) Ist c(S) gering ($K_M >> c(S)$), kann c(S) im Nenner gegenüber K_M vernachlässigt werden, und es gilt in guter Näherung

$$(11.18) \quad v = \frac{k_3}{K_M}\, c_{ges}(E)\, c(S)$$

Unter dieser Bedingung ist die Reaktion 1. Ordnung bzgl. des Substrats; v ist c(S) proportional.

(b) Ist c(S) groß ($K_M << c(S)$), kann man schreiben

$$(11.19) \quad v = k_3\, c_{ges}(E)$$

Es handelt sich unter dieser Bedingung um eine Reaktion 0. Ordnung bzgl. des Substrats. Eine weitere Steigerung der Substrat-Konzentration hat (nahezu) keinen Einfluß auf die Initialgeschwindigkeit, weil das Enzym, das in sehr viel geringerer Konzentration vorliegt als das Substrat, mit letzterem gesättigt ist. Die Initialgeschwindigkeit erreicht bei hoher Substrat-Konzentration einen Maximalwert:

$$(11.20) \quad v = k_3\, c_{ges}(E) = v_{max}$$

Damit erhält man aus (11.17) die Michaelis-Menten-Gleichung

$$(11.21) \quad v = \frac{v_{max}\, c(S)}{K_M + c(S)}$$

Wenn $c(S) = K_M$ ist, wird $v = v_{max}/2$. Die Michaelis-Konstante ist die Substrat-Konzentration, bei der die enzymkatalysierte Reaktion ihre halbmaximale Initialgeschwindigkeit erreicht (s. Abb. 11.3).

$$(11.22) \quad K_M = c(S) \text{ für } v = v_{max}/2$$

K_M ist eine wichtige Kenngröße für ein Enzym. Diese Konstante stellt ein Maß für die Affinität eines Enzyms zu einem bestimmten Substrat dar. Je größer K_M, desto höher muß c(S) sein, damit $v = v_{max}/2$ wird, d. h. desto geringer ist die Affinität des Enzyms zu dem Substrat. Die meisten Michaelis-Konstanten liegen im Bereich zwischen 10^{-2} und 10^{-6} mol/l. Prinzipiell lassen sich für sämtliche Stoffe, mit denen ein Enzym in Wechselwirkung tritt (Substrate, Coenzyme, Cofaktoren) K_M-Werte messen. So hat z. B. die Alkohol-Dehydrogenase (ADh) der Leber, die die Reaktion Ethanol + $NAD^+ \rightleftarrows$ Acetaldehyd + NADH + H^+ katalysiert, folgende K_M-Werte: für NAD^+ 5 10^{-6}, für NADH 5,4 10^{-6}, für Ethanol 2,5 10^{-4} und für Acetaldehyd 2,7 10^{-4} mol/l.

11.3 LINEARE TRANSFORMATIONEN DER MICHAELIS-MENTEN-GLEICHUNG

(1) Die Lineweaver-Burk-Gleichung

Durch Überführung der Michaelis-Menten-Gleichung (11.21) in die reziproke Form erhält man folgende von H. Lineweaver und D. Burk (1934) angegebene Gleichung:

$$(11.23) \quad \frac{1}{v} = \frac{K_M}{v_{max}} \frac{1}{c(S)} + \frac{1}{v_{max}}$$

Diese Gl. hat die Form einer Geradengleichung y = m x + n, wobei die Steigung $m = \tan\alpha = K_M/v_{max}$ und der Ordinatenabschnitt $n = 1/v_{max}$ ist. Stellt man für steigende Substrat-Konzentrationen die Reziprokwerte der Initialgeschwindigkeiten (1/v) als Funktion der Reziprokwerte der zugehörigen Substrat-Konzentrationen (1/c(S)) graphisch dar, erhält man eine Gerade mit dem Abszissenabschnitt $- 1/K_M$ und dem Ordinatenabschnitt $1/v_{max}$. Diese Gerade hat die Steigung K_M/v_{max} (Abb. 11.4).

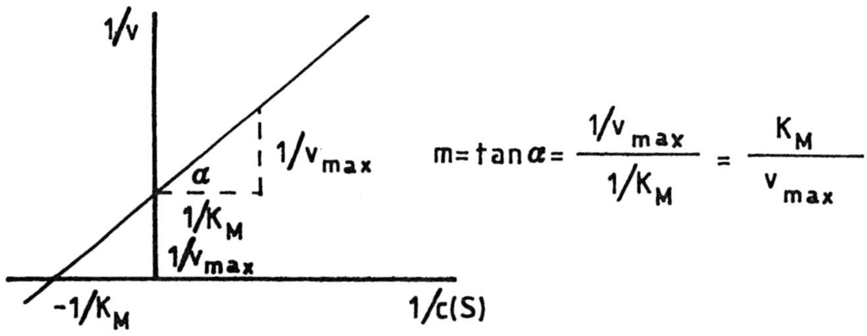

Abb. 11.4 Graphische Darstellung der Lineweaver-Burk-Gleichung

Für den Schnittpunkt der Geraden mit der Abszisse (1/v = 0) gilt nach (11.23) $1/c(S) = - 1/K_M$ und für den Schnittpunkt mit der Ordinate (1/c(S) = 0) $1/v = 1/v_{max}$.

(2) Die Hofstee-Eadie(-Augustinsson)-Gleichung

Diese Gl. folgt aus (11.21), wenn man Zähler und Nenner durch c(S) dividiert und dann einige algebraische Umformungen vornimmt:

$$(11.24) \quad v = v_{max} - K_M \frac{v}{c(S)}$$

Sie hat die allgemeine Form y = n - m x. Trägt man v gegen v/c(S) für steigende Werte von c(S) auf, ergibt sich eine Gerade mit der Steigung $m = \tan\alpha = -K_M$, dem Abszissenabschnitt v_{max}/K_M und dem Ordinatenabschnitt v_{max} (Abb. 11.5).

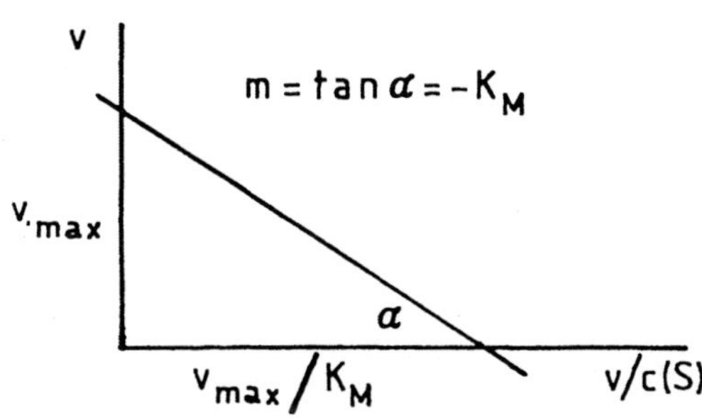

Abb. 11.5 Graphische Darstellung der Hofstee-Eadie(-Augustinsson)-Gleichung

11.4 DIE BESTIMMUNG VON K_M UND V_{MAX}

Das Verfahren soll zunächst am Beispiel der Glutamat-Dehydrogenase (GluDh) erklärt werden. Dieses Enzym katalysiert die folgende Reaktion: Glutamat + NAD^+ + H_2O $\rightleftarrows$ α-Ketoglutarat + NADH + H^+ + NH_4^+ (im Glutamat 2 negativ und 1 positiv, im α-Ketoglutarat 2 negativ geladene Gruppen; s. Abschn. 5.3). Die Extinktionszunahme des Reaktionsgemisches aufgrund der Reduktion von NAD^+ (s. Abschn. 11.1) wird photometrisch gemessen, und zwar im Zeitraum Δt = 1 min nach dem Start der Reaktion. Die einzelnen Meßansätze enthalten Phosphat-Puffer (c = 1/15 mol/l, pH = 7,6), NAD^+ und Natrium-glutamat (im folgenden mit Glu abgekürzt). Der Start der Reaktion erfolgt durch Zusatz der Enzym-Suspension (40 µg Enzym pro Meßansatz). Das Gesamtvolumen jedes Meßansatzes beträgt V = 3 cm^3. Aus der nach 1 min abgelesenen Extinktionszunahme ΔE berechnet man v mit Hilfe von Gl. (11.10); (NADH) = 3,44 cm^2/µmol (s. Abschn. 11.1).

Beispiel:

Bei einem Versuch wurden die in Tabelle 11.1 zusammengestellten Daten ermittelt.

Tabelle 11.1 Daten zur Bestimmung von K_M und v_{max} für GluDh

Ansatz Nr.	1	2	3	4	5	6
c(Glu) in 10^{-3} mol/l	0,33	0,53	1,00	3,33	10,00	50,00
1/c(Glu) in 10^3 l/mol	3,03	1,89	1,00	0,30	0,10	0,02
ΔE/min	0,032	0,047	0,060	0,098	0,118	0,140
v in µmol/min	0,028	0,041	0,052	0,085	0,103	0,122
1/v in min/µmol	35,71	24,39	19,23	11,76	9,71	8,20

Trägt man die Werte von 1/v gegen die zugehörigen Werte von 1/c(Glu) graphisch auf, erhält man eine Gerade, aus deren Schnittpunkten mit der Abszisse und der Ordinate $-1/K_M$ bzw. $1/v_{max}$ zu entnehmen sind (s. Abb. 11.4):

$- 1/K_M = - 0,95 \quad 10^3$ l/mol; $K_M = 1,05 \quad 10^{-3}$ mol/l

$1/v_{max} = 8,5$ min/µmol; $v_{max} = 0,118$ µmol/min

Aus v_{max} kann man die Wechselzahl ("turnover number") des Enzyms berechnen. Darunter versteht man die Zahl der Substrat-Moleküle, die 1 Enzym-Molekül in 1 min maximal umsetzen kann. Wenn die Molekülmasse des Enzyms nicht (genau) bekannt ist oder das Enzympräparat noch andere Proteinbeimengungen enthält, kann man die Wechselzahl auch als die Stoffmenge des Substrats definieren, die 1 g des Enzympräparats in 1 min umzusetzen vermag. Da in dem oben erläuterten Beispiel jeder Meßansatz 40 µg Enzym enthielt, beträgt die Wechselzahl der GluDh, bezogen auf 1 g Enzym,

$$\frac{0,118 \quad 10^{-6} \text{ mol Glu}}{1 \text{ min } 40 \quad 10^{-6} \text{ g Enzym}} = 2,95 \quad 10^{-3} \text{ mol Glu min}^{-1} \text{ (g Enzym)}^{-1}$$

Die Molekülmasse der GluDh wird in der Literatur mit 10^6 u angegeben. Dann ist die Wechselzahl, bezogen auf 1 mol Enzym, 2950 mol Glu min^{-1} (mol GluDh)$^{-1}$. In 1 min wandelt folglich 1 GluDh-Molekül knapp 3000 Glutamat- in α-Ketoglutarat-Moleküle um. Es gibt Enzyme mit erheblich größeren Wechselzahlen (Katalase z. B. 5 10^6).

Das folgende Beispiel behandelt die Auswertung enzymkinetischer Daten nach dem Verfahren von Hofstee und Eadie.

Beispiel:

An einem Mitochondrienpräparat mit Succinat-Dehydrogenase- (SDh-) Aktivität wurden die in Tabelle 11.2 aufgeführten Daten gewonnen.

Tabelle 11.2 Daten zur Auswertung für SDh nach Hofstee und Eadie

c(Succinat) in mmol/l	v in 10^{-6} mol/min	v/c(Succinat) in 10^{-3} l/min
0,400	12,05	30,13
0,500	14,29	28,58
0,667	17,40	26,09
1,000	22,22	22,22
2,000	30,77	15,39

Durch Auftragung der Werte von v gegen die zugehörigen Werte von v/c(Succinat) gemäß Abb. 11.5 resultiert eine Gerade mit der Steigung - K_M (daraus die Michaelis-Konstante $K_M = 1{,}275 \quad 10^{-3}$ mol/l) und dem Ordinatenabschnitt $v_{max} = 51 \quad 10^{-6}$ mol/min.

11.5 ENZYM-HEMMUNGEN

Die wichtigsten Typen der Enzym-Hemmungen (Enzym-Inhibitionen) sind:

1. die kompetitive Hemmung,
2. die nicht-kompetitive Hemmung,
3. die unkompetitive Hemmung,
4. die allosterische Hemmung,
5. die Endprodukt-Hemmung,
6. die Substrat-Hemmung.

Bei der kompetitiven Hemmung konkurrieren das Substrat S und der Hemmstoff (Inhibitor) I um die Bindungsstelle im katalytischen Zentrum des Enzyms. Im Gegensatz zum Substrat kann aber der Inhibitor durch das Enzym nicht umgewandelt werden. Kompetitive Inhibitoren haben oft eine strukturelle Ähnlichkeit mit dem Substrat. Das klassische Beispiel ist Malonsäure als kompetitiver Inhibitor der Bernsteinsäure- (Succinat-) Dehydrogenase (SDh). SDh katalysiert die Dehydrogenierung des Succinats zu Fumarat im Citrat-Zyklus. Coenzym der SDh ist das FAD (s. Abschn. 12.8): Succinat + FAD $\rightleftarrows$ Fumarat + $FADH_2$. Offenbar "erkennt" die SDh ihr Substrat an den beiden durch zwei CH_2-Gruppen voneinander getrennten Carboxylat- (COO^--) Gruppen. Setzt man einem Mitochondrienpräparat (die SDh ist an die innere Mitochondrienmembran gebunden) Malonat zu, das nur eine CH_2-Gruppe weniger hat als das Succinat, dann wird das Malonat von der SDh gebunden, kann aber aus leicht ersichtlichen Gründen nicht dehydrogeniert werden.

Eine kompetitive Hemmung kann im Gegensatz zur nicht-kompetitiven Hemmung durch hohe Substrat-Konzentrationen vollständig beseitigt werden; das Substrat verdrängt dann den Inhibitor wieder von der Bindungsstelle am Enzym.

Nach der Theorie von Michaelis und Menten stellt K_M die Dissoziationskonstante des Enzym-Substrat-Komplexes dar, d. h. die Gleichgewichtskonstante für den Vorgang ES $\rightleftarrows$ E + S:

$$(11.25) \quad \frac{c(E)\ c(S)}{c(ES)} = K_M$$

Analog dazu ist die Inhibitor-Konstante K_I die Dissoziationskonstante des Enzym-Inhibitor-Komplexes, also die Gleichgewichtskonstante für den Vorgang EI $\rightleftarrows$ E + I:

$$(11.26) \quad \frac{c(E)\ c(I)}{c(EI)} = K_I$$

In Gegenwart von Substrat und kompetitivem Inhibitor ist die Gesamtkonzentration des Enzyms gleich der Summe der Konzentrationen des freien Enzyms, des Enzym-Substrat- und des Enzym-Inhibitor-Komplexes:

$$(11.27) \quad c_{ges}(E) = c(E) + c(ES) + c(EI)$$

Löst man die Gln. (11.25) und (11.26) nach c(ES) bzw. c(EI) auf und setzt die erhaltenen Terme in (11.27) ein, bekommt man

$$(11.28) \quad c_{ges}(E) = c(E) + \frac{c(E)\ c(S)}{K_M} + \frac{c(E)\ c(I)}{K_I}$$

Aus (11.15) und (11.20) folgt für den Zustand der Substratsättigung

$$(11.29) \quad v = \frac{v_{max}\ c(ES)}{c_{ges}(E)}$$

Um einen Ausdruck für die Geschwindigkeit v_i der kompetitiv gehemmten Reaktion zu erhalten, wird (11.28) in (11.29) eingesetzt:

$$(11.30) \quad v_i = \frac{v_{max}\, c(ES)}{c(E) + \frac{c(E)\, c(S)}{K_M} + \frac{c(E)\, c(I)}{K_I}} \qquad (i = \text{inhibiert})$$

Für c(ES) im Zähler von (11.30) schreibt man gemäß (11.25) $[c(E)\ c(S)]/K_M$:

$$(11.31) \quad v_i = \frac{v_{max}\, \frac{c(E)\, c(S)}{K_M}}{c(E)\ (1 + c(S)/K_M + c(I)/K_I)}$$

Durch Umformung wird hieraus

$$(11.32) \quad v_i = \frac{v_{max}\, c(S)}{K_M + c(S) + [K_M\, c(I)/K_I]}$$

Man überführt (11.32) in die reziproke Form und formt weiter um zu

$$(11.33) \quad \frac{1}{v_i} = \frac{K_M}{v_{max}} \left(1 + \frac{c(I)}{K_I}\right) \frac{1}{c(S)} + \frac{1}{v_{max}}$$

Den Faktor $(1 + c(I)/K_I)$ bezeichnet man als Hemmungsfaktor i. Die Gl. (11.33) unterscheidet sich um diesen Faktor i von der Lineweaver-Burk-Gleichung (11.23), und zwar ist die Steigung der Lineweaver-Burk-Geraden für die kompetitiv gehemmte Reaktion um den Faktor i größer als die der Geraden für die ungehemmte Reaktion; sie hat aber den gleichen Ordinatenabschnitt $1/v_{max}$. Je größer c(I) wird, umso größer wird auch die Steigung.

Beispiel:

Succinat-Dehydrogenase (SDh) wird in Gegenwart des kompetitiven Inhibitors Malonat (zwei verschiedene Inhibitor-Konzentrationen) mit ihrem Substrat (Succinat) inkubiert. Die Auswertung der Kinetik des Substratumsatzes erfolgt nach dem Lineweaver-Burk-Verfahren. Tabelle 11.3 faßt die Daten zusammen. Die graphische Darstellung von 1/v in Abhängigkeit von 1/c zeigt Abb. 11.6. Man erkennt die typische Kinetik einer kompetitiven Hemmung: Mit steigender Inhibitor-Konzentration verläuft die Lineweaver-Burk-Gerade zunehmend steiler. Die (scheinbare) Michaelis-Konstante K_M wird mit zunehmender Inhibitor-Konzentration größer ($-\ 1/K_M$ wird kleiner); mit zunehmender Inhibitor-Konzentration hat das Enzym eine geringere Affinität zu seinem Substrat; v_{max} ändert sich nicht.

Tabelle 11.3 Daten zur kompetitiven Hemmung von SDh durch Malonat

1/c(Succinat) in l/mmol	1/v(Succinat-Umsatz) in min/µmol ohne Malonat	c(Malonat) = 10^{-5} mol/l	c(Malonat) = 10^{-4} mol/l
2,5	0,089	0,120	0,170
2,0	0,070	0,100	0,140
1,5	0,057	0,080	0,110
1,0	0,045	0,060	0,080
0,5	0,032	0,040	0,050

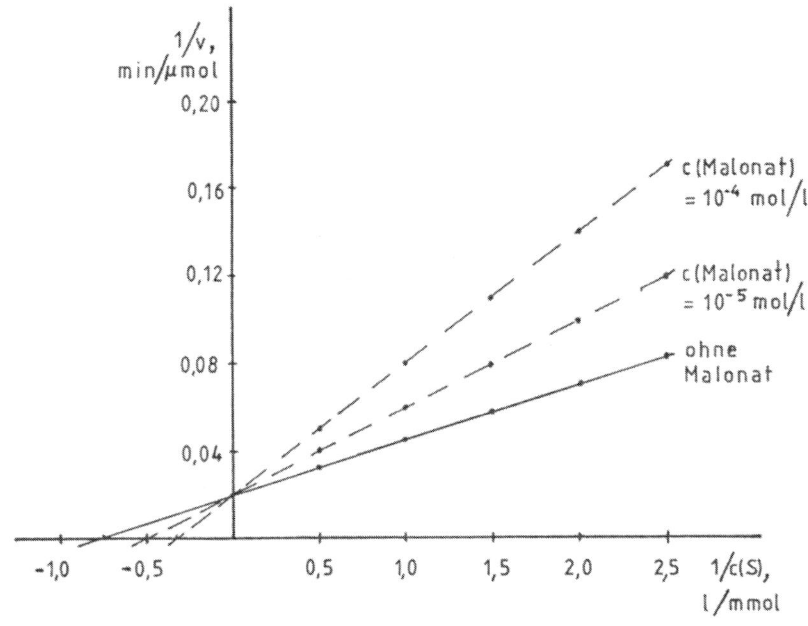

Abb. 11.6 Lineweaver-Burk-Diagramm der kompetitiven Hemmung der Succinat-Dehydrogenase durch Malonat

Ein nicht-kompetitiver Inhibitor konkurriert nicht mit dem Substrat um die Bindung am katalytischen Zentrum. Typische Inhibitoren dieses Typs sind die Schwermetallionen (Hg^{2+}, Pb^{2+}, Cd^{2+}, Cu^{2+}, Ag^{+} u. a.). Diese Ionen blockieren SH-Gruppen, die für die katalytische Aktivität vieler Enzyme unerläßlich sind. Charakteristisch für eine nicht-kompetitive Hemmung ist, daß sowohl die Steigung als auch der Ordinatenabschnitt der Lineweaver-Burk-Geraden um den Hemmungsfaktor i vergrößert ist. Die Gleichung für diesen Typ muß demnach sein:

$$(11.34)\quad \frac{1}{v_i} = \frac{K_M}{v_{max}}\, i\, \frac{1}{c(S)} + \frac{1}{v_{max}}\, i \quad \text{oder ausführlicher}$$

$$(11.35)\quad \frac{1}{v_i} = \frac{K_M}{v_{max}} \left(1 + \frac{c(I)}{K_I}\right) \frac{1}{c(S)} + \frac{1}{v_{max}} \left(1 + \frac{c(I)}{K_I}\right)$$

Ein hochwirksamer SH-Gruppen-Blocker ist para-Chlormercuribenzoat (pClMb). Dieser Stoff wirkt auf viele Enzyme als nicht-kompetitiver Inhibitor.

Beispiel:

Die Lactat-Dehydrogenase (LDh) katalysiert folgende Reaktion:

$\text{L-(+)-Lactat} + NAD^+ \rightleftarrows \text{Pyruvat} + NADH + H^+$

In Tabelle 11.4 sind die kinetischen Daten der Wirkung von pClMb auf LDh zusammengestellt.

Tabelle 11.4 Daten zur Hemmung von LDh durch pClMb

	1/v(Lactat-Umsatz) in min/µmol		
1/c(Lactat) in 1/mmol	ohne pClMb	c(pClMb) = 10^{-4} mol/l	c(pClMb) = 10^{-3} mol/l
0,225	0,500	0,752	0,847
0,150	0,400	0,600	0,675
0,075	0,300	0,440	0,505
0,025	0,230	0,340	0,390

Abb. 11.7 stellt die Auswertung der Daten nach Lineweaver und Burk dar.

Der seltene Typ der unkompetitiven Hemmung ist im Lineweaver-Burk-Diagramm daran zu erkennen, daß in Gegenwart des Inhibitors die Steigung der Geraden nicht beeinflußt wird, wohl aber der Ordinatenabschnitt (Abb. 11.8). Als Gleichung für diesen Hemmungstyp ergibt sich also

$$(11.36)\quad \frac{1}{v_i} = \frac{K_M}{v_{max}} \frac{1}{c(S)} + \frac{1}{v_{max}} i$$

Ein Beispiel hierfür ist die Hemmung der oxidierten Form der Cytochromoxidase (s. Abschn. 12.8) durch Azid.

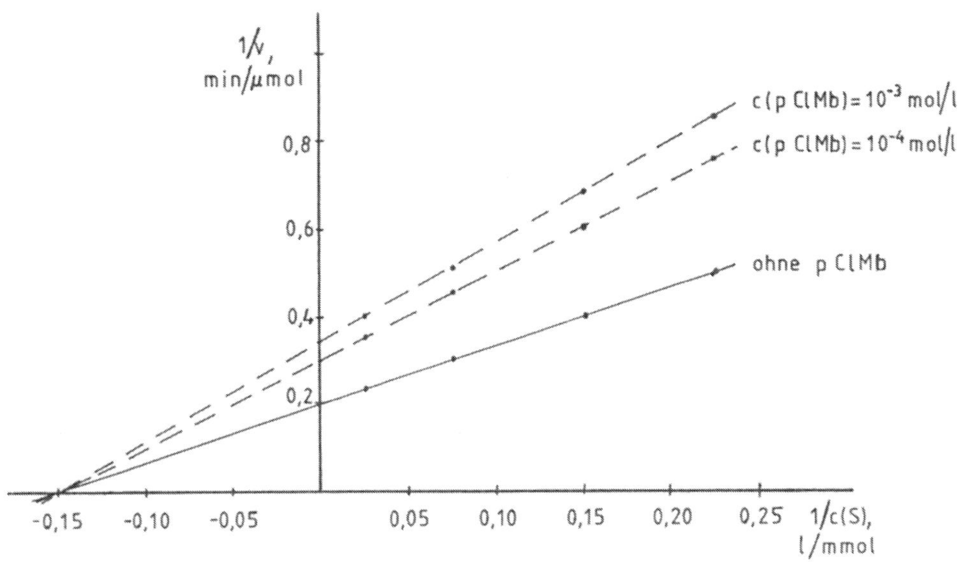

Abb. 11.7 Lineweaver-Burk-Diagramm der nicht-kompetitiven Hemmung der Lactat-Dehydrogenase durch p-Chlormercuribenzoat

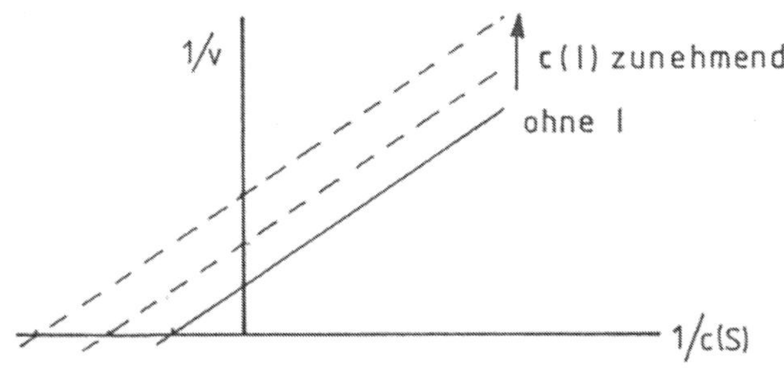

Abb. 11.8 Lineweaver-Burk-Diagramm einer unkompetitiven Hemmung

Allosterisch regulierbare Enzyme besitzen neben dem katalytischen Zentrum noch ein allosterisches Zentrum, das den allosterischen Effektor bindet. Dieser kann ein Inhibitor oder ein Aktivator sein. ATP und NADH wirken z. B. als allosterische Inhibitoren auf einige Schlüsselenzyme des Citrat-Zyklus (Citrat-Synthase, Isocitrat-Dehydrogenase), so daß im Sinne eines Regelkreises annähernd konstante Konzentrationen (in der Größenordnung von 10^{-4} mol/l) aller am Citrat-Zyklus beteiligten Metaboliten erreicht werden.
Die Endprodukt-Hemmung kann man als einen Spezialfall der allosterischen Hemmung auffassen. Hierbei wirkt oft das letzte Glied in einer Biosynthesekette als allosterischer Inhibitor des Enzyms, das den ersten Schritt der Kette katalysiert:

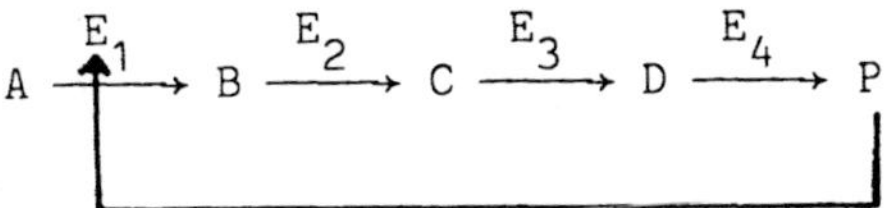

Je mehr Produkt (P) sich aus dem Ausgangsstoff (A) über die Zwischenglieder B, C und D anhäuft, desto stärker wird das allosterische Zentrum des ersten Enzyms (E_1) von dem als allosterischer Inhibitor wirksamen Endprodukt P besetzt und dadurch die katalytische Aktivität von E_1 vermindert. Die allosterische Hemmbarkeit des ersten Enzyms ist besonders wirksam, weil bei sinkendem Bedarf an P nicht nur dessen Synthese, sondern auch die der zu ihm führenden Zwischenglieder unterbunden oder vermindert wird. Weil solche Biosyntheseketten oft ATP-verbrauchende Schritte umfassen, bewirkt eine solche Regulation nicht nur eine Stoff-, sondern auch eine Energieeinsparung.
Die Substrat-Hemmung ist dadurch gekennzeichnet, daß bei höherer Substrat-Konzentration v wieder abnimmt. Die Erklärung hierfür dürfte darin liegen, daß das Substrat nicht nur an das katalytische Zentrum, sondern auch an das davon getrennt liegende allosterische Zentrum gebunden wird. Je mehr das Substrat das allosterische Zentrum besetzt, umso stärker hemmt es (wahrscheinlich durch eine Änderung der Raumstruktur) die katalytische Aktivität des Enzyms. Dieser Hemmungstyp kommt bei der Urease vor, die folgende Reaktion katalysiert: $OC(NH_2)_2 + 3\ H_2O \rightleftarrows CO_2 + 2\ NH_4^+ + 2\ OH^-$
Durch hohe Konzentrationen des Substrats (hier Harnstoff) wird das Enzym (hier Urease) gehemmt. Bei der Auswertung nach Lineweaver und Burk ergibt sich keine durchgehende Gerade (Abb. 11.9).
Bei geringer Substrat-Konzentration (1/c(S) groß) verläuft der Graph der Funktion wie bei Enzymen ohne Substrat-Hemmung als Gerade. Mit wachsender Sub-

strat-Konzentration geht die Gerade in eine nach oben gekrümmte Kurve über, die sich der Ordinate immer mehr anschmiegt, ohne sie zu schneiden.

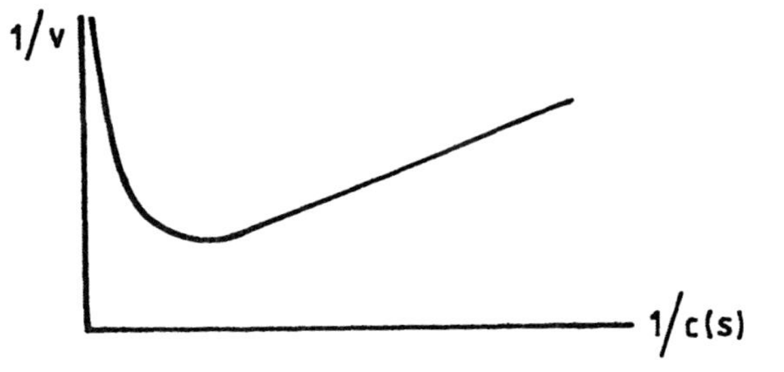

Abb. 11.9 Lineweaver-Burk-Diagramm einer Substrat-Hemmung.

11.6 DIE BESTIMMUNG DER INHIBITOR-KONSTANTEN

Die Inhibitorkonstante (K_I) läßt sich am einfachsten nach dem Verfahren von M. Dixon bestimmen. Dabei ermittelt man $1/v_i$ des Substratumsatzes (den Reziprokwert der Geschwindigkeit des Substratumsatzes in Gegenwart des Inhibitors) in Abhängigkeit von c(I) bei zwei (oder mehr) jeweils konstanten c(S). Trägt man für jede konstante Substrat-Konzentration $1/v_i$ gegen c(I) auf, erhält man Geraden. Im Falle der nicht-kompetitiven Hemmung schneiden sich diese Geraden in einem Punkt auf der negativen Abszisse. Dieser Punkt entspricht $- K_I$. Bei der kompetitiven Hemmung liegt der Schnittpunkt der Geraden im Abstand $1/v_{max}$ oberhalb der negativen Abszisse im 2. Quadranten. Der Abszissenwert des Schnittpunktes entspricht hier ebenfalls $- K_I$.
Da die Dixon-Geraden für zwei (oder mehr) verschiedene Substrat-Konzentrationen sich in einem Punkt schneiden, ist $1/v_i$ (und damit v_i) für diesen Punkt unabhängig von der Substrat-Konzentration c(S). $1/v_i$ kann aber nur dann unabhängig von c(S) sein, wenn $c(I) = - K_I$ ist. Unter dieser Bedingung wird in den Gln. (11.33) und (11.35) für die kompetitive bzw. nicht-kompetitive Hemmung jeweils der Hemmungsfaktor $i = (1 + c(I)/K_I) = 0$, so daß alle Summanden, die diesen Faktor enthalten, fortfallen. Damit ergibt sich für diesen Schnittpunkt im Falle der kompetitiven Hemmung $1/v_i = 1/v_{max}$ und im Falle der nicht-kompetitiven Hemmung $1/v_i = 0$.

Beispiele:

(a) Glutamat-Dehydrogenase (GlDh) wird durch Salicylat nicht-kompetitiv gehemmt. Die Daten zur Bestimmung von K_I nach Dixon sind Tabelle 11.5 zu entnehmen.

Tabelle 11.5 Daten zur Bestimmung von K_I(GlDh/Salicylat); $c_1 < c_2$

c(I) in mmol/l	c_1(Glutamat) $1/v_i$ in min/µmol	c_2(Glutamat) $1/v_i$ in min/µmol
2	0,47	0,29
4	0,55	0,39
8	0,77	0,50
12	0,95	0,67
16	1,15	0,81

Die graphische Bestimmung der Inhibitorkonstanten (Abb. 11.10) ergibt K_I = 7 mmol/l.

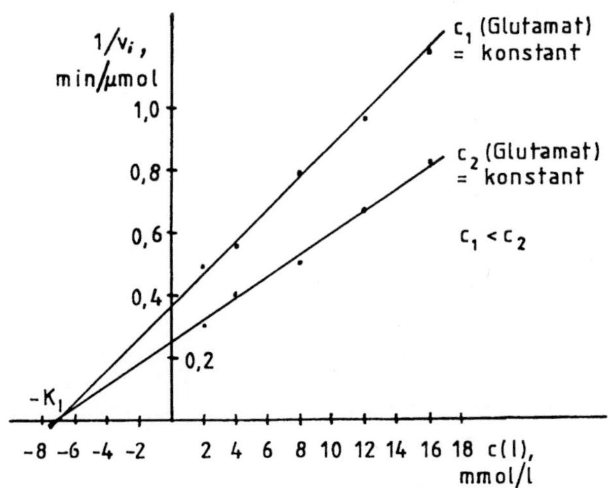

Abb. 11.10 Dixon-Diagramm für nicht-kompetitive Hemmung

(b) Succinat-Dehydrogenase (SDh) wird durch Malonat kompetitiv gehemmt. Die Daten zur Bestimmung von K_I nach Dixon sind in Tabelle 11.6 zusammengefaßt. Die graphische Bestimmung der Inhibitorkonstanten (Abb. 11.11) führt zu dem Ergebnis K_I = 8,6 10^{-3} mmol/l.

Tabelle 11.6 Daten zur Bestimmung von K_I(SDh/Malonat); $c_1 < c_2$

c(I) in µmol/l	c_1(Succinat) $1/v_i$ in 10^3 min/mmol	c_2(Succinat) $1/v_i$ in 10^3 min/mmol
2	149	115
4	166	120
8	215	150
12	250	175
16	293	191

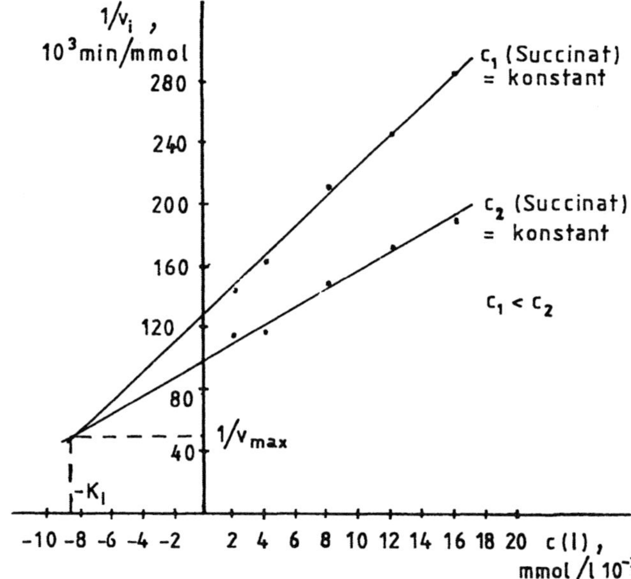

Abb. 11.11 Dixon-Diagramm für kompetitive Hemmung

Wenn der Hemmungstyp bereits bekannt ist, braucht man $1/v_i$ gegen c(I) nur für eine (konstante) Substrat-Konzentration aufzutragen. Der Schnittpunkt der Dixon-Geraden mit der negativen Abszisse liegt dann bei der nicht-kompetitiven Hemmung in $- K_I$ und der Schnittpunkt mit der Parallelen zur Abszisse im Abstand $1/v_{max}$ bei der kompetitiven Hemmung in $- K_I$.

12 Potentialbildende chemische Vorgänge und Elektronentransfer

12.1 ELEKTROCHEMISCHE ZELLEN

Eine typische elektrochemische Zelle ist das Daniell-Element (in diesem Zusammenhang wird der Begriff "Element" nicht im Sinne eines chemischen Grundstoffs verwendet). Den Aufbau zeigt Abb. 12.1.

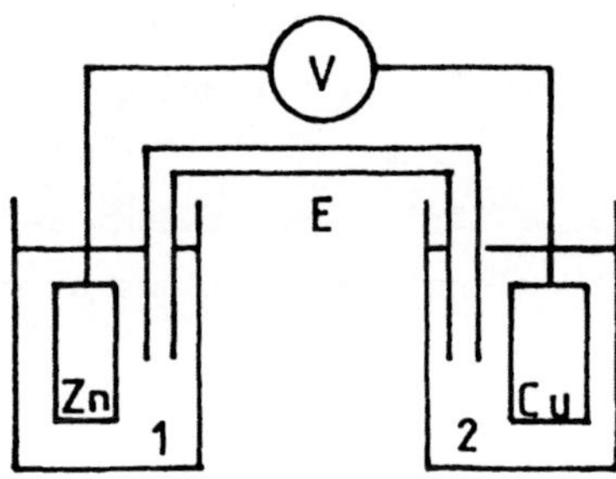

Abb. 12.1 Daniell-Element

1 $ZnSO_4$-Lösung 2 $CuSO_4$-Lösung

E Elektrolytbrücke

In eine $ZnSO_4$-Lösung taucht ein Zink-Blech oder -Stab und in eine $CuSO_4$-Lösung ein Kupfer-Blech oder -Stab. Die beiden Metalle sind durch einen Außenleiter miteinander verbunden. Die Elektrolytbrücke (in Form eines doppelt rechtwinklig gebogenen Glasrohrs) enthält eine konzentrierte Lösung von KCl, KNO_3 oder NH_4NO_3. Das im Außenleiter befindliche Voltmeter zeigt eine Spannung zwischen den beiden Metallelektroden an. Jedes der beiden Gefäße mit der Salzlösung und der darin eintauchenden Elektrode nennt man eine <u>Halbzelle</u> (HZ). Eine elektrochemische Zelle baut sich immer aus zwei Halbzellen mit je einem korrespondierenden Redoxpaar auf. Konstruktiv kann man eine elektrochemische Zelle auch anders realisieren, z. B. indem man ein U-Rohr benutzt, dessen Schenkel durch eine poröse Platte (Fritte) voneinander getrennt sind, oder indem man in ein größeres Glas einen Tonzylinder stellt, wobei man das Glas mit der einen und den Tonzylinder mit der anderen Salzlösung füllt. Wich-

tig ist, daß durch die poröse Wand ein Ionenaustausch gewährleistet, andererseits aber eine schnelle Vermischung der Salzlösungen vermieden wird.
Aufgrund der Spannung zwischen den beiden Metallelektroden fließt ein Elektronenstrom im Außenleiter, und zwar von der Zn- zur Cu-Elektrode (die technische Stromrichtung ist umgekehrt). Dieser Elektronenstrom kommt dadurch zustande, daß von der Oberfläche der Zn-Elektrode Zn^{2+}-Ionen unter Zurücklassung ihrer Valenzelektronen in die $ZnSO_4$-Lösung übertreten und dort hydratisiert werden: $Zn - 2\ e^- \rightarrow Zn^{2+}(aq)$. Die Elektronen bewegen sich in Richtung der Cu-Elektrode. Dort werden sie von Cu^{2+}-Ionen der $CuSO_4$-Lösung aufgenommen, wobei sich Cu auf der Oberfläche der Elektrode abscheidet: $Cu^{2+} + 2\ e^- \rightarrow Cu$. Die Zn-Elektrode löst sich also mit Fortdauer des Vorgangs auf, während die Cu-Elektrode an Masse zunimmt.
Man bezeichnet die an die Ionen der Salzlösung Elektronen abgebende (reduzierende) Elektrode, in diesem Fall die Cu-Elektrode, als Kathode, während die den Metallatomen Elektronen entziehende (oxidierende) Elektrode, in diesem Fall die Zn-Elektrode, Anode genannt wird. In einem sog. Zellenschema stellt man elektrochemische Zellen so dar, daß die auf Ionen des Elektrolyten reduzierend wirkende Elektrode (Kathode ≙ Elektronen-Donator) rechts und die auf die Metalloberfläche oder auf Ionen des Elektrolyten (s. später) oxidierend wirkende Elektrode (Anode ≙ Elektronen-Akzeptor) links steht. Den Elektrolyten in der Salzbrücke trennt man durch doppelte Striche von beiden Halbzellen. Die Daniell'sche Zelle läßt sich in einem solchen Zellenschema also kurz so darstellen:

(-)-Pol (+)-Pol
$Zn/Zn^{2+}//KCl(aq)//Cu^{2+}/Cu$
Anode Kathode

Wegen dieser kettenartigen Aneinanderreihung der Komponenten nennt man solche Zellen auch elektrochemische oder galvanische Ketten. (L. Galvani entdeckte 1791, daß Froschmuskeln bei Berührung mit verschiedenen, untereinander leitend verbundenen Metallen zucken). Gegenüber einem in den Außenleiter eingeschalteten "Verbraucher", z. B. einem Elektromotor oder einer Glühlampe, ist die Zn-Anode als Minuspol und die Cu-Kathode als Pluspol zu betrachten, weil der Elektronenstrom vom Minuspol durch den "Verbraucher" zum Pluspol fließt. Die technische Stromrichtung ist einfach aufgrund einer Konvention vom Plus- zum Minuspol festgelegt worden, also entgegengesetzt zur Richtung des Elektronenstroms.
Weil von der Oberfläche der Zn-Elektrode Zn^{2+}-Ionen in die $ZnSO_4$-Lösung über-

treten und umgekehrt aus der $CuSO_4$-Lösung Cu-Atome sich auf der Oberfläche der Cu-Elektrode abscheiden, tritt in der Zn-Halbzelle ein Überschuß positiver Ladungsträger (Kationen) und in der Cu-Halbzelle ein Überschuß negativer Ladungsträger (Anionen) auf. Diese Überschüsse gleichen sich sofort dadurch aus, daß durch die Elektrolytbrücke Kationen von der Zn- zur Cu-Halbzelle und Anionen von der Cu- zur Zn-Halbzelle wandern. Während der Strom im Außenleiter von Elektronen getragen wird, erfolgt er im Elektrolyten durch Ionenbewegung. Beide Leiter setzen dem Ladungsfluß einen bestimmten Widerstand (R_a bzw. R_i) entgegen. Hiermit wird sich Kap. 14 näher befassen.

Zwischen der Oberfläche des Metalls und der Salzlösung besteht ein Potentialsprung, über dessen Entstehung W. Nernst (1889) folgende Theorie entwickelte:

Taucht ein Metall in einen Elektrolyten ein, in dem ein Salz mit den Kationen des betreffenden Metalls gelöst vorliegt, z. B. Zn in eine $ZnSO_4$-Lösung, dann hat das Metall ein bestimmtes Bestreben, seine Kationen in die Lösung zu schicken, wobei Atome aus der direkt an den Elektrolyten grenzenden Schicht des Metallgitters unter Zurücklassung ihrer Valenzelektronen in die Lösung übertreten und sich dort hydratisieren. Diese Tendenz, Ionen in die Lösung übertreten zu lassen, nannte Nernst den Lösungsdruck des Metalls. Er ist bei einem unedlen Metall (z. B. Zn) größer als bei einem edlen Metall (z. B. Cu). Umgekehrt haben die Kationen der Salzlösung die Tendenz, aus der Lösung in die Oberfläche des Metalls einzutreten. Diese Tendenz wächst mit zunehmender Konzentration der Salzlösung, also mit Zunahme des osmotischen Drucks. Sie wird i. a. mit dem Begriff Abscheidungsdruck bezeichnet. Zwischen dem Lösungs- und dem Abscheidungsdruck entsteht ein elektrochemisches Gleichgewicht, wobei sich an der Grenzfläche zwischen Metall und Lösung eine elektrische Doppelschicht bildet (Abb. 12.2). Diese Doppelschicht ist bei einem unedlen Metall anders orientiert als bei einem edlen. Bei einem unedlen Metall überwiegt der Lösungsdruck den Abscheidungsdruck, so daß die Oberfläche des Metalls infolge der dort zurückgelassenen Elektronen negativ und die dem Metall unmittelbar benachbarte Schicht des Elektrolyten infolge der übergetretenen Kationen positiv geladen ist. Diese getrennten Ladungen ziehen sich gegenseitig an und gestatten nur ein begrenztes Ausmaß des Vorgangs. Die Oberfläche des Metalls hat ein negatives Potential gegenüber der angrenzenden Schicht der Lösung bzw. die an die Oberfläche des Metalls grenzende Schicht der Lösung ein positives Potential gegenüber der Metalloberfläche angenommen.

Bei einem edlen Metall überwiegt der Abscheidungs- den Lösungsdruck. Die Oberfläche des Metalls lädt sich durch die in sie eintretenden Kationen positiv auf (nimmt ein positives Potential an), während die in der Schicht der Lösung, die an das Metall grenzt, zurückbleibenden Anionen eine negative Aufladung dieser Schicht bewirken. Auch hier ist das Ausmaß der Ladungstrennung begrenzt, und es stellt sich auch in diesem Fall ein elektrochemisches Gleichgewicht zwischen den beiden einander entgegenwirkenden Tendenzen ein.

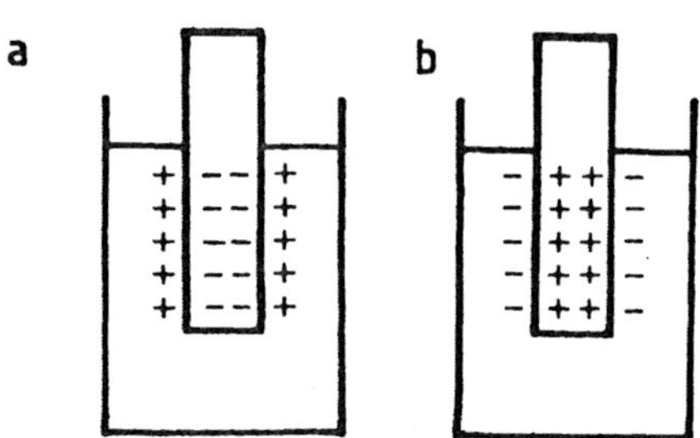

Abb. 12.2 Zur Nernst'schen Deutung der Enstehung von Elektrodenpotentialen
a unedles Metall, b edles Metall

Verbindet man jetzt die beiden Metalle durch einen Draht und die Elektrolyte durch eine Salzbrücke, dann fließen die überschüssigen Elektronen vom Ort ihres Überschusses (dem unedleren Metall) durch den Draht zum Ort ihres Mangels (dem edleren Metall). Durch den Abfluß der Elektronen können von der Oberfläche des unedleren Metalls immer wieder neue Kationen in Lösung gehen und ihre Elektronen in der Metalloberfläche zurücklassen, während in die Oberfläche des edleren Metalls immer neue Kationen eintreten und dort Elektronen aufnehmen können.

Das einzelne Potential (φ), das ein Metall infolge der geschilderten Vorgänge gegenüber der Lösung besitzt, ist grundsätzlich nicht meßbar, wohl aber die Potentialdifferenz ($\Delta\varphi$) zwischen zwei Metallen gegenüber ihren Lösungen. Diese Potentialdifferenz entspricht der zwischen den beiden Metallen herrschenden elektrischen Spannung (U) im stromlosen Zustand. Bei der Messung von $\Delta\varphi$ darf zwischen den Metallen kein Strom fließen (s. u.). Eine als Spannung meßbare Potentialdifferenz besteht selbstverständlich auch dann, wenn man die Metalle in einen gemeinsamen Elektrolyten, ja sogar, wenn man sie in destilliertes Wasser taucht. Auch dann hat das unedlere Metall einen größeren Lösungsdruck als das edlere bzw. das edlere einen größeren Abscheidungsdruck als das unedlere Metall. Vor dem Eintauchen der Metalle in das destillierte Wasser befinden sich dort keine Metallionen. Sobald aber die Metalle mit der Flüssigkeit in Berührung kommen, treten - wie oben beschrieben - Ionen aus der Metalloberfläche in die benachbarte Flüssigkeitsschicht über, und zwar bei dem unedleren Metall in größerem Ausmaß als bei dem edleren. Dadurch erhält das erstere ein stärker negatives Potential gegenüber der Flüssigkeit als das letztere.

Mit Hilfe der Nernst'schen Theorie lassen sich auch die potentialbildenden Vorgänge in einer Konzentrationskette zwanglos erklären. Eine elektrochemische Zelle dieses Typs liegt vor, wenn beide Halbzellen den gleichen Elektrolyten, jedoch in unterschiedlicher Konzentration enthalten (genau genommen ist nicht die Konzentration, sondern die Aktivität der Ionen maßgebend) und in jede der beiden Lösungen eine Elektrode des gleichen Metalls eintaucht, z. B.

$Ag/Ag^+(c = 0{,}01\ mol/l)//KNO_3(aq)//Ag^+(c = 0{,}1\ mol/l)/Ag$

Die in die weniger konzentrierte Lösung tauchende Ag-Elektrode ist die Anode (oxidierende Elektrode), die in die höher konzentrierte Lösung tauchende Elektrode die Kathode (reduzierende Elektrode). An der links stehenden Anode läuft der Vorgang $Ag - e^- \rightarrow Ag^+(aq)$ und an der rechts stehenden Kathode der Vorgang $Ag^+(aq) + e^- \rightarrow Ag$ ab. Links erfolgt also eine Zunahme, rechts eine Abnahme der Konzentration der Ag^+-Ionen, bis (im Gleichgewicht) die Konzentrationen in beiden Halbzellen gleich werden. Weil hier in beide Halbzellen das gleiche (edle) Metall mit dem gleichen (geringen) Lösungsdruck taucht, rechts aber infolge der höheren Konzentration der Ag^+-Ionen ein höherer Abscheidungsdruck herrscht als links, lädt sich die Oberfläche der rechten Elektrode gegenüber dem Elektrolyten gemäß der Nernst'schen Theorie stärker positiv auf als die der linken. Der Elektronenstrom im Außenleiter fließt von der linken zur rechten Halbzelle.

Bisher wurden potentialbildende Vorgänge betrachtet, denen Redoxpaare des allgemeinen Typs $M \rightleftarrows M^{z+} + z\ e^-$ zugrunde liegen, wobei M als Kürzel für ein Metall stehen soll. Zu diesem Typ gehört auch das Redoxpaar $H_2 \rightleftarrows 2\ H^+ + 2\ e^-$, auf welches später noch ausführlich eingegangen werden muß. Es gibt Halbzellen, in denen das Redoxpaar $Nm^{z-} \rightleftarrows Nm + z\ e^-$ (Nm für Nichtmetall) vorliegt. Beispiele dieses Typs bilden die Halogenid-Ionen mit den zugehörigen Halogenen:

$2\ I^- \rightleftarrows I_2 + 2\ e^-;\ 2\ Br^- \rightleftarrows Br_2 + 2\ e^-;\ 2\ Cl^- \rightleftarrows Cl_2 + 2\ e^-;\ 2\ F^- \rightleftarrows F_2 + 2\ e^-$

Weil man aus Halogenen keine Elektroden herstellen kann, benutzt man zur Elektronenzu- und -ableitung Platin-Elektroden. Eine sich aus zwei Halogenid/Halogen-Redoxpaaren zusammensetzende elektrochemische Zelle ist im Zellenschema folgendermaßen darzustellen:

(Pt) 2 I^-/I_2//KCl(aq)//2 Br^-/Br_2 (Pt)

Realisieren läßt sich eine solche Zelle dadurch, daß in der linken Halbzelle eine KI-Lösung als Bodenkörper festes I_2 und in der rechten Halbzelle eine KBr-Lösung flüssiges Br_2 enthält. In beiden Halbzellen steht eine Pt-Elektrode sowohl mit dem Halogen als auch mit dem gelösten Halogenid im Kontakt. In der linken Halbzelle werden I^--Ionen unter Elektronenabgabe oxidiert (linke Pt-Elektrode ≙ Anode), in der rechten Halbzelle Br_2-Moleküle unter Elektronenaufnahme reduziert (rechte Pt-Elektrode ≙ Kathode).
Schließlich lassen sich noch Halbzellen verwenden, in denen beide Partner des korrespondierenden Redoxpaars im ionischen Zustand auftreten, z. B.

(Pt) Fe^{2+}/Fe^{3+}//KNO_3(aq)//Mn^{2+}/MnO_4^- (Pt)

Eine solche elektrochemische Kette enthält in der linken Halbzelle ein Gemisch aus einer Fe^{2+}- und einer Fe^{3+}-Salzlösung, z. B. $FeSO_4$ und $Fe_2(SO_4)_3$, und in der rechten Halbzelle eine mit Schwefelsäure versetzte Mischung aus $MnSO_4$- und $KMnO_4$-Lösung. In beiden Halbzellen vermitteln wieder Pt-Elektroden den Elektronentransfer. Der potentialbildende Vorgang in der linken Halbzelle ist $5\ Fe^{2+} - 5\ e^- \rightarrow 5\ Fe^{3+}$ und in der rechten Halbzelle $MnO_4^- + 8\ H^+ + 5\ e^- \rightarrow Mn^{2+} + 4\ H_2O$.
Selbstverständlich können die bisher besprochenen Halbzellen-Typen im Prinzip auch in unterschiedlichen Kombinationen zu elektrochemischen Ketten zusammengestellt werden, z. B.

Zn/Zn^{2+}//KNO_3(aq)//2 Br^-/Br_2 (Pt),

wobei es allerdings aufgrund von kinetischen Hemmungserscheinungen nicht in jedem Fall zu einem spontanen Elektronentransfer kommen muß.
Es sei an dieser Stelle darauf hingewiesen, daß man bei den sog. Sekundärelementen die freiwillig ablaufende, exergonische Richtung des Elektronentransfers umkehren kann, indem man die Anode (den Minuspol) der Zelle mit dem Minuspol und die Kathode (den Pluspol) der Zelle mit dem Pluspol einer äußeren Gleichstromquelle verbindet. Diese muß eine höhere Spannung besitzen als die Zelle. Die (endergonische) Umkehrung des in der Zelle freiwillig ablaufenden (exergonischen) Elektronentransfers wird dann durch die von der äußeren Stromquelle gelieferte elektrische Energie erzwungen (Beispiel: Laden eines Akkumulators).
Ein Maß für die maximale Arbeitsfähigkeit einer elektrochemischen Zelle ist die stromlos gemessene Spannung zwischen den beiden Elektroden. Diese Span-

nung bezeichnet man auch als <u>elektromotorische Kraft</u> (EMK) der Zelle. Fließt Strom durch die Zelle, also auch zwischen den Elektroden, dann ist die Spannung stets kleiner als die EMK; sie sinkt umso mehr ab, je stärker der Strom wird. Der in der Zelle ablaufende chemische Vorgang ist unter diesen Bedingungen irreversibel. Man kann die EMK einer Zelle also keinesfalls mit Hilfe eines Spulenvoltmeters messen, denn ein solches Gerät hat einen verhältnismäßig geringen Innenwiderstand, so daß der Strom durch das Voltmeter zu einem beträchtlichen Spannungsabfall zwischen den Elektroden der Zelle führt. Erst wenn der Widerstand des Außenleiters unendlich groß, die Stärke des durch ihn fließenden Stroms also Null wird, arbeitet die Zelle reversibel. Der chemische Vorgang in der Zelle läuft dann unendlich langsam ab. Die Reversibilität stellt auch hier wieder nur einen gedachten Grenzfall dar, denn jeder in endlicher Zeit verlaufende Prozeß ist irreversibel (man vergleiche mit der in Kap. 6 besprochenen Expansion und Kompression eines idealen Gases).
Es gibt heute elektronische Spannungsmeßgeräte, die einen sehr hohen Innenwiderstand haben, so daß die Stärke des hindurchfließenden Stroms in der Größenordnung von $I = 1\ nA = 10^{-9}\ A$ liegt. Schaltet man ein solches Meßgerät z. B. zwischen die Elektroden einer Daniell'schen Zelle, dann käme der Elektronentransfer dem Grenzfall der Reversibilität sehr nahe. Wie im nächsten Kapitel näher erläutert wird, muß durch den Außenleiter (und natürlich auch durch die gesamte Zelle) die Ladung $Q = 2\ \ 96500\ C$ fließen, um an der Anode 1 mol Zn zu 1 mol Zn^{2+} zu oxidieren und an der Kathode 1 mol Cu^{2+} zu 1 mol Cu zu reduzieren. Dieser Vorgang würde infolge des sehr hohen Widerstands des Außenleiters die Zeit $t = Q/I = 2\ \ 96500\ C/10^{-9}\ A = 1{,}93\ \ 10^{14}\ s = 6{,}12\ \ 10^{6}\ a$ beanspruchen. Kurzum, brauchbare EMK-Werte, die den meisten Genauigkeitsanforderungen genügen, erhält man mit Hilfe elektronischer Hochohm-Voltmeter.

Eine stromlose Messung der EMK ist mit Hilfe der Poggendorff'schen Kompensationsschaltung möglich. Das Prinzip dieser Methode geht aus Abb. 12.3 hervor. Eine äußere Gleichstromquelle S mit genau bekannter, konstanter Spannung U (die größer sein muß als die zu messende Spannung der Zelle) ist an die beiden Enden A und B eines Widerstandsdrahtes angeschlossen. Durch den beweglichen Kontakt P lassen sich beliebige Bruchteile der zwischen A und B herrschenden Spannung abgreifen. Dieser variablen äußeren Spannung zwischen A und P ist die Spannung der elektrochemischen Zelle entgegengeschaltet, so daß bei A und P gleichnamige Pole beider Spannungen aufeinandertreffen. Verschiebt man P ganz nach B, wird die volle äußere Spannung von S der Zelle entgegengeschaltet. Die von dem Galvanometer G angezeigte Stromrichtung ist in den beiden Fällen unterschiedlich. Man rückt jetzt P bis an den Punkt, an dem das Galvanometer keinen Stromfluß mehr anzeigt. Beim Aufsuchen dieses Punktes schließt man den Stromkreis mit Hilfe der Taste T immer nur kurzfristig, um zu vermeiden, daß an den Elektroden eine durch die äußere Gegenspannung erzwungene Stoffabscheidung (Polarisierung der Elektroden) eintritt. Die Potentialdifferenz $\Delta\varphi$ zwischen den Elektroden, die unter diesen Bedingungen der EMK der Zelle entspricht, ist nun (AP/AB) U(S). Sind z. B. U = 1,75 V, AP = 31,8 cm und AB = 50 cm, so ist $\Delta\varphi$ ($\hat{=}$ EMK) = 1,113 V.

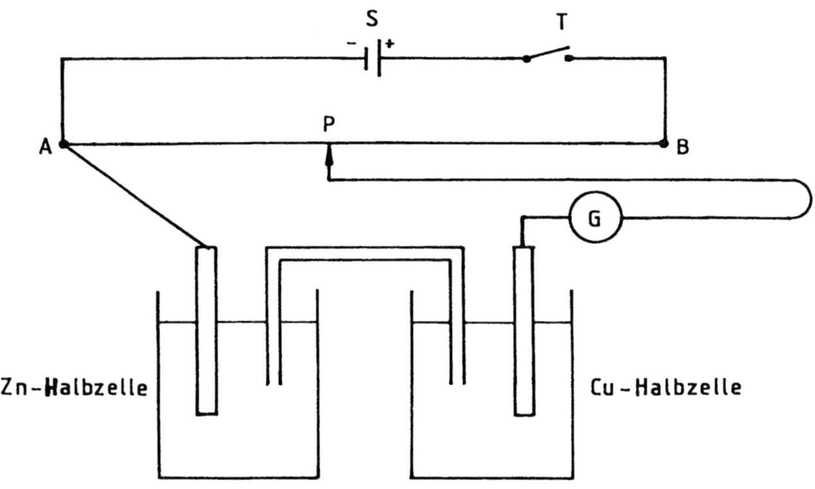

Abb. 12.3 Poggendorff'sche Kompensationsschaltung (Erklärung im Text)

12.2 DAS STANDARDPOTENTIAL UND DIE ELEKTROCHEMISCHE SPANNUNGSREIHE

Ersetzt man beim Daniell-Element die Zn- durch eine Ag-Halbzelle (Ag-Elektrode eintauchend in $AgNO_3$-Lösung), ist das Zellenschema

$Cu/Cu^{2+}//KNO_3(aq)//Ag^+/Ag$

Cu ist jetzt die Anode, Ag die Kathode; Elektronen fließen im Außenleiter vom Cu zum Ag.

Als Bezugssystem für die EMK-Messung hat man die Standard-Wasserstoffelektrode (SHE) festgelegt, deren Aufbau Abb. 12.4 zeigt.

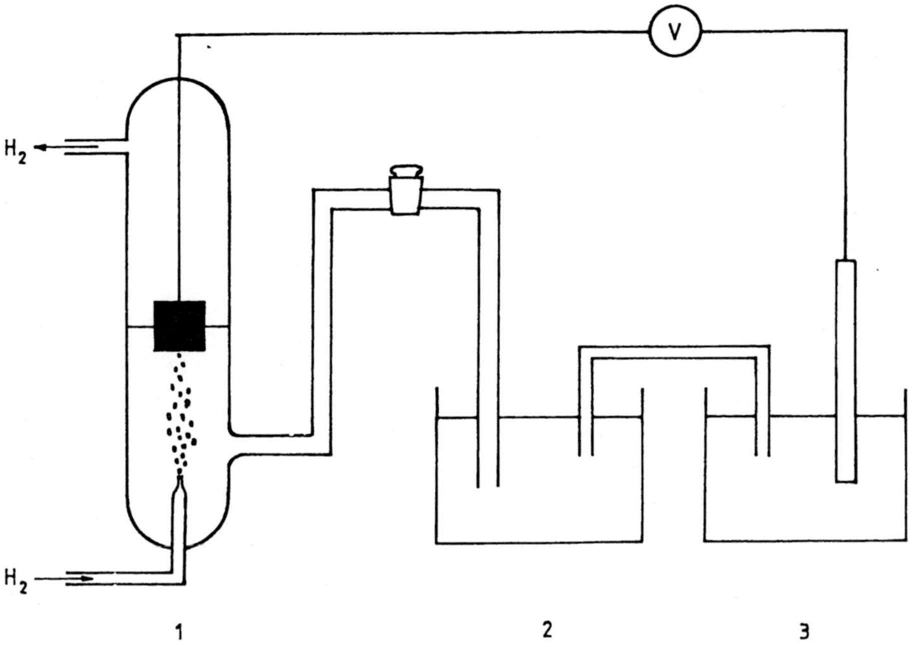

Abb. 12.4 Prinzip der Messung des Standardpotentials mit Hilfe der SHE (Erklärung im Text)

Die SHE (1) besteht aus einem zylinderförmigen Gefäß, das teilweise mit Salzsäure (H^+-Ionenaktivität $a(H^+)$ = 1 mol/l; pH = 0) gefüllt ist. In diese Säure taucht etwa zur Hälfte eine platinierte Pt-Elektrode, die mit Wasserstoff unter dem Druck p = 1,01325 bar umspült wird. Die Temperatur der Salzsäure beträgt 298,15 K. Die Platinierung besteht aus fein verteiltem (schwarzem) Pt, das durch Elektrolyse einer Lösung von $H_2[PtCl_4]$ auf der Oberfläche des als Kathode geschalteten Pt-Bleches abgeschieden wird, und sorgt für eine große Oberfläche der Elektrode. Dadurch wird der Elektronenaustausch zwischen den H_2-Molekülen des Gases und den H^+-Ionen der Säure erleichtert. Der SHE liegt das korrespondierende Redoxpaar $H_2(g) \rightleftarrows 2\,H^+(aq) + 2\,e^-$ zugrunde. In Abb. 12.4 stellt (3) die Halbzelle dar, deren $\Delta\varphi$ gegenüber der SHE gemessen werden soll, beispielsweise eine Ag-Halbzelle. Zur Messung des Standardpotentials (φ^o) von $Ag \rightleftarrows Ag^+ + e^-$ muß hierbei $a(Ag^+)$ = 1 mol/l und T = 298,15 K betragen.

Man ordnet willkürlich der SHE das Standardpotential φ^o = 0 V zu. Unter den genannten Meßbedingungen hat die Ag-Elektrode gegenüber der SHE die Potentialdifferenz $\Delta\varphi^{o}$ = 0,81 V. Damit ist das Standardpotential des korrespondierenden Redoxpaars Ag/Ag^{+} φ^{o} = 0,81 V. Die Spannungsmessung muß - wie im Abschn. 12.1 erläutert - stromlos erfolgen. Unter dem Standardpotential eines korrespondierenden Redoxpaars Red/Ox versteht man die unter Standardbedingungen stromlos gemessene Potentialdifferenz einer aus diesem Redoxpaar aufgebauten Halbzelle gegenüber der Standard-Wasserstoffelektrode.

In dem besprochenen Beispiel ist zwischen der SHE (1) und der anderen Halbzelle (3) noch ein Gefäß (2) mit einer KNO_3- oder NH_4NO_3-Lösung in den Ionenleiterweg eingebaut, damit die Cl^--Ionen der Salzsäure nicht mit den Ag^+-Ionen in (3) in Kontakt kommen, was zur Ausfällung von AgCl führen würde. Das Zellenschema ist

$$(Pt)\ H_2/2\ H^+(a = 1\ mol/l)//KNO_3(aq)//Ag^+(a = 1\ mol/l)/Ag$$

$$\varphi^{o} = 0{,}00\ V \qquad\qquad \varphi^{o} = +\ 0{,}81\ V$$

Das Pluszeichen vor dem Standardpotential von Ag/Ag^+ sagt aus, daß der Elektronentransfer von der SHE zur Ag-Halbzelle verläuft. Ersetzt man die Ag- durch eine Zn-Halbzelle, hat der Elektronenstrom die entgegengesetzte Richtung (Minuszeichen vor dem Standardpotential):

$$Zn/Zn^{2+}(a = 1\ mol/l)//KNO_3(aq)//2\ H^+(a = 1\ mol/l)/H_2\ (Pt)$$

$$\varphi^{o} = -\ 0{,}76\ V \qquad\qquad \varphi^{o} = 0{,}00\ V$$

Die Standard-Wasserstoffelektrode läßt sich relativ schwer handhaben. Es ist nämlich nicht einfach, die Standard-Meßbedingungen exakt und reproduzierbar einzuhalten. Daher benutzt man zur Messung von Standardpotentialen meistens einfacher zu manipulierende Bezugshalbzellen, z. B. eine Kalomel- oder eine Silberchlorid-Elektrode (s. Abschn. 12.5), deren Standardpotential gegenüber der SHE man vorher gemessen hat. Dann lassen sich die gegenüber diesen standardisierten Halbzellen gemessenen $\Delta\varphi^{o}$-Werte leicht auf die gegenüber der SHE gültigen Werte umrechnen.

Indem man die Standardpotentiale der korrespondierenden Redoxpaare nach steigenden φ^{o}-Werten ordnet, erhält man die elektrochemische Spannungsreihe. Hierin steht das Redoxpaar mit dem negativsten Standardpotential, nämlich Li/Li^+ mit φ^{o} = - 3,05 V, an erster und das Redoxpaar mit dem positivsten Standardpotential, nämlich 2 F^-/F_2 mit φ^{o} = + 2,85 V, an letzter Stelle. Je höher ein Redoxpaar in der Spannungsreihe steht, desto stärker wirkt seine reduzierte Form (Red) als Reduktionsmittel (Reduktor, Elektronen-Donator); je tiefer es

in der Spannungsreihe steht, desto stärker wirkt seine oxidierte Form (Ox) als Oxidationsmittel (Oxidator, Elektronen-Akzeptor). Man vergleiche diesen Sachverhalt mit der Säure-Base-Reihe (Abschn. 5.1).
Betrachtet man z. B. zwei korrespondierende Redoxpaare der Spannungsreihe

Red 1 $\rightleftarrows$ Ox 1 + z_1 e^- (mit φ_1^o) und Red 2 $\rightleftarrows$ Ox 2 + z_2 e^- (mit φ_2^o),

wobei $\varphi_1^o < \varphi_2^o$ ist, so liegt das Gleichgewicht einer Elektronentransfer-Reaktion (Redox-Reaktion) dann rechts ($K > 1$; $\Delta G^o < 0$), wenn Red 1 gegenüber Ox 2 als Elektronen-Donator auftritt. K ist umso größer (ΔG^o umso stärker negativ), je größer die Differenz der Standardpotentiale ($\Delta\varphi^o$) der beiden am Elektronentransfer beteiligten Redoxpaare ist. Quantitative Beziehungen hierzu werden im nächsten Abschnitt besprochen. Eine Auswahl von φ^o-Werten findet sich im Anhang A 3.2. Biologisch wichtige Standardpotentiale sind in Tabelle 12.1 zusammengestellt.
Beteiligen sich H^+-Ionen an einem korrespondierenden Redoxpaar, z. B. in dem System NADH + H^+ $\rightleftarrows$ NAD^+ + 2 H^+ + 2 e^-, so wäre die gemäß den Standardbedingungen zu fordernde $a(H^+) = 1$ mol/l (pH = 0) mit den Bedingungen von Stoffwechselprozessen i. a. nicht zu vereinbaren. Daher legt man für solche Fälle <u>physiologische (biochemische) Standardpotentiale</u> ($\varphi^{o\prime}$) fest und bezieht sich dabei auf $a(H^+) = a(OH^-) = 10^{-7}$ mol/l (pH = 7). Die übrigen Festlegungen (T, p, Aktivitäten anderer Ionen) bleiben bestehen.

12.3 ENERGETIK DES ELEKTRONENTRANSFERS

Unter elektrischer Energie oder Arbeit (w_{el}) versteht man das Produkt aus Spannung (U) und Ladung (Q):

(12.1) $$w_{el} = U\,Q$$

Um ungleichnamige Ladungen voneinander zu trennen, muß Energie aufgewandt werden. Dies geschieht in jeder Spannungsquelle, in elektrochemischen Zellen auf Kosten der in den Reaktanten gespeicherten chemischen Energie. Beim Fluß von Ladungen zwischen Orten unterschiedlichen Potentials wird Energie frei. Wenn z. B. in einer Daniell'schen Zelle ein Elektronentransfer zwischen 1 mol Zn und 1 mol Cu^{2+} stattfindet, entspricht die freiwerdende elektrische Energie dem Produkt aus der Potentialdifferenz $\Delta\varphi$ und der zweifachen Gesamtladung von 1 mol Elektronen (2 F):

(12.2 a) $$w_{el} = 2\,F\,\Delta\varphi$$

F ist die Faraday-Konstante, deren Bedeutung im nächsten Kapitel ausführlich besprochen wird. Mit 2 ist deshalb zu multiplizieren, weil ein Zn-Atom 2 Elektronen abgibt und ein Cu^{2+}-Ion 2 Elektronen aufnimmt. Beträgt allgemein die Zahl der zwischen dem Elektronen-Donator und -Akzeptor ausgetauschten Elektronen z, gilt

(12.2 b) $w_{el} = z\ F\ \Delta\varphi$

Für den Fall $2\ Al + 3\ Cu^{2+} \rightleftarrows 2\ Al^{3+} + 3\ Cu$ müßte also $z = 6$ gesetzt werden. Dann bezieht sich allerdings der errechnete Energiebetrag nicht auf 1 mol der Reaktanten, sondern auf die durch die stöchiometrischen Koeffizienten gegebenen Stoffmengen.

Um zu einer Beziehung zwischen $\Delta\varphi$ und ΔG des Elektronentransfers zu gelangen, geht man von den Gln. (9.11) und (9.12) aus. Nach (6.2 b) ersetzt man hierin dE durch dq - dw. Legt man konstante Temperatur ($dT = 0$) und konstanten Druck ($dp = 0$) fest, erhält man

(12.3) $dG = dq - dw + p\ dV - T\ dS$

Man mißt die Potentialdifferenz stromlos (s. Abschn. 12.1). Der Elektronentransfer läuft unter dieser Bedingung also reversibel ab:

(12.4) $dG = dq_{rev} - dw_{rev} + p\ dV - T\ dS$

Nach der Clausius'schen Definitionsgleichung (7.14) ersetzt man dq_{rev} durch T dS (für eine differentielle Entropieänderung):

(12.5) $dG = T\ dS - dw_{rev} + p\ dV - T\ dS = -\ dw_{rev} + p\ dV$

Durch Integration geht diese Gl. über in

(12.6) $\Delta G = -\ w_{rev} + p\ \Delta V$

In einer reversibel arbeitenden elektrochemischen Zelle besteht die verrichtete Arbeit $w_{rev} = w_{max}$ aus der elektrischen Arbeit w_{el} und der gegen den Umgebungsdruck verrichteten pV-Arbeit (s. Abschn. 6.1), wobei letztere nur im Falle der Beteiligung von Gasen beachtet werden muß:

(12.7) $w_{rev} = w_{max} = w_{el} + p\ \Delta V$

Durch Einsetzen von (12.7) in (12.6) ergibt sich

(12.8) $\Delta G = -\ (w_{el} + p\ \Delta V) + p\ \Delta V = -\ w_{el}$

Durch Vergleich von (12.8) und (9.9) erkennt man, daß die unter reversiblen Bedingungen von einer elektrochemischen Zelle verrichtete elektrische Arbeit mit der Nutzarbeit der in der Zelle ablaufenden Elektronentransfer-Reaktion identisch ist: $w_{el} = w_{Nutz}$. Damit stellt die Gibbs-Energie einer solchen Reaktion ein Maß für ihre maximale Nutzarbeit dar. Aus (12.2 b) und (12.8) folgt die wichtige Gleichung

(12.9 a) $\Delta G = - z F \Delta\varphi$

bzw. für Standardbedingungen

(12.9 b) $\Delta G^{o} = - z F \Delta\varphi^{o}$

Die große Bedeutung dieser Gleichung besteht darin, daß man mit ihrer Hilfe für jede Elektronentransfer-Reaktion, auf deren Grundlage sich eine elektrochemische Zelle realisieren läßt, aus der stromlos gemessenen Potentialdifferenz (also aus der EMK) ΔG bzw. ΔG^{o} berechnen kann. Mißt man außerdem kalorimetrisch die Reaktionsenthalpie ΔH bzw. ΔH^{o} oder bestimmt diese aus den Bildungsenthalpien der Reaktanten nach (6.16 a) bzw. (6.16 b), dann kann man unter Verwendung der thermodynamischen Grundgleichung (9.2 a) bzw. (9.2 b) die Reaktionsentropie einer solchen Reaktion auf bequeme Weise ermitteln.

Beispiel:

Für die in der Daniell'schen Zelle ablaufende Reaktion $Zn + Cu^{2+} \rightleftarrows Zn^{2+} + Cu$ ist $\Delta\varphi^{o} = 1{,}11$ V. Daraus ergibt sich mit (12.9 b)

$\Delta G^{o} = - 2 \cdot 96485 \text{ C/mol} \cdot 1{,}11 \text{ V} = - 214{,}2 \text{ kJ/mol}$

Aus den Standard-Bildungsenthalpien erhält man $\Delta H^{o} = - 219$ kJ/mol und aus diesen beiden Werten gemäß (9.2 b)

$$\Delta S^{o} = \frac{\Delta H^{o} - \Delta G^{o}}{T} = \frac{- 219 \text{ kJ/mol} + 214{,}2 \text{ kJ/mol}}{298{,}15 \text{ K}} = - 16{,}1 \text{ J K}^{-1} \text{ mol}^{-1}$$

Aus (9.32) und (12.9 b) folgt eine weitere wichtige Gleichung:

(12.10) $\ln K_a = \frac{z F \Delta\varphi^{o}}{R T}$

Auf die in der Daniell'schen Zelle ablaufende Elektronentransfer-Reaktion angewandt:

$$\ln K_a = \frac{2 \cdot 96485 \text{ C mol}^{-1} \cdot 1{,}11 \text{ V}}{8{,}3144 \text{ J K}^{-1} \text{ mol}^{-1} \cdot 298{,}15 \text{ K}} = 86{,}4 \quad \text{und} \quad K_a = 3{,}3 \cdot 10^{37}$$

Man vergleiche dieses Ergebnis mit dem im Abschn. 12.4 auf andere Weise berechneten Wert. Dieser sehr große Wert von K_a sagt aus, daß die Edukte Zn und Cu^{2+} praktisch vollständig in die Produkte Zn^{2+} und Cu umgewandelt werden. Stellt man also bei einer elektrochemischen Zelle eine leitende Verbindung zwischen den Elektroden her, dann fließt solange ein Elektronenstrom von der Anode zur Kathode, bis der durch den Wert von K_a charakterisierte Gleichgewichtszustand erreicht ist. Durch einen in den Außenleiter eingebauten Elektromotor kann die elektrische Energie dieses Elektronenflusses in nützliche Arbeit, z. B. zum Antrieb von Fahrzeugen oder zum Heben von Lasten, transformiert werden. Im Stoffwechsel der Organismen erfolgt eine Transformation der elektrischen Energie des Elektronenflusses in chemische Energie (ATP-Synthese), die wiederum zum Antrieb endergonischer Synthesereaktionen (chemische Arbeit), zum Transport von Stoffen gegen Konzentrationsgefälle (osmotische Arbeit) und zur Trennung ungleichnamiger Ladungen an Nervenmembranen (elektrische Arbeit) aufgewandt wird (s. Kap. 15).

12.4 DIE NERNST'SCHE GLEICHUNG

Durch Einsetzen der Gln. (12.9 a) und (12.9 b) in Gl. (9.30) erhält man

$$(12.11) \quad - z\,F\,\Delta\varphi = - z\,F\,\Delta\varphi^o + R\,T \ln Q_a$$

Daraus wird durch Umstellen

$$\Delta\varphi = \Delta\varphi^o - \frac{R\,T}{z\,F} \ln Q_a$$

Es sei zunächst eine galvanische Kette mit einer $H_2/2\ H^+$- und einer Cu/Cu^{2+}-Halbzelle betrachtet (beide unter Standardbedingungen). Für den in der Kette ablaufenden Vorgang $H_2 + Cu^{2+} \rightarrow 2\ H^+ + Cu$ ist

$$Q_a = \frac{a^2(H^+)\ a(Cu)}{a(H_2)\ a(Cu^{2+})}$$

Man benutzt hierbei als Konzentrationsmaß bei kondensierten Phasen (Metallen, in fester oder flüssiger Form vorliegenden Reinstoffen, also auch beim Wasser als Lösungsmittel) den Molenbruch und setzt für solche an galvanischen Ketten beteiligten Komponenten a = 1. Bei Gasen wird der Partialdruck in 101,325 kPa = 1,01325 bar eingesetzt. Der herrschende Partialdruck eines Gases ist also durch 101,325 kPa zu dividieren. Damit ergibt sich für Gase unter Standarddruck ebenfalls a = 1. Die Potentialdifferenz ist die Differenz aus Kathoden- und Anodenpotential: $\Delta\varphi = \varphi(\text{Kathode}) - \varphi(\text{Anode})$. Für den o. g. Fall ist demnach $\Delta\varphi = \varphi(Cu/Cu^{2+}) - \varphi(H_2/2\ H^+)$. Bei der SHE gilt definitionsgemäß $\varphi(H_2/2\ H^+) = \varphi^o(H_2/2\ H^+) = 0$ V. Dadurch vereinfacht sich (12.11) zu

$$(12.12)\quad \varphi(Cu/Cu^{2+}) = \varphi^o(Cu/Cu^{2+}) + \frac{R\ T}{z\ F} \ln \frac{a(Cu^{2+})}{a(Cu)}$$

Man beachte: - ln (a/b) = + ln (b/a).
In allgemeiner Form gilt die Gl. (12.13), die <u>Nernst'sche Gleichung für ein Einzel- oder Halbzellenpotential</u>, für ein beliebiges Redoxpaar:

$$(12.13)\quad \varphi(Red/Ox) = \varphi^o(Red/Ox) + \frac{R\ T}{z\ F} \ln \frac{a(Ox)}{a(Red)}$$

Bei Standardtemperatur ist der Faktor vor dem Logarithmus

$$\frac{R\ T}{z\ F} = \frac{8{,}3144\ J\ K^{-1}\ mol^{-1}\ 298{,}15\ K}{z\ 96485\ C\ mol^{-1}} = \frac{0{,}02569}{z}\ J\ C^{-1} = \frac{0{,}02569}{z}\ V$$

In manchen Rechnungen ist es praktisch, statt des natürlichen den dekadischen Logarithmus zu verwenden (A 1.7). Man erhält dann die folgende häufig benutzte Form der Nernst'schen Gleichung:

$$(12.14)\quad \varphi = \varphi^o + \frac{0{,}0591}{z}\ V\ lg \frac{a(Ox)}{a(Red)}$$

Bei einem Redoxpaar des Typs Red $\rightleftarrows$ Ox^{z+} + z e^- ist der Reduktor (Red) das Metall, das in eine Lösung seines Salzes taucht, oder der Wasserstoff, der als Gas eine Platin-Elektrode umspült. In diesen Fällen bekommt man gemäß den oben erläuterten Festlegungen (Molenbruch von Red X = 1 $\hat{=}$ a = 1):

$$(12.15)\quad \varphi = \varphi^o + \frac{0{,}0591}{z}\ V\ lg\ a(Ox^{z+})$$

ferner für das Redoxpaar $H_2(p_o$ = 101,325 kPa)/2 H^+, da φ^o = 0 V ist,

$$(12.16)\quad \varphi = \frac{0{,}0591}{2}\ V\ lg\ a^2(H^+) = 0{,}0591\ V\ lg\ a(H^+)$$

und mit (5.3)

$$(12.17)\quad \varphi = -\ 0{,}0591\ V\ pH$$

Für ein Redoxpaar des Typs Red^{z-} $\rightleftarrows$ Ox + z e^- gelangt man zu der (12.15) analogen Form

$$(12.18)\quad \varphi = \varphi^o + \frac{0{,}0591}{z}\ V\ lg \frac{1}{a(Red^{z-})} = \varphi^o - \frac{0{,}0591}{z}\ V\ lg\ a(Red^{z-})$$

In diesem Fall ist der Molenbruch des ungeladenen Nichtmetalls (Oxidator des Redoxpaars) X = 1.
Für das komplexe Redoxsystem Mn^{2+} + 4 H_2O $\rightleftarrows$ MnO_4^- + 8 H^+ + 5 e^- gilt nach dem oben Gesagten die Nernst'sche Gleichung in der Form

$$\varphi = \varphi^{o} + \frac{0{,}0591}{5}\ \mathrm{V}\ \lg \frac{a(MnO_4^-)\ a^8(H^+)}{a(Mn^{2+})}$$

Bei einer von T = 298,15 K abweichenden Temperatur ändert sich der Wert des Faktors vor dem Logarithmus. Für verdünnte Lösungen kann mit Konzentrationen statt mit Aktivitäten gerechnet werden. Die folgenden Beispiele verdeutlichen die Anwendung der Nernst'schen Gleichung.

Beispiele:

(a) Das Potential einer Wasserstoff-Elektrode bei pH = 7 beträgt gemäß Gl. (12.17) $\varphi = -0{,}414$ V, sofern im übrigen Standardbedingungen vorliegen. Alle Metalle, deren Standardpotential negativer ist als - 0,414 V, sollten also Wasserstoff aus Wasser freisetzen können, z. B. $Mg + 2\ H_2O \rightarrow Mg(OH)_2 + H_2$; $Zn + 2\ H_2O \rightarrow Zn(OH)_2 + H_2$; $2\ Al + 6\ H_2O \rightarrow 2\ Al(OH)_3 + 3\ H_2$ etc. Bei Mg tritt diese Reaktion auch tatsächlich (bei Raumtemperatur allerdings langsam) ein. Bei Zn und Al bilden die entstehenden schwer löslichen Hydroxide eine Schutzschicht auf der Metalloberfläche, die das Metall vor einem weiteren Angriff des Wassers schützt. Diese Reaktionen sind daher thermodynamisch möglich, kinetisch jedoch gehemmt.

(b) Analog zur SHE ist die Standard-Sauerstoffelektrode (SOE) eine von O_2 (p = 1,01325 bar) umspülte Pt-Elektrode, die in eine konzentrierte Lauge mit $a(OH^-) = 1$ mol/l (pH = 14) bei T = 298,15 K eintaucht. Der potentialbildende Vorgang ist $4\ OH^- \rightleftarrows O_2 + 2\ H_2O + 4\ e^-$ ($\varphi^o = +\ 0{,}40$ V). Bei pH = 7 wird das Potential dieser Elektrode gemäß (12.18)

$$\varphi = \varphi^{o} - \frac{0{,}0591}{4}\ \mathrm{V}\ \lg a^4(OH^-) = \varphi^{o} - 0{,}0591\ \mathrm{V}\ \lg a(OH^-) = \varphi^{o} + 0{,}0591\ \mathrm{V}\ \mathrm{pOH}$$

$$\varphi = +\ 0{,}40\ \mathrm{V} + 0{,}0591\ \mathrm{V}\ 7 = +\ 0{,}814\ \mathrm{V}$$

Alle Oxidationsmittel mit einem positiveren Standardpotential als + 0,814 V müßten vom thermodynamischen Standpunkt in der Lage sein, aus Wasser Sauerstoff freizusetzen. Das Redoxsystem $MnO_2 + 4\ OH^- \rightleftarrows MnO_4^- + 2\ H_2O + 3\ e^-$ hat das Standardpotential $\varphi^o = +\ 1{,}23$ V. Der thermodynamisch mögliche Vorgang $4\ MnO_4^- + 2\ H_2O \rightarrow 4\ MnO_2 + 4\ OH^- + 3\ O_2$ tritt aber aufgrund kinetischer Hemmung nicht ein; beim Auflösen von $KMnO_4$ in Wasser entwickelt sich kein Sauerstoff.

(c) Die Potentialdifferenz zwischen einer Wasserstoff- und einer Sauerstoff-Elektrode beträgt, wenn abgesehen vom pH-Wert Standardbedingungen eingehalten werden, bei jedem pH-Wert $\Delta\varphi$ = + 0,814 V - (- 0,414 V) = 1,228 V. Man kann eine elektrochemische Zelle bauen, in deren Wasserstoff-Halbzelle die Reaktion $H_2 - 2\ e^- \rightarrow 2\ H^+$ und in deren Sauerstoff-Halbzelle die Reaktion $1/2\ O_2 + H_2O + 2\ e^- \rightarrow 2\ OH^-$ abläuft. Diese beiden Halbzellen-Reaktionen ergeben bei Addition die Knallgas-Reaktion $H_2 + 1/2\ O_2 \rightarrow H_2O$. Die von der Zellen-Reaktion gelieferte Gibbs-Energie ist gemäß (12.9 b)

$$\Delta G^o = -2\ \ 96485\ \text{C/mol}\ 1{,}228\ \text{V} = -237\ \text{kJ/mol}$$

Sie entspricht also präzise dem aus den Standard-Bildungsenthalpien und den Standard-Entropien der Reaktanten berechneten Wert von $\Delta G^o{}_f(H_2O,\ l)$. Eine derartige "Knallgas-Brennstoffzelle", deren Realisierung allerdings noch einige hier nicht weiter erörterte technische Details erfordert, arbeitet völlig abgasfrei. Die beim Zünden eines Knallgas-Gemisches lediglich als Wärme freiwerdende Energie tritt beim Arbeiten dieser Zelle zu einem beträchtlichen Teil als nützliche elektrische Energie auf.

(d) Durch $KMnO_4$ kann man Cl^-, Br^- und I^- (nicht aber F^-) zu den entsprechenden Halogenen oxidieren. Welche Grenze darf der pH-Wert nicht überschreiten, wenn durch $MnO_4{}^-$ z. B. Chlorid zu Chlor oxidiert werden soll ? Es sei dabei vorausgesetzt, daß $a(Cl^-)$ = 1 mol/l ist und daß $a(Mn^{2+}) : a(MnO_4{}^-)$ sich wie 1 : 1000 verhalten. (Auch ein analysenreines Oxidationsmittel enthält eine geringe Menge des korrespondierenden Reduktionsmittels und umgekehrt). Zum Ablauf dieser Reaktion muß $\varphi(Mn^{2+}/MnO_4{}^-) > \varphi(Cl^-/Cl_2)$ sein. Das ist unter den angenommenen Bedingungen dann der Fall, wenn

$$\varphi^o(Mn^{2+}/MnO_4{}^-) + \frac{0{,}059}{5}\ \text{V}\ \lg \frac{a(MnO_4{}^-)\ a^8(H^+)}{a(Mn^{2+})} > 1{,}36\ \text{V}$$

$$1{,}51\ \text{V} + 0{,}012\ \text{V}\ \lg \frac{1000\ a^8(H^+)}{1} > 1{,}36\ \text{V}$$

$$\lg a(H^+) > -1{,}2 \text{ und daher pH} < 1{,}2$$

Entsprechende Rechnungen für die beiden anderen Halogenide zeigen, daß Br^- schon in schwach saurer Lösung zu Br_2 und I^- sogar in neutraler Lösung zu I_2 oxidierbar sind.

Die Gleichgewichtskonstante einer Elektronentransfer-Reaktion Red 1 + Ox 2 $\rightarrow$ Ox 1 + Red 2 (mit $\varphi_1^o < \varphi_2^o$) läßt sich mit Hilfe der Nernst'schen Gleichung noch auf andere Weise berechnen als in Abschn. 12.3 mit Gl. (12.10). Im

Gleichgewicht ist nämlich $\Delta\varphi = \varphi_1 - \varphi_2 = 0$, d. h. $\varphi_1 = \varphi_2$. Aus (12.14) ergibt sich daher bei T = 298,15 K für den Gleichgewichtszustand

$$\varphi_1^o + \frac{0{,}059}{z} \text{ V lg } \frac{a(\text{Ox 1})}{a(\text{Red 1})} - \varphi_2^o - \frac{0{,}059}{z} \text{ V lg } \frac{a(\text{Ox 2})}{a(\text{Red 2})} = 0$$

Das führt nach algebraischer Vereinfachung zu folgendem Ausdruck:

$$(12.19) \quad \lg K_a = \frac{z(\varphi_2^o - \varphi_1^o)}{0{,}059 \text{ V}} \quad \text{für } K_a = \frac{a(\text{Ox 1})\ a(\text{Red 2})}{a(\text{Red 1})\ a(\text{Ox 2})}$$

Für die in der Daniell'schen Zelle ablaufende Reaktion ist damit

$$\lg K_a = \frac{2 \quad 1{,}11 \text{ V}}{0{,}059 \text{ V}} = 37{,}6 \quad \text{und} \quad K_a = 4 \quad 10^{37}$$

In einer Ag/Ag^+-Konzentrationskette (s. Abschn. 12.1) mit $a_1(Ag^+) = 0{,}01$ mol/l und $a_2(Ag^+) = 0{,}1$ mol/l mißt man bei T = 298,15 K die Potentialdifferenz $\Delta\varphi$ = 59 mV. Verdünnt man die $AgNO_3$-Lösung auf der Anodenseite weiter auf $a(Ag^+) = 10^{-3}$ und 10^{-4} mol/l, dann steigt die Spannung nach jedem Verdünnungsschritt um 59 mV an. Die theoretische Deutung dieses Befundes folgt aus der Nernst'schen Gleichung für eine Konzentrationskette. In der hier betrachteten Kette mit $a_1(Ag^+) < a_2(Ag^+)$ läuft folgender Vorgang ab (s. Abschn. 12.1): $Ag_{(1)} + Ag^+_{(2)} \rightarrow Ag^+_{(1)} + Ag_{(2)}$. Nach (12.11) gilt

$$(12.20) \quad \Delta\varphi = \Delta\varphi^o - \frac{R\ T}{z\ F} \ln \frac{a_1(Ag^+)}{a_2(Ag^+)} \quad \text{mit} \quad Q_a = \frac{a_1(Ag^+)\ a_2(Ag)}{a_1(Ag)\ a_2(Ag^+)}$$

Die Standardpotentiale beider Halbzellen sind einander gleich, da es sich ja in beiden Fällen um das gleiche Redoxpaar handelt, also $\Delta\varphi^o = \varphi^o(Ag_{(2)}/Ag^+_{(2)}) - \varphi^o(Ag_{(1)}/Ag^+_{(1)}) = 0$. Man erhält somit für die Potentialdifferenz dieser Konzentrationskette die Gleichung

$$(12.21) \quad \Delta\varphi = \frac{R\ T}{z\ F} \ln \frac{a_2(Ag^+)}{a_1(Ag^+)}, \quad (a_2 > a_1)$$

und unter Einführung der gleichen Vereinfachungen wie in der Nernst'schen Gleichung für ein Einzel- oder Halbzellenpotential

$$(12.22) \quad \Delta\varphi = \frac{0{,}0591}{z} \text{ V lg } \frac{a_2}{a_1} \quad (\text{bei T} = 298{,}15 \text{ K})$$

Im Falle der Ag/Ag^+-Konzentrationskette ist z = 1. Der oben erwähnte Befund, daß $\Delta\varphi$ = 59 bzw. 118 bzw. 177 mV für $a_2 : a_1$ = 10 : 1 bzw. 100 : 1 bzw. 1000 : 1 ist, läßt sich also mit Gl. (12.22) leicht deuten.

Es wäre aufwendig, aber prinzipiell möglich, den pH-Wert einer Lösung mit Hilfe einer Wasserstoff-Konzentrationskette zu messen. Eine der Wasserstoff-Elektroden (Pt-Elektroden, umspült von H_2 unter Standarddruck) müßte in eine Lösung mit bekanntem pH-Wert, die andere in die Lösung mit dem zu bestimmenden pH-Wert eintauchen. Für diesen Fall überführt man (12.22) zweckmäßig in

(12.23) $\Delta\varphi = 0{,}0591\ \mathrm{V}\ (pH_1 - pH_2)$

Wie man aus den Gln. (12.22) und (12.23) ersieht, erhält $\Delta\varphi$ ein positives Vorzeichen, wenn die zu bestimmende $a_2(H^+)$ größer ist als die bekannte $a_1(H^+)$ bzw. das zu bestimmende pH_2 kleiner ist als das bekannte pH_1. Bei dieser Meßanordnung muß nach der Bestimmung der Potentialdifferenz die Stromrichtung (Elektronenflußrichtung) im Außenleiter ermittelt werden. Sie verläuft - wie bereits erläutert - von der Halbzelle mit der geringeren zu der Halbzelle mit der größeren Ionenaktivität.

Beispiel:

pH_1 sei 6,00 und $\Delta\varphi$ = 180 mV (physikalische Stromrichtung im Außenleiter von Halbzelle 1 zu Halbzelle 2). Dann ergibt sich mit (12.23)

$$pH_2 = pH_1 - \frac{\Delta\varphi}{59{,}1\ \mathrm{mV}} = 2{,}95$$

Ein pH-Meter ist im Prinzip ein hochohmiges Spannungsmeßgerät, das die zwischen einer Halbzelle mit bekannter und einer Lösung mit zu bestimmender Wasserstoffionen-Aktivität herrschende Potentialdifferenz als pH-Wert angibt.

12.5 DIE SILBERCHLORID- UND DIE KALOMEL-ELEKTRODE

Das Einzelpotential einer Ag-Elektrode hängt nach Gl. (12.15) bei konstanter Temperatur von $a(Ag^+)$ ab. Taucht eine Ag-Elektrode in eine KCl-Lösung, die als festen Bodenkörper AgCl enthält, so wird $a(Ag^+)$ gemäß dem Löslichkeitsprodukt (s. Abschn. 4.2) des AgCl, nämlich $a(Ag^+)\ a(Cl^-) = K_L(AgCl)$, von $a(Cl^-)$ beeinflußt. Dadurch hängt das Potential einer solchen Elektrode indirekt von $a(Cl^-)$ ab. Eine derartige Elektrode, bei der das Metall mit einer Schicht eines schwer löslichen Salzes seines Kations (hier Ag mit AgCl) überzogen ist und in eine Salzlösung taucht, die das Anion des schwer löslichen Salzes (hier KCl) enthält, nennt man eine Elektrode 2. Art. Den Gegensatz dazu bildet eine Elektrode 1. Art, bei der das Metall in die Lösung eines Salzes seines Kations taucht, z. B. Ag in eine $AgNO_3$-Lösung. Den Aufbau einer AgCl-Elektrode zeigt Abb. 12.5.

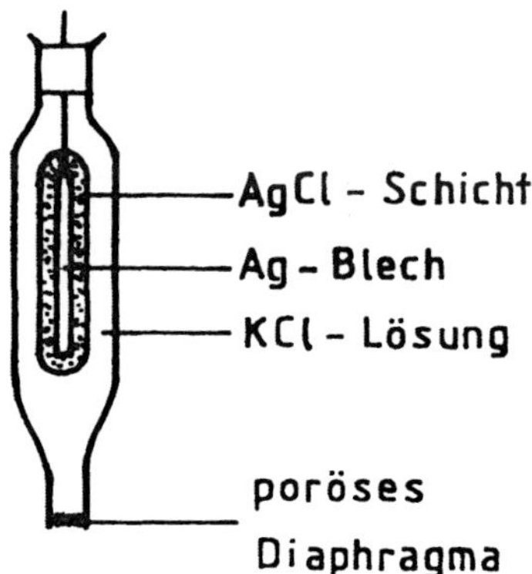

Abb. 12.5 Silberchlorid-Elektrode

Der AgCl-Überzug wird dadurch auf die Ag-Elektrode gebracht, daß man diese bei der Elektrolyse einer Cl^--Ionen enthaltenden Lösung als Anode verwendet. Dabei entwickelt sich Chlor, das das Silber an der Oberfläche angreift und mit ihm zu AgCl reagiert. Beim Eintauchen dieser AgCl-Elektrode in eine KCl-Lösung mit einer bestimmten $a(Cl^-)$ stellt sich ein konstantes Potential ein, das auf dem Vorgang $Ag(s) + Cl^-(aq) \rightleftarrows AgCl(s) + e^-$ beruht und definiert ist durch

(12.24) $\varphi(AgCl) = \varphi^o(Ag^+) + \frac{RT}{F} \ln a(Ag^+)$

und aufgrund von $a(Ag^+) = K_L(AgCl)/a(Cl^-)$

(12.25) $\varphi(AgCl) = \varphi^o(Ag^+) + \frac{RT}{F} \ln K_L(AgCl) - \frac{RT}{F} \ln a(Cl^-)$

(12.26) $\varphi(AgCl) = \varphi^o(AgCl) - \frac{RT}{F} \ln a(Cl^-)$

Die ersten beiden Glieder auf der rechten Seite von Gl. (12.25) sind bei konstanter Temperatur konstante Größen. Ihre Summe stellt das Standardpotential $\varphi^o(AgCl) = + 0{,}2224$ V dar, also das Potential, das die AgCl-Elektrode bei $a(Cl^-) = 1$ mol/l und T = 298,15 K gegenüber der Standard-Wasserstoffelektrode hat. Mit diesem Wert läßt sich unter Verwendung von (12.25) das Löslichkeitsprodukt von AgCl bestimmen. Es werden folgende Potentiale der AgCl-Elektrode gemessen:

in KCl-Lösung (c = 0,1 mol/l) φ = 0,287 V bei 20 °C;
in KCl-Lösung (c = 1 mol/l) φ = 0,235 V bei 20 °C;
in KCl-Lösung (c = 1 mol/l) φ = 0,239 V bei 25 °C;
in KCl-Lösung (gesättigt) φ = 0,202 V bei 20 °C;
in KCl-Lösung (gesättigt) φ = 0,197 V bei 25 °C

Diese Potentiale sind bei den angegebenen Bedingungen konstant und genau reproduzierbar. Sie beziehen sich natürlich auf die SHE. Mit Hilfe der Gln. (12.25) und (12.26) kann man aus diesen Potentialen die Aktivitäten der Cl^--Ionen in KCl-Lösungen bestimmter Konzentrationen ermitteln.

Beispiel:

Für eine KCl-Lösung mit $c(Cl^-)$ = 1 mol/l erhält man bei 20 °C die $a(Cl^-)$ mit Gl. (12.26) wie folgt:

$$\ln a(Cl^-) = \frac{(0,2224\ V - 0,235\ V)\ 96485\ C\ mol^{-1}}{8,3144\ J\ K^{-1}\ mol^{-1}\ 293,15\ K} = -\ 0,499$$

$a(Cl^-) = 0,607$ mol/l und damit nach (3.18) $f_a = 0,607$

Eine weitere häufig benutzte Elektrode 2. Art ist die Kalomel-Elektrode, deren Aufbau in Abb. 12.6 dargestellt ist.

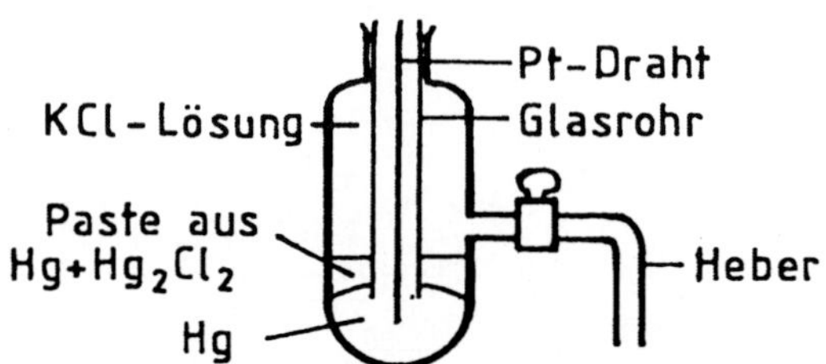

Abb. 12.6 Kalomel-Elektrode

Auf dem Boden des Gefäßes befindet sich Quecksilber, darüber eine Paste, die durch Verreiben von Quecksilber und Kalomel (Hg_2Cl_2) mit etwas KCl-Lösung, die den übrigen Raum des Gefäßes füllt, hergestellt wird. Die KCl-Lösung ist mit Hg_2Cl_2 gesättigt. Ein in einem Glasrohr geführter Pt-Draht steht mit dem Quecksilber im Kontakt und dient als Elektronenzu- und -ableiter. Für diese Elektrode, die auf dem Redoxsystem $2\ Hg(l) + 2\ Cl^-(aq) \rightleftarrows Hg_2Cl_2(s) + 2\ e^-$ beruht, gilt analog zu (12.25) und (12.26)

(12.27) $\varphi(Hg_2Cl_2) = \varphi^o(Hg_2^{2+}) + \frac{R\,T}{2\,F} \ln K_L(Hg_2Cl_2) - \frac{R\,T}{2\,F} \ln a^2(Cl^-)$

(12.28) $\varphi(Hg_2Cl_2) = \varphi^o(Hg_2Cl_2) - \frac{R\,T}{2\,F} \ln a^2(Cl^-)$

Das Standardpotential der Kalomel-Elektrode gegenüber der SHE ist $\varphi^o(Hg_2Cl_2) = +\ 0{,}2679$ V bei T = 298,15 K. Die Potentiale einer Kalomel-Elektrode sind:
in KCl-Lösung (c = 0,1 mol/l) φ = 0,334 V bei 20 °C;
in KCl-Lösung (c = 1 mol/l) φ = 0,281 V bei 20 °C;
in KCl-Lösung (c = 1 mol/l) φ = 0,283 V bei 25 °C;
in KCl-Lösung (gesättigt) φ = 0,245 V bei 20 °C
Die großen Vorzüge der beiden Elektroden bestehen in ihrer einfachen Handhabung und in der genauen Reproduzierbarkeit ihrer Potentiale. Hat man einmal die Potentiale dieser Elektroden 2. Art gegenüber der SHE gemessen, kann man z. B. Messungen von Standardpotentialen beliebiger Redoxsysteme hiermit einfacher und schneller ausführen.

Beispiel:

Die Redoxpaare Ag/Ag^+ und Zn/Zn^{2+} haben gegenüber der Hg_2Cl_2-Elektrode mit c(KCl) = 1 mol/l die Potentialdifferenzen $\Delta\varphi$ = + 0,529 V bzw. - 1,041 V bei 20 °C. Also haben sie gegenüber der SHE die Potentialdifferenz $\Delta\varphi$ (und damit das Standardpotential φ^o) = + 0,281 V + 0,529 V = + 0,81 V bzw. + 0,281 V - 1,041 V = - 0,76 V. Im 1. Fall läuft in der Kette der Vorgang $2\ Hg + 2\ Cl^- + 2\ Ag^+ \rightarrow Hg_2Cl_2 + 2\ Ag$, im 2. Fall der Vorgang $Zn + Hg_2Cl_2 \rightarrow Zn^{2+} + 2\ Cl^- + 2\ Hg$ ab.

Die AgCl-Elektrode benutzt man auch zur Messung von Membranpotentialen in der Nervenphysiologie.

12.6 DIE GLASELEKTRODE UND DIE EINSTAB-MESSKETTE

Diese jetzt zu besprechenden Elektroden gestatten eine bequeme und genaue Messung des pH-Wertes. Abbildung 12.7 zeigt das Prinzip der pH-Messung mit Hilfe einer Glaselektrode. Die potentialbildenden Vorgänge an einer Glaselektrode sind noch nicht in allen Einzelheiten geklärt, obwohl man solche Elektroden schon lange benutzt.

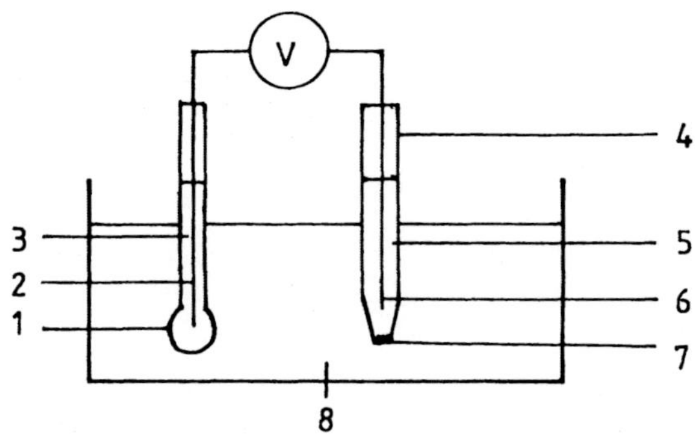

1 Glasmembran
2 innere Ableitung
3 Innenpuffer (pH bekannt)
4 Vergleichselektrode
5 gesättigte KCl-Lösung
6 äußere Ableitung
7 poröse Membran (Diaphragma)
8 Lösung (pH zu messen)

Abb. 12.7 Funktion einer Glaselektrode

An ein Glasrohr ist eine sehr dünnwandige, meistens kugel- oder kegelförmige Glasmembran angeschmolzen. Eine Lösung mit konstantem, bekanntem pH-Wert (Innenpuffer, i. a. pH = 7,00) befindet sich innerhalb des Glaskörpers. Wird diese Elektrode in eine Lösung getaucht, deren pH-Wert zu bestimmen ist, bildet sich in der äußeren Grenzschicht der dünnen Glasmembran gegenüber der Außenlösung und in der inneren Grenzschicht gegenüber dem Innenpuffer je ein Grenzflächenpotential, das von der Wasserstoffionen-Aktivität der umgebenden Lösung und von der konstanten Wasserstoffionen-Aktivität des Innenpuffers abhängt. Zur Ableitung des inneren Potentials kann z. B. ein Pt-Draht dienen, der in den Innenpuffer taucht. Dabei geht das primär durch Ladungstrennung entstandene Potential (s. Abschn. 12.1) auf einen metallischen Elektronenleiter über, der mit dem Ort der Entstehung des Potentials, nämlich der dünnen Glasmembran, in elektrisch leitender Verbindung steht. Als Referenz-Halbzelle verwendet man eine Hg_2Cl_2- oder eine AgCl-Elektrode (jeweils in gesättigter KCl-Lösung). Durch diese Elektrode wird das äußere Grenzflächenpotential abgeleitet. Der gesamten Meßanordnung liegt im Prinzip die folgende elektrochemische Kette zugrunde:

	+ | -		+ | -		|		
Pt/Innenpuffer	+ | -	Glasmembran	+ | -	Außenlösung	|	Referenz-Elektrode	
pH bekannt	+ | -		+ | -	pH zu messen	|		
	+ | -		+ | -		|		
innere Ableitung						äußere Ableitung	

Zur Messung der Spannung zwischen der inneren und äußeren Ableitung dient ein hochohmiges Voltmeter, dessen Skala auf pH-Werte umgeeicht ist. Nach Gl.

(12.23) entspricht ja bei T = 298,15 K der Differenz ΔpH = 1 theoretisch die Potentialdifferenz Δφ = 59 mV ("Nernst-Spannung"); s. Abb. 12.8.

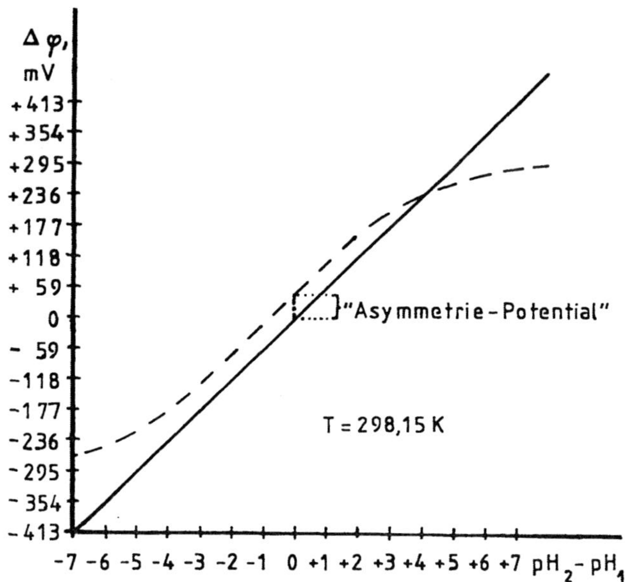

Abb. 12.8 Zusammenhang von ΔpH und Potentialdifferenz zwischen Glas- und Referenz-Elektrode

In der Praxis weicht aber die einer bestimmten pH-Differenz entsprechende Spannung von diesem Wert ab, und zwar besonders stark am unteren und oberen Ende der pH-Skala. Diese Abweichung vergrößert sich mit zunehmendem Alter der Elektrode ("Elektroden-Alterung"). Mit dem Begriff "Elektroden-Steilheit" bezeichnet man das Ausmaß der Abweichung im Anstieg der pH-Kennlinie (gestrichelte Linie in Abb. 12.8) gegenüber der "Nernst-Spannung" (durchgezogene Linie). Befindet sich innerhalb der Glaselektrode ein Innenpuffer mit dem pH-Wert 7,00, so sollte theoretisch gemäß Gl. (12.23) keine Potentialdifferenz meßbar sein, wenn die Außenlösung ebenfalls den pH-Wert 7,00 besitzt und wenn man zur Ableitung in beiden Fällen den gleichen Elektrodentyp (AgCl- oder Hg_2Cl_2-Elektrode) benutzt. In Wirklichkeit tritt aber i. a. eine geringe Potentialdifferenz auf, das sog. "Asymmetrie-Potential" (s. Abb. 12.8), das durch die Materialeigenschaften der Glasmembran bedingt ist. Zur Eichung eines pH-Meters verwendet man zwei Eichpuffer mit genau bekann-

ten pH-Werten. Nach dem Eintauchen der Glas- und der Bezugselektrode bringt man die Anzeige des Gerätes mit Hilfe der an dem Gerät vorhandenen Asymmetrie-Potential- und Steilheitsregler zur Übereinstimmung mit den pH-Werten der beiden Eichpuffer. Dadurch werden die beschriebenen Abweichungen kompensiert.
Bei der Einstab-Meßkette sind Glas- und Referenzelektrode in einem Stab vereinigt (Abb. 12.9).

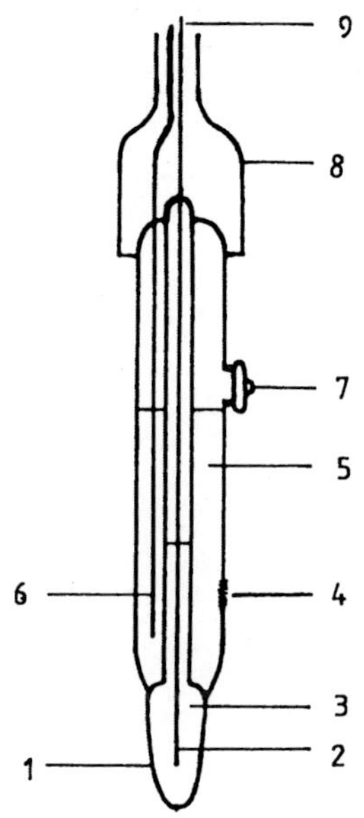

1 Glasmembran
2 innere Ableitung
3 Innenpuffer
4 ionendurchlässiges Diaphragma
5 KCl-Lösung
6 äußere Ableitung
7 Nachfüllöffnung
8 Schutzkappe
9 Koaxialkabel

Abb. 12.9 Aufbau einer Einstab-Meßkette

Die Referenzelektrode befindet sich in dem äußeren Zylinder, der den Schaft der Glaselektrode umgibt. Um das Asymmetrie-Potential möglichst gering zu halten, benutzt man als innere und äußere Ableitung die gleichen Elektrodensysteme, und zwar je eine Hg_2Cl_2- oder AgCl-Elektrode.

12.7 POTENTIOMETRISCHE BESTIMMUNGSMETHODEN

Unter Potentiometrie versteht man Analyseverfahren, die auf der Messung von Potentialdifferenzen beruhen. Dazu gehört auch die pH-Messung mit dem pH-Meter. Hier können nur zwei Beispiele aus diesem wichtigen Gebiet besprochen werden.

Beispiele:

(a) Das Ionenprodukt des Wassers (K_W) läßt sich mit folgendem Versuchsaufbau messen (Abb. 12.10).

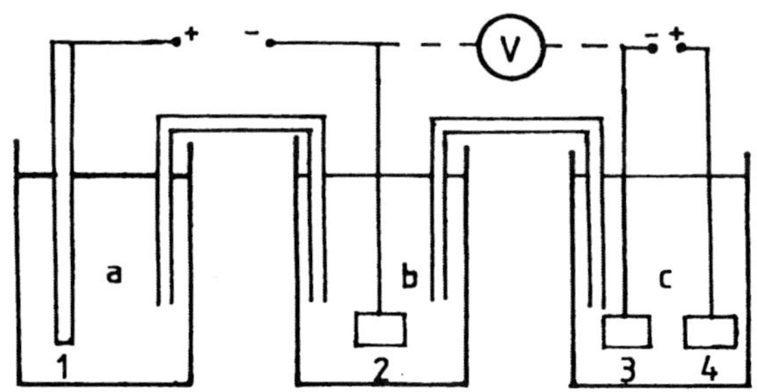

1 Graphit-Elektrode
2,3,4 Platin-Elektroden
a,b Salzsäure
(c = 0,01 mol/l)
$a(H^+) = 9{,}043 \; 10^{-3}$ mol/l
c Natronlauge
(c = 0,01 mol/l)
$a(OH^-) = 9{,}05 \; 10^{-3}$ mol/l

Abb. 12.10 Versuchsaufbau zur Messung von K_W (Erklärung im Text)

Die Elektroden 1, 2, 3 und 4 werden zunächst gemäß Abb. 12.10 mit den Polen von 2 Gleichstromquellen verbunden. Die Elektroden 2 und 3 sind platiniert (s. Abschn. 12.2). Indem man einige Minuten elektrolysiert, scheidet sich an den Pt-Kathoden 2 und 3 Wasserstoff ab. An der Graphit-Anode 1 bildet sich Chlor (das Pt angreifen würde) und an der Pt-Anode 4 Sauerstoff. Eine ausführliche Behandlung der Elektrolyse folgt in Kap. 13. Entfernt man jetzt die Stromquellen, hat man kurzfristig eine Wasserstoff-Konzentrationskette, wobei der Wasserstoff auch annähernd unter Standarddruck vorliegt. Man setzt ein hochohmiges Voltmeter zwischen die Elektroden 2 und 3 und mißt z. B. $\Delta\varphi$ = 585 mV bei T = 298,15 K. Daraus erhält man mit (12.22) die Wasserstoffionen-Aktivität $a_{(c)}(H^+)$ in der Halbzelle c:

$$\lg a_{(c)}(H^+) = \lg a_{(b)}(H^+) - \frac{\Delta\varphi \; z}{0{,}059} = \lg 9{,}043 \;\; 10^{-3} - \frac{585}{59}$$

$$\lg a_{(c)}(H^+) = -\, 11{,}96; \; a_{(c)}(H^+) = 1{,}087 \;\; 10^{-12} \text{ mol/l}$$

Dann ist gemäß (5.2 b)

$$K_W = a_{(c)}(H^+) \; a_{(c)}(OH^-) = 1{,}087 \;\; 10^{-12} \text{ mol/l } 9{,}05 \;\; 10^{-3} \text{ mol/l}$$

$$K_W = 0{,}98 \;\; 10^{-14} \text{ mol}^2/\text{l}^2$$

(b) Zur potentiometrischen Bestimmung des Löslichkeitsproduktes von AgCl wählt man z. B. folgenden Versuchsaufbau:

Halbzelle 1 (Ag/Ag^+); 20 ml $AgNO_3$-Lösung (c = 0,01 mol/l)
Halbzelle 2 (Ag/Ag^+); 100 ml $AgNO_3$-Lösung (c = 0,01 mol/l)
Elektrolytbrücke mit KNO_3(aq)
Das Voltmeter zeigt natürlich keine Potentialdifferenz an, da in beiden Halbzellen die gleiche $a(Ag^+)$ herrscht. Wenn man jetzt in der 1. Halbzelle 80 ml KCl-Lösung (c = 0,01 mol/l) hinzufügt und durch Rühren für eine gleichmäßige Durchmischung der Lösungen sorgt, fällt AgCl aus, und es stellt sich nach kurzer Zeit ein konstanter $\Delta\varphi$-Wert ein. Nunmehr liegt eine Ag/Ag^+-Konzentrationskette vor. Die $c(Cl^-)$ in Halbzelle 1 ist jetzt 0,006 mol/l, abgesehen von der sehr geringen Menge an Cl^--Ionen, die gemäß dem kleinen Löslichkeitsprodukt des AgCl aus dem Bodenkörper in Lösung gehen. Aus der Potentialdifferenz $\Delta\varphi$ = 323 mV der Kette ergibt sich die $c(Ag^+)$ in der Fällungs-Halbzelle (1) mit Gl. (12.22) bei T = 298,15 K. Die geringen Konzentrationen der $AgNO_3$- und der KCl-Lösung kann man ohne großen Fehler den Aktivitäten der Ag^+- und Cl^--Ionen gleichsetzen.

$\lg a_1(Ag^+) = \lg a_2(Ag^+) - \Delta\varphi/59 = -2 - 5,475 = -7,475$

$a_1(Ag^+) = 3,35 \quad 10^{-8}$ mol/l

$K_L(AgCl) = a(Ag^+)\ a(Cl^-) = 3,35 \quad 10^{-8}$ mol/l $6 \quad 10^{-3}$ mol/l

$K_L(AgCl) = 2 \quad 10^{-10}$ mol^2/l^2

12.8 BIOLOGISCHER ELEKTRONENTRANSFER

Unter den in den Organismen ablaufenden chemischen Reaktionen nehmen Elektronentransfer-Prozesse eine bedeutende Stellung ein. Sie sind vor allem an zwei Grundvorgängen des Belebten beteiligt, an der Zellatmung und an der Photosynthese.

Das Prinzip der Zellatmung ist eine kaskadenartig über mehrere Stufen verlaufende Oxidation des aus den veratmeten Substraten stammenden Wasserstoffs durch den aus der Luft oder dem Wasser aufgenommenen Sauerstoff, also eine gezügelte Knallgas-Reaktion. Der Wasserstoff dient somit als primärer Elektronen-Donator (Reduktor) und der Sauerstoff als terminaler Elektronen-Akzeptor (Oxidator). Die Elektronen durchlaufen dabei eine Kette von Redoxsystemen, die sog. Atmungskette. Sie gehen stets von Redoxpaaren stärker negativen bzw. weniger positiven auf Redoxpaare weniger negativen bzw. stärker positiven physiologischen Standardpotentials $\varphi^{o\prime}$ (s. Abschn. 12.2) über. Die am Anfang der Kaskade stehenden Redoxsysteme transportieren die Elektronen zusammen mit Protonen, während im unteren Teil lediglich Elektronen übertragen werden. Das terminale Redoxpaar $4\ OH^- \rightleftarrows O_2 + 2\ H_2O + 4\ e^-$ oder (in äquivalenter Formulierung) $2\ H_2O \rightleftarrows O_2 + 4\ H^+ + 4\ e^-$ hat bei pH = 7 das Potential $\varphi^{o\prime} = +\ 0{,}814$ V (s. Abschn. 12.4). Tabelle 12.1 gibt die $\varphi^{o\prime}$-Werte wichtiger biochemischer Redoxsysteme an.

Tabelle 12.1 Biochemische Standardpotentiale einiger Redoxsysteme (NAD ≙ Nicotinsäureamid-adenin-dinucleotid, NADP ≙ Nicotinsäureamid-adenin-dinucleotid-phosphat, FAD ≙ Flavin-adenin-dinucleotid, FMN ≙ Flavin-mononucleotid, $UChH_2$ ≙ Ubihydrochinon, UCh ≙ Ubichinon)

Reduktor	Oxidator + z e^-	$\varphi^{o\prime}$
$NADH + H^+$	$NAD^+ + 2\ H^+ + 2\ e^-$	− 0,32 V
$NADPH + H^+$	$NADP^+ + 2\ H^+ + 2\ e^-$	− 0,32 V
$FADH_2$	$FAD + 2\ H^+ + 2\ e^-$	− 0,22 V
$FMNH_2$	$FMN + 2\ H^+ + 2\ e^-$	− 0,21 V
$UChH_2$	$UCh + 2\ H^+ + 2\ e^-$	+ 0,10 V
Cytochrom b-Fe^{2+}	Cytochrom b-Fe^{3+} + e^-	+ 0,12 V
Cytochrom c-Fe^{2+}	Cytochrom c-Fe^{3+} + e^-	+ 0,26 V
Cytochrom aa_3-Fe^{2+} (= Cytochromoxidase)	Cytochrom aa_3-Fe^{3+} + e^-	+ 0,28 V

In der Atmungskette übernimmt in den meisten Fällen NAD^+ die Elektronen und Protonen von den Substraten. Das dabei entstehende $NADH + H^+$ leitet die Elektronen und Protonen dann über die folgende Kaskade von Redoxsystemen an den Sauerstoff weiter:

(1) $NADH + H^+ + FAD \rightarrow NAD^+ + FADH_2$

(2) $FADH_2 + UCh \rightarrow FAD + UChH_2$

(3) $UChH_2 + 2\ \text{Cyt b-}Fe^{3+} \rightarrow UCh + 2\ \text{Cyt b-}Fe^{2+} + 2\ H^+$

(4) $2\ \text{Cyt b-}Fe^{2+} + 2\ \text{Cyt c-}Fe^{3+} \rightarrow 2\ \text{Cyt b-}Fe^{3+} + 2\ \text{Cyt c-}Fe^{2+}$

(5) $2\ \text{Cyt c-}Fe^{2+} + 2\ \text{Cyt } aa_3\text{-}Fe^{3+} \rightarrow 2\ \text{Cyt c-}Fe^{3+} + 2\ \text{Cyt } aa_3\text{-}Fe^{2+}$

(6) $2\ \text{Cyt } aa_3\text{-}Fe^{2+} + 1/2\ O_2 + H_2O \rightarrow 2\ \text{Cyt } aa_3\text{-}Fe^{3+} + 2\ OH^-$

Die in (3) freigesetzten 2 H^+-Ionen reagieren mit den in (6) entstehenden 2 OH^--Ionen zu 2 H_2O-Molekülen. Durch Addition von (1) bis (6) erhält man den summarischen Vorgang $NADH + H^+ + 1/2\ O_2 \rightarrow NAD^+ + H_2O$. Die Elektronen "fallen" dabei von $\varphi^{o\prime} = -0{,}32$ V auf $\varphi^{o\prime} = +0{,}814$ V herab. Dieser Potentialsprung von $\Delta\varphi^{o\prime} = 1{,}134$ V entspricht nach (12.9 b) der Gibbs-Energie $\Delta G^{o\prime} = -219$ kJ/mol. An 3 Stellen ist der Elektronenfluß durch die Kaskade der Redoxsysteme der Atmungskette mit der Bildung von ATP gekoppelt (Atmungsketten-Phosphorylierung). Hiermit wird sich Abschn. 15.4 näher befassen. Da die Synthese von ATP aus ADP und P_i die Gibbs-Energie $\Delta G^{o\prime} = +30$ kJ/mol erfordert, ist der bioenergetische Wirkungsgrad des Flusses von 2 mol Elektronen durch die Atmungskette also etwa (3 30/219) 100% = 41% unter physiologischen Standardbedingungen.

In der Photosynthese der höheren Pflanzen muß ein Elektronentransfer entgegen dem Potentialgefälle erfolgen, weil H_2O ($\varphi^{o\prime} = +0{,}81$ V) als Elektronen- (und Protonen-) Donator und $NADP^+$ ($\varphi^{o\prime} = -0{,}32$ V) als Elektronen- (und Protonen-) Akzeptor fungiert. Dieser "Bergauftransport" von Elektronen kann als endergonischer Vorgang nur mit Hilfe eines energetischen Antriebs bewerkstelligt werden, und zwar durch die Energie der auf die Photosynthesepigmente einwirkenden Strahlung. Die hierbei ablaufenden Vorgänge sind außerordentlich komplex und noch nicht in allen Details geklärt. Es steht jedoch fest, daß an dem "Bergauftransport" der Elektronen 2 Photosysteme (bestehend aus Chlorophyll a und b, assoziiert mit Proteinen und Carotinoiden) beteiligt sind. Das folgende Schema (Abb. 12.11) stellt den photosynthetischen Elektronentransport stark vereinfacht dar.

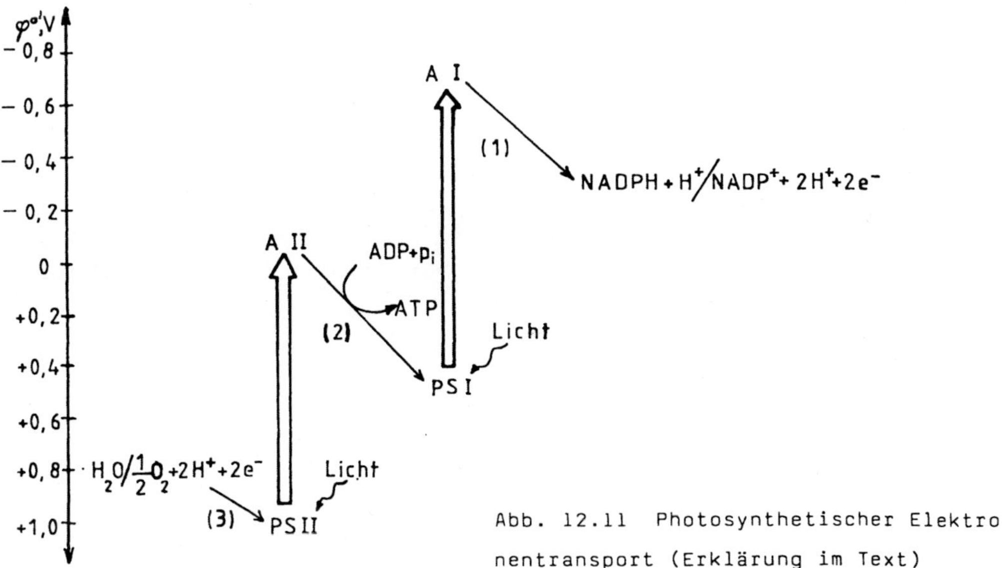

Abb. 12.11 Photosynthetischer Elektronentransport (Erklärung im Text)

Das Photosystem I (PS I) hat im Grundzustand ein Potential von etwa + 0,45 V. Anregung durch Licht hebt das Potential des PS I auf etwa - 0,6 V an, wobei es Elektronen auf den noch nicht genau identifizierten Akzeptor A I überträgt. Von hier fließen die Elektronen "bergab" (1) und reduzieren den terminalen Akzeptor $NADP^+$. Die hierbei zusätzlich erforderlichen Protonen stammen aus der Photolyse des Wassers (s. u.): $NADP^+ + 2\ H^+ + 2\ e^- \rightarrow NADPH + H^+$. Die durch Elektronenabgabe im PS I entstandene Elektronenlücke wird vom PS II aufgefüllt. Dieses hat im Grundzustand ein stark positives Potential, und zwar > + 0,85 V, wird aber nach Anregung durch Licht auf ein Potential von etwa 0 V angehoben, wobei Elektronen auf den Akzeptor A II übergehen (2). Von A II fließen die Elektronen "bergab" zum PS I und füllen dort die Elektronenlücke auf. Der durch (2) gekennzeichnete Teil des Elektronenflusses ist mit der Bildung von ATP gekoppelt (Photophosphorylierung). Nunmehr besteht im PS II eine Elektronenlücke. Diese wird durch die aus der Spaltung des Wassers unter dem Einfluß des Lichtes (Photolyse) stammenden Elektronen im "Bergabfluß" wieder geschlossen (3). Die Photolyse des Wassers erfolgt nach dem Schema $H_2O \rightarrow 2\ H^+ + 1/2\ O_2 + 2\ e^-$. Wasser ist also der primäre Elektronen- (und Protonen-) Donator. An den "bergab" führenden, exergonischen Elektronenflußwegen (1), (2) und (3) beteiligen sich weitere Redoxsysteme, die in Abb. 12.11 nicht dargestellt sind. Der gesamte Vorgang läßt sich summarisch durch das folgende Reaktionsschema zusammenfassen:

$$H_2O + NADP^+ \rightarrow 1/2\ O_2 + NADPH + H^+$$

Das ist im Prinzip die durch Lichtenergie ermöglichte Umkehrung des in der Atmungskette ablaufenden exergonischen Elektronenflusses.

In den Sekundärreaktionen der Photosynthese (Calvin-Zyklus) dienen die Primärprodukte $NADPH + H^+$ und ATP zur Fixierung des CO_2 in Form der gebildeten Hexose:

$$6\ CO_2 + 12\ NADPH + H^+ + 18\ ATP \rightarrow C_6H_{12}O_6 + 6\ H_2O + 12\ NADP^+ + 18\ ADP + 18\ P_i$$

Zur Fixierung von 1 mol CO_2 sind folglich 2 mol NADPH und 3 mol ATP erforderlich.

13 Die Elektrolyse

13.1 ZERSETZUNGS- UND ÜBERSPANNUNG

Die in Abb. 13.1 dargestellte Elektrolysezelle ist mit Salzsäure (mittlere Aktivität der H^+- und der Cl^--Ionen a = 1 mol/l, c ≈ 1,9 mol/l) gefüllt, in die zwei mit den Polen einer Gleichstromquelle verbundene Pt-Elektroden tauchen.

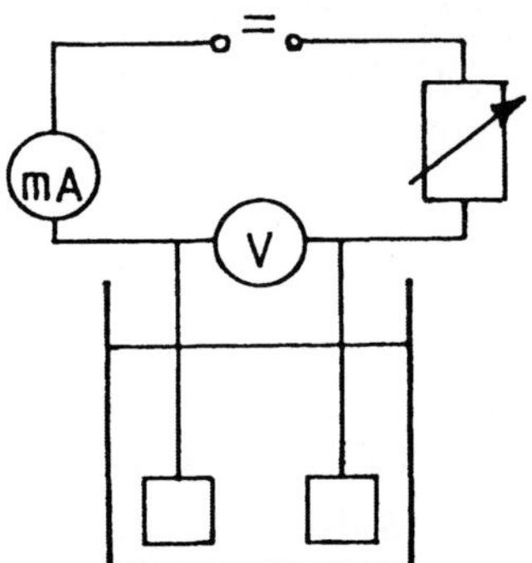

Abb. 13.1 Versuchsaufbau zur Messung der Zersetzungsspannung

Ausgehend von 0 V, wird die Spannung in Intervallen von 0,1 V schrittweise erhöht und die Stärke des bei der jeweiligen Spannung fließenden Stroms gemessen. Bei graphischer Darstellung der Stromstärke als Funktion der Spannung ergibt sich das in Abb. 13.2 wiedergegebene Bild. Zunächst steigt mit zunehmender Spannung die Stromstärke nur sehr geringfügig an, um dann ab einer bestimmten Spannung (theoretisch U = 1,36 V) sprunghaft und linear zuzunehmen. Verlängert man den linearen Teil des steilen Anstiegs des Graphen in Richtung der Abszisse, so schneidet die in Abb. 13.1 gestrichelt dargestellte Linie die Abszisse bei U = 1,36 V. Wenn diese Spannung erreicht ist, setzt die Gasentwicklung an den Elektroden ein, und zwar an der Kathode gemäß 2 H^+ + 2 e^- → H_2 und an der Anode gemäß 2 Cl^- - 2 e^- → Cl_2. Man nennt diesen Wert die Zersetzungsspannung (U_Z).

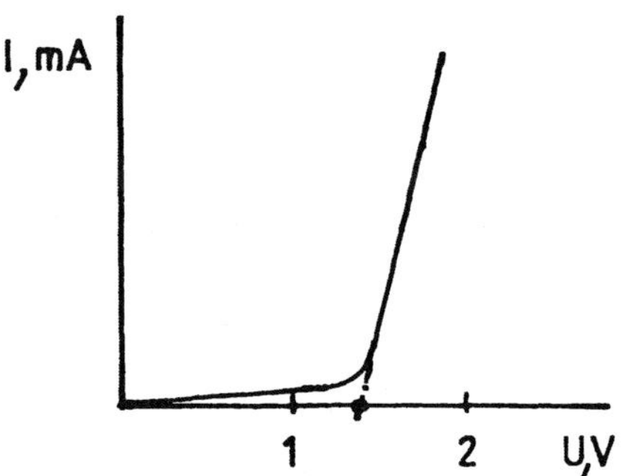

Abb. 13.2 Zersetzungsspannung bei der Elektrolyse von Salzsäure

Nimmt man nach längerer Gasentwicklung die äußere Stromquelle und das Ampèremeter weg und schließt die Elektroden über das hochohmige Voltmeter kurz, dann beobachtet man zunächst eine der Zersetzungsspannung etwa gleiche Spannung, die aber ziemlich schnell absinkt. Durch das Anlegen einer äußeren Spannung sind die beiden Elektroden polarisiert worden. Dabei hat sich die Kathode mit Wasserstoff, die Anode mit Chlor beladen. Diese beiden Gase werden an die Oberfläche der Pt-Elektroden adsorbiert. Die Adsorptionsfähigkeit kann man durch Platinierung (s. Abschn. 12.2) verbessern. Entfernt man die äußere Stromquelle und verbindet die Elektroden miteinander, so funktioniert das System jetzt wie eine galvanische Zelle, die durch das Zellenschema

(Pt) H_2/2 H^+//HCl(aq)//2 Cl^-/Cl_2 (Pt)

zu charakterisieren ist. Unter Standardbedingungen, $a(H^+) = a(Cl^-) = 1$ mol/l, $p(H_2) = p(Cl_2) = 1{,}013$ bar; $T = 298{,}15$ K, besitzt diese Zelle bei stromloser Messung die Spannung $U = 1{,}36$ V. Während die Reaktionen in der galvanischen Zelle exergonisch sind, müssen die zur Polarisation der Elektroden (mit H_2- und Cl_2-Abscheidung) führenden umgekehrten Reaktionen durch Zufuhr von elektrischer Energie erzwungen werden, da sie endergonisch sind. Derartige Vorgänge bezeichnet man als Elektrolyse. Eine Elektrolyse ist also die unter Aufwand elektrischer Energie erzwungene Umkehrung eines exergonischen Elektronentransfers. Die zugeführte elektrische Energie ist teilweise in den Produkten, die an den Elektroden abgeschieden werden, in Form von chemischer Energie gespeichert, teilweise aber auch in Wärme übergegangen.

Verwendet man Graphit- anstelle der Pt-Elektroden, dann erhöht sich die Zersetzungsspannung. Diese Tatsache wirkt sich besonders bei der Abscheidung von Gasen, weniger bei derjenigen von Metallen aus.

U_Z ergibt sich aus der Differenz der Abscheidungspotentiale, die zahlenmäßig den Standardpotentialen entsprechen. Wasserstoff hat also (definitionsgemäß) unter Standardbedingungen das Abscheidungspotential 0 V, Chlor 1,36 V. Die theoretisch zu erwartende Zersetzungsspannung U_Z wird bei der Salzsäure-Elektrolyse unter Standardbedingungen auch tatsächlich gemessen, sofern man bei geringer Stromdichte (d. h. Stromstärke pro cm^2 Elektrodenoberfläche) und unter Verwendung von Pt-Elektroden arbeitet. Benutzt man jedoch z. B. Graphit-Elektroden bei einer Stromdichte von 0,1 A/cm^2, sinkt das Abscheidungspotential von Wasserstoff um den Betrag ΔU_H = - 0,97 V, während das des Chlors um ΔU_{Cl} = + 0,25 V steigt, so daß die tatsächliche Zersetzungsspannung nunmehr U_Z' = 0,25 V + 1,36 V - (- 0,97 V) = 2,58 V beträgt. Diese Beträge, um die die tatsächlichen Abscheidungspotentiale in negativer oder positiver Richtung von den theoretisch erwarteten Abscheidungspotentialen abweichen, nennt man Überspannungen (ΔU). Ihre Größe hängt vor allem vom Elektrodenmaterial, von der Stromdichte (hierbei mit wachsender Stromdichte zunehmend), von der Art und Konzentration der in dem Elektrolyten befindlichen Ionen und von der Temperatur ab. Überspannungen spielen bei der praktischen Anwendung von Elektrolyseverfahren eine große Rolle. Sie können hinderlich, in anderen Fällen aber auch nützlich sein. Bei der Elektrolyse einer $ZnSO_4$-Lösung sollte sich an der Kathode eigentlich H_2 statt Zn abscheiden, denn bei pH = 7 hat (theoretisch) Zn das Abscheidungspotential - 0,76 V, H_2 - 0,41 V (s. Abschn. 12.4). Aufgrund der hohen Überspannung von H_2 an den meisten Elektrodenmaterialien erhält man aber tatsächlich eine kathodische Zn-Abscheidung, was für die galvanotechnische Verzinkung von Metallgegenständen wichtig ist. Überspannungen beruhen auf kinetischen Hemmungserscheinungen.

13.2 ELEKTROLYTISCHE REAKTIONEN AN DEN ELEKTRODEN

Bei der Elektrolyse werden an der Kathode (der reduzierenden Elektrode, die mit dem Minuspol der äußeren Stromquelle verbunden ist) Kationen oder Moleküle der Lösung unter Elektronen-Aufnahme reduziert und an der Anode (der oxidierenden Elektrode, die mit dem Pluspol verbunden ist) Anionen oder Moleküle der Lösung oder das Elektrodenmaterial selbst unter Elektronen-Abgabe oxidiert. Die dabei im einzelnen ablaufenden chemischen Vorgänge sind außerordentlich vielfältig und von vielen Faktoren, insbesondere von der Zusammensetzung der Lösung, vom Elektrodenmaterial und von der angewandten Stromdichte abhängig. Außerdem können die primär abgeschiedenen Stoffe in Sekundärreaktionen weiter umgewandelt werden. Der folgende Überblick berücksichtigt nur einige der wichtigsten Reaktionen.

Bei der Elektrolyse von Salzschmelzen der Metallhalogenide erfolgt an der Kathode die Reduktion der Metall-Kationen zu den entsprechenden Metallen und an der Anode die Oxidation der Halogenid-Anionen zu den entsprechenden Halogenen. Komplizierter sind die Verhältnisse, wenn man wäßrige Lösungen elektrolysiert. Es seien zunächst Fälle betrachtet, in denen man inerte Elektroden verwendet, d. h. solche Elektroden, die selbst nicht chemisch verändert werden. Das sind vor allem Pt- und (meistens) Graphit-Elektroden. Scheidet man allerdings Sauerstoff an einer Graphit-Elektrode ab, so erfolgt, besonders bei höherer Stromdichte, durch den für kurze Zeit in atomarer Form ("in statu nascendi") vorliegenden und dann äußerst reaktionsfähigen Sauerstoff ein chemischer Angriff auf die Elektrode. Bei der H_2SO_4-Elektrolyse mit Graphit-Elektroden färbt sich die Flüssigkeit im Anodenraum durch abgelöste Kohlenstoff-Partikel dunkel. Der Sauerstoff reagiert mit dem Kohlenstoff der Elektrode z. T. zu CO. Auch der kathodisch abgeschiedene Wasserstoff, der zunächst atomar auftritt, kann Sekundärreaktionen bewirken. Die Hauptreaktionen bei der Elektrolyse wäßriger Lösungen von anorganischen Säuren, deren Anionen Sauerstoff enthalten, bestehen bei der Verwendung von Pt-Elektroden und bei geringer Stromdichte in einer kathodischen Reduktion von H^+-Ionen und in einer anodischen Oxidation von H_2O-Molekülen:

Kathode: $4\ H^+ + 4\ e^- \rightarrow 2\ H_2$

Anode: $2\ H_2O - 4\ e^- \rightarrow O_2 + 4\ H^+$

Befinden sich mehrere kathodisch reduzierbare (X_1, X_2) und anodisch oxidierbare Teilchenarten (Y_1, Y_2) in der Lösung, so entscheidet die geringste mögliche Zersetzungsspannung, welche Teilchen reduziert bzw. oxidiert werden.

So werden gemäß dem folgenden Schema nach Erreichen der kleineren Zersetzungsspannung $U_{Z(1)}$ die Teilchen des Typs X_1 an der Kathode reduziert und die Teilchen des Typs Y_1 an der Anode oxidiert.

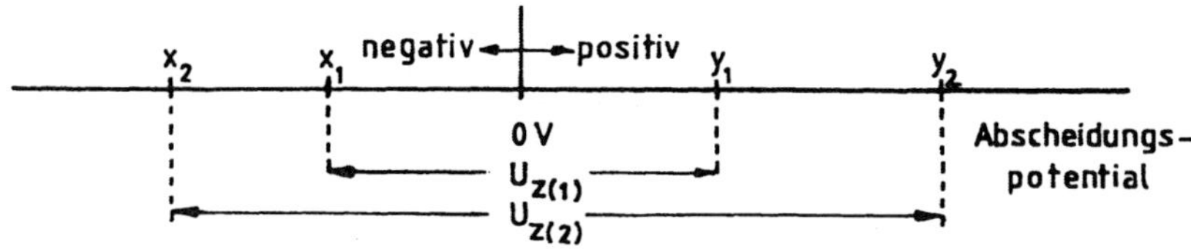

Selbstverständlich sind die unter den angewandten Elektrolyse-Bedingungen auftretenden Überspannungen zu berücksichtigen. Sie gehen in die tatsächlichen Abscheidungspotentiale ein.

Beispiel:

Bei der Elektrolyse einer wäßrigen Na_2SO_4-Lösung, die ja nahezu neutral reagiert (s. Abschn. 5.1), sind mehrere Reaktionen an den Elektroden denkbar (in Klammern die theoretischen Abscheidungspotentiale), und zwar an der Kathode:

$4\ Na^+ + 4\ e^- \rightarrow 4\ Na$ (- 2,71 V)

$4\ H_2O + 4\ e^- \rightarrow 2\ H_2 + 4\ OH^-$ (- 0,41 V; s. Abschn. 12.4)

und an der Anode:

$4\ SO_4^{2-} - 4\ e^- \rightarrow 2\ S_2O_8^{2-}$ (+ 2,05 V)

$2\ H_2O - 4\ e^- \rightarrow O_2 + 4\ H^+$ (+ 0,81 V; s. Abschn. 12.4)

Folglich tritt bei Standardbedingungen (und ohne Berücksichtigung von Überspannungen) bei U_Z = 0,81 V - (- 0,41 V) = 1,22 V kathodisch eine Reduktion und anodisch eine Oxidation von H_2O-Molekülen ein, wobei H_2 und O_2 im Volumenverhältnis 2 : 1 entstehen.

Trennt man, z. B. durch Elektrolyse in einem U-Rohr oder in einem Hofmann'schen Apparat, Kathoden- und Anodenraum, so kann man mit Hilfe eines Indikators leicht nachweisen, daß mit fortschreitender Elektrolyse die Lösung im Kathodenraum zunehmend alkalisch und die Lösung im Anodenraum zunehmend sauer reagiert. Während des Elektrolysevorgangs erfolgt also eine immer stärkere Anreicherung des gelösten Salzes. Wegen der Überspannungen bei der Abscheidung der beiden Gase ist die tatsächliche Zersetzungsspannung höher als die aus den Standardwerten berechnete. Die Abscheidungspotentiale der Alkali- und Erdalkalimetalle sind jedoch so stark negativ, daß aus wäßrigen Lösungen der entsprechenden Salze an der Kathode Wasserstoff statt der Metalle abgeschieden wird.

Elektrolysiert man eine $CuSO_4$-Lösung unter Verwendung von Cu-Elektroden, so werden an der Kathode Cu^{2+}-Ionen zu Cu reduziert, und an der Anode gehen Cu^{2+}-Ionen von der Elektrodenoberfläche in Lösung. Hierbei sind also die Elektroden selber an den Umsetzungen beteiligt. Die Konzentration des Salzes in der Lösung ändert sich folglich nicht. In der Bilanz wird lediglich Cu von der Anode zur Kathode überführt. Das Analoge gilt z. B. auch für die Elektrolyse einer $AgNO_3$-Lösung zwischen Ag-Elektroden.

13.3 DIE FARADAY-GESETZE

Elektrolysiert man unter Verwendung von Pt-Elektroden in einem Hofmann'schen Apparat mit Niveaugefäß verdünnte Schwefelsäure (c = 0,5 mol/l) und mißt die an der Kathode und/oder an der Anode entwickelten H_2- bzw. O_2-Volumina, kann man wichtige Zusammenhänge zwischen den abgeschiedenen Stoffmengen und den zu ihrer Abscheidung erforderlichen Ladungen erkennen. Hierbei ist eine Vorelektrolyse bei geöffneten Absperrhähnen der kalibrierten Meßrohre erforderlich, um die Säure zunächst mit den Gasen zu sättigen. Bei der Ablesung der entwickelten Gasvolumina werden die Flüssigkeitsoberflächen im Niveaugefäß und im Meßrohr stets auf gleiche Höhe gebracht, um hydrostatische Druckunterschiede zu vermeiden. Es werden zwei Versuche durchgeführt. Im 1. Versuch elektrolysiert man bei der konstanten Stromstärke I = 0,5 A und liest 10 min lang in 2 min-Intervallen z. B. das Wasserstoff-Volumen im Kathodenrohr ab. Im 2. Versuch elektrolysiert man während der konstanten Zeit t = 300 s bei I = 0,2 A, dann bei I = 0,4 A u. s. w. bis I = 1,0 A. Auch hierbei notiert man die jeweils abgeschiedenen Wasserstoff-Volumina. In der Tabelle 13.1 sind die (aus didaktischen Gründen etwas idealisierten) Meßergebnisse zusammengefaßt.

Tabelle 13.1 Elektrolyse von Schwefelsäure (1) bei I = konstant, (2) bei t = konstant

1. Versuch (I = 0,5 A)			2. Versuch (t = 300 s)		
t in s	Q in C	$V(H_2)$ in cm^3	I in A	Q in C	$V(H_2)$ in cm^3
120	60	7,5	0,2	60	7,5
240	120	15	0,4	120	15
360	180	22,5	0,6	180	22,5
480	240	30	0,8	240	30
600	300	37,5	1,0	300	37,5

Die Meßergebnisse zeigen, daß die H_2-Volumina bei konstanter Stromstärke I der Elektrolysezeit t und bei konstanter Elektrolysezeit t der Stromstärke I direkt proportional sind. Die während der Elektrolyse fließende Ladung Q ist das Produkt aus Stromstärke und Zeit (1 C = 1 A s). Aus den Meßergebnissen geht hervor, daß gleiche Ladungen auch immer die gleichen H_2-Volumina abscheiden. Bei konstanter Temperatur und konstantem Druck sind Volumen und Stoffmenge eines Gases einander direkt proportional, so daß man aus dem Ergebnis dieser Versuche nunmehr folgern kann, daß die abgeschiedenen Stoffmengen des Wasserstoffs den durch den Elektrolyten (hier die Schwefelsäure) geflossenen Ladungen direkt proportional sind. Dieser Zusammenhang gilt ganz allgemein, auch wenn an den Elektroden feste oder flüssige Stoffe abgeschieden werden. Er kommt im 1. Faraday-Gesetz zum Ausdruck. Dieses 1834 von M. Faraday gefundene Gesetz lautet:

Die bei der Elektrolyse an den Elektroden abgeschiedenen Stoffmengen sind der durch den Elektrolyten geflossenen Ladung direkt proportional.

Abbildung 13.3 zeigt 3 hintereinander- (in Serie) geschaltete Elektrolysezellen.

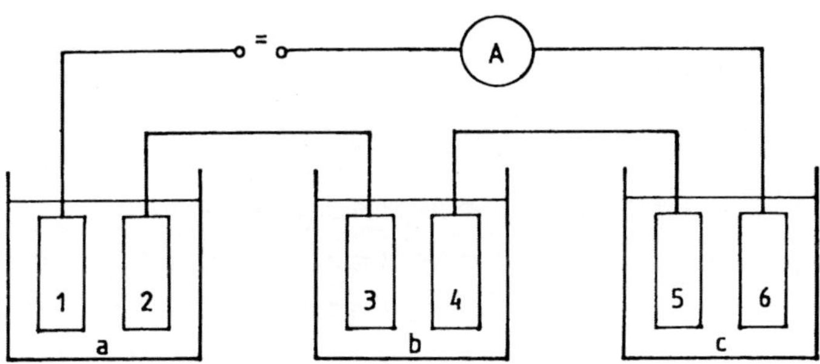

Abb. 13.3 In Serie geschaltete Elektrolysezellen (Erklärung im Text)

Zelle a enthält $AgNO_3$-, Zelle b $CuSO_4$- und Zelle c $Cr_2(SO_4)_3$-Lösung. In die $AgNO_3$-Lösung tauchen Ag-, in die $CuSO_4$-Lösung Cu- und in die $Cr_2(SO_4)_3$-Lösung Cr-Elektroden. Die Ag-Elektrode 1 ist mit dem Minuspol, die Cr-Elektrode 6 mit dem Pluspol der Gleichstromquelle verbunden. Schließt man den Stromkreis, dann werden an den Kathoden 1, 3 und 5 jeweils die in den Lösungen befindlichen Kationen zu den entsprechenden Metallen reduziert: $6\ Ag^+ + 6\ e^- \rightarrow 6\ Ag$; $3\ Cu^{2+} + 6\ e^- \rightarrow 3\ Cu$; $2\ Cr^{3+} + 6\ e^- \rightarrow 2\ Cr$, während von den Anoden 2, 4 und 6 jeweils die entsprechenden Ionen in die Lösungen übergehen: $6\ Ag - 6\ e^- \rightarrow 6\ Ag^+$; $3\ Cu - 6\ e^- \rightarrow 3\ Cu^{2+}$; $2\ Cr - 6\ e^- \rightarrow 2\ Cr^{3+}$. Elektrolysiert man mit $I = 0{,}1$ A während der Zeit $t = 3600$ s, so ist durch alle 3 Lösungen

die Ladung Q = 360 C geflossen. Danach stellt man folgende Massenzunahmen der Kathoden fest: Ag-Kathode 1 Δm = 402,5 mg, Cu-Kathode 3 Δm = 118,5 mg und Cr-Kathode 5 Δm = 64,67 mg. Man bezieht die abgeschiedenen Metallmassen auf den Zahlenwert der molaren Masse des Ag, indem man alle durch das Verhältnis 402,5/107,87, d. h. durch 3,73 dividiert. Die abgeschiedenen Metallmassen stehen also im Verhältnis 107,87 : 31,77 : 17,33 zueinander. Das entspricht dem Verhältnis M(Ag) : (1/2) M(Cu) : (1/3) M(Cr). Hierdurch bestätigt sich das 2.Faraday-Gesetz, welches besagt:
Die bei der Elektrolyse durch die gleiche Ladung aus verschiedenen Elektrolyten abgeschiedenen Stoffmassen verhalten sich zueinander wie die molaren Massen, dividiert durch die zugehörigen Ionenwertigkeiten.

13.4 DIE ELEMENTARLADUNG UND DIE FARADAY-KONSTANTE

Die im Abschn. 13.3 besprochene Wasserstoff-Abscheidung bei der Schwefelsäure-Elektrolyse im Hofmann'schen Apparat läßt sich zur Bestimmung der Elementarladung e_o, d. h. der Ladung eines einzelnen Elektrons (oder Protons) benutzen.
Es sei angenommen, daß nach t = 600 s bei I = 0,5 A das Volumen $V(H_2)$ = 39 ml abgeschieden wurde. Die im Gasraum herrschende Temperatur möge T = 300 K und der Druck des Gases (nach Abzug des für diese Temperatur gültigen Wasserdampfdruckes der Schwefelsäure, den man aus physikalisch-chemischen Datensammlungen entnehmen kann; s. Literaturverzeichnis) $p(H_2)$ = 995 mbar betragen. Die Stoffmenge des Wasserstoffs ergibt sich mit der universellen Gasgleichung:

$$n = \frac{0{,}995 \quad 10^5 \text{ N m}^{-2} \; 39 \quad 10^{-6} \text{ m}^3}{8{,}3144 \text{ N m K}^{-1} \text{ mol}^{-1} \; 300 \text{ K}} = 1{,}55 \quad 10^{-3} \text{ mol}$$

Zur Abscheidung von 1 mol Wasserstoff ist dann die folgende Ladung erforderlich:

$$Q = \frac{1 \text{ mol}}{1{,}55 \quad 10^{-3} \text{ mol}} \; 300 \text{ C} = 193548 \text{ C}$$

Gemäß der Kathoden-Reaktion $2\,H^+ + 2\,e^- \rightarrow H_2$ sind für die Entwicklung von 1 mol Wasserstoff 2 mol Elektronen ($\hat{=}$ 2 N_L Elektronen) notwendig. Ein einzelnes Elektron besitzt folglich die Ladung

$e_o = -\,(193548 \text{ C}/2\,N_L) = -\,1{,}607 \quad 10^{-19}$ C (genauer Wert s. **A 2.1)**

Man kann die Elementarladung auch durch Elektrolyse einer $AgNO_3$-Lösung zwischen Ag-Elektroden bestimmen. Hierbei mißt man, um welchen Betrag in der Zeit t bei der angewandten Stromstärke I die Masse m der Kathode zu- oder die Masse der Anode abgenommen hat. Durch die während der Elektrolyse fließende Ladung $Q = I\ t$ werden an der Kathode und an der Anode $N = n\ N_A$ Teilchen entladen, wobei jedes Teilchen bei der Entladung z Elektronen (in diesem Fall z = 1) aufnehmen bzw. abgeben muß. Also ist die Ladung eines einzelnen Elektrons

$$(13.1)\quad e_o = -\frac{I\ t}{z\ N} = -\frac{I\ t}{z\ n\ N_A} = -\frac{I\ t\ M}{z\ m\ N_A}$$

Beispiel:

Wird bei I = 0,05 A in t = 3600 s die Masse m = 201,2 mg Ag (M = 107,87 g/mol) an der Kathode abgeschieden, so ergibt sich nach Gl. (13.1)

$$e_o = -\frac{180\ C\ 107{,}87\ g\ mol^{-1}}{1\ \ 0{,}2012\ g\ N_A\ mol^{-1}} = -\ 1{,}602\ \ 10^{-19}\ C$$

Auf einem anderen Wege wurde die Elementarladung ohne Verwendung der Avogadro'schen Konstanten N_A zum ersten Mal in der Zeit zwischen 1909 und 1913 von R. A. Millikan bestimmt. Kennt man e_o, dann kann man mit Hilfe der beschriebenen Elektrolyseverfahren N_A bestimmen (s. Abschn. 1.2).
Faraday hat als erster die quantenhafte Natur der elektrischen Ladung erkannt. Die Ladung bildet kein Kontinuum, sondern kommt in der Natur in Form kleinster, nicht mehr teilbarer Ladungsquanten vor. Die Elektronen als kleinste Träger der negativen Ladung besitzen das negative Elementarquantum $- e_o$ und die Protonen als kleinste Träger der positiven Ladung das positive Elementarquantum $+ e_o$. 1 mol Ladungsträger hat die Ladung

$$(13.2)\quad F = e_o\ N_A = 96485\ C/mol$$

Diese wichtige Naturkonstante F heißt Faraday-Konstante. Es ist üblich, die Ladung von 1 mol Ladungsträgern als 1 Faraday (1 F) zu bezeichnen:

$$(13.3)\quad 1\ F = 96485\ C$$

Durch die Ladung 1 F = 96485 C wird 1 mol einer Teilchenart entladen (an der Kathode reduziert bzw. an der Anode oxidiert), wenn dazu pro Teilchen 1 Elektron aufgenommen bzw. abgegeben werden muß.

Durch die Ladung z F = z 96485 C wird 1 mol einer Teilchenart entladen, wenn dazu pro Teilchen z Elektronen aufgenommen bzw. abgegeben werden müssen.

Hierin liegt die Erklärung für den im 2. Faraday-Gesetz ausgesprochenen Sachverhalt. Aus (13.1) und (13.2) folgt

$$(13.4) \quad m = \frac{I\ t\ M}{z\ e_o\ N_A} = \frac{Q\ M}{z\ F}$$

Mit Hilfe dieser Gl. läßt sich berechnen, daß die Ladung Q = 1 C aus einer $AgNO_3$-Lösung m = 1,118 mg Ag an der Kathode abscheidet. Unter einem Knallgas-Coulombmeter versteht man ein am oberen Ende geschlossenes Gasmeßrohr, in das zwei Pt-Elektroden eingeschmolzen sind. Das Rohr füllt man vollständig mit verdünnter Schwefelsäure und stellt es in eine Wanne, in der sich ebenfalls verdünnte Schwefelsäure befindet. Man verbindet die Elektroden mit den Polen einer Gleichstromquelle und schaltet ein Amperemeter in den Stromkreis. Bei der Elektrolyse entwickelt sich Knallgas (2 Volumenteile H_2 und 1 Volumenteil O_2; s. Abschn. 13.1), das die Säure in die Wanne verdrängt und dessen Volumen an dem kalibrierten Rohr abgelesen wird. Die an der Kathode ablaufende Reaktion ist $4\ H^+ + 4\ e^- \rightarrow 2\ H_2$, während an der Anode gemäß $2\ H_2O - 4\ e^- \rightarrow O_2 + 4\ H^+$ Sauerstoff entsteht. Zur Entwicklung eines Gemisches von 2 mol H_2 und 1 mol O_2 (44,8 l H_2 + 22,4 l O_2 ≙ 67,2 l Knallgas unter Normbedingungen, d. h. 0 °C und 1,013 bar) ist die Ladung Q = 4 F = 385940 C nötig. Die Ladung Q = 1 C scheidet also bei 20 °C und Normdruck gemäß (2.6) 0,187 ml Knallgas ab. Durch die Knallgas-Abscheidung in einem Knallgas- oder die Silber-Abscheidung in einem Silber-Coulombmeter kann man die in einem Stromkreis fließende Ladung messen.

14 Die Leitfähigkeit von Elektrolyt-Lösungen

14.1 THEORETISCHE GRUNDLAGEN

Der Widerstand R eines Leiters ist seiner Länge l proportional und seinem Querschnitt A antiproportional:

(14.1) $R = \rho\ (l/A)$

Die Proportionalitätskonstante ρ (Einheit: Ω cm) heißt spezifischer Widerstand. Er besitzt bei metallischen Elektronenleitern einen sehr viel geringeren Wert als bei Ionenleitern. So hat z. B. bei 18 °C Kupfer den spezifischen Widerstand $\rho = 1{,}7 \cdot 10^{-6}\ \Omega$ cm und eine KCl-Lösung (c = 1 mol/l) den spezifischen Widerstand $\rho = 10{,}2\ \Omega$ cm. Als Leitfähigkeit L bezeichnet man den Reziprokwert des Widerstandes und als spezifische Leitfähigkeit $\varkappa$ den Reziprokwert des spezifischen Widerstandes. L hat die Einheit Ω^{-1} oder S (Siemens), die Einheit von $\varkappa$ ist $\Omega^{-1}\ cm^{-1}$ oder S/cm.
Um den Ladungstransport in einem Elektrolyten näher zu untersuchen, sei gemäß Abb. 14.1 ein zylindrischer Ausschnitt dieses Leiters betrachtet.

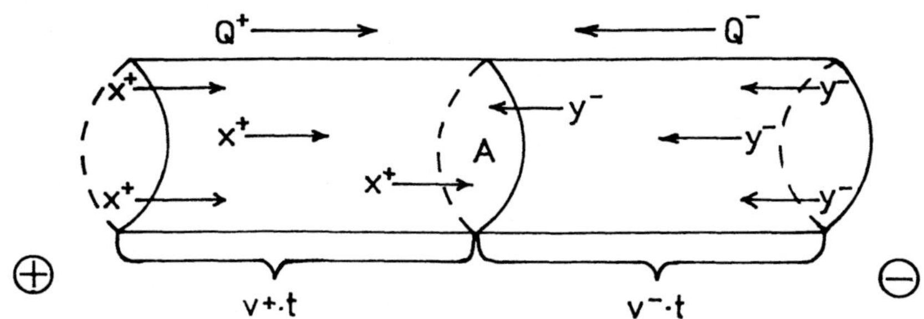

Abb. 14.1 Schema zur Veranschaulichung des Ladungstransports in einem Elektrolyten (Erklärung im Text)

Rechts befinde sich die Kathode, links die Anode. In der Zeit t legen die Kationen (X^+), die in dem Volumen $V = A\ v^+\ t$ sind und die Wanderungsgeschwindigkeit v^+ besitzen, die Strecke $v^+\ t$ zurück und treten durch den Leiterquerschnitt A. Analog legen in der Zeit t die Anionen (Y^-), die in dem Volumen $V = A\ v^-\ t$ sind und die Geschwindigkeit v^- besitzen, die Strecke $v^-\ t$ zurück und treten ebenfalls durch den Leiterquerschnitt A. Ist die Konzentration des Elektrolyten c, so beträgt die Zahl der Kationen $N(X^+) = c\ N_A\ V = c\ N_A\ A\ v^+\ t$ und die Zahl der Anionen $N(Y^-) = c\ N_A\ A\ v^-\ t$. Die insgesamt fließende Ladung ist

(14.2) $Q = Q^+ + Q^-$

Weil jedes X^+ bzw. Y^- die Elementarladung $e_o = F/N_A$ trägt (13.2), gilt

(14.3) $Q^+ = N\ (F/N_A)$ und $Q^- = N\ (F/N_A)$

und nach Einsetzen der oben für N angegebenen Terme

(14.4) $Q^+ = c\ A\ v^+\ t\ F$ und $Q^- = c\ A\ v^-\ t\ F$

Die insgesamt fließende Ladung ist daher

(14.5) $Q = c\ A\ t\ F\ (v^+ + v^-)$

und die Stromstärke gemäß $I = Q/t$

(14.6) $I = c\ A\ F\ (v^+ + v^-)$

Die insgesamt transportierte Ladung Q und die Stärke des daraus resultierenden Stroms ist also umso größer, je mehr Teilchen am Transport beteiligt sind (also je größer c ist), je größer der Leiterquerschnitt A und je höher die Wanderungsgeschwindigkeit v der Ladungsträger ist.
Unter der elektrischen Feldstärke E versteht man den Quotienten aus der angelegten Spannung U und dem Elektrodenabstand l:

(14.7) $E = U/l$

Dividiert man die Wanderungsgeschwindigkeit $v = s/t$ durch die Feldstärke, erhält man die Ionenbeweglichkeit u:

(14.8) $u = \frac{s\ l}{t\ U}$ (Einheit $cm^2\ V^{-1}\ s^{-1}$)

Durch Umstellen von (14.8) und unter Berücksichtigung von (14.7) ergibt sich

(14.9) $s/t = u\ U/l = u\ E = v$

Aus dem Ohm'schen Gesetz folgt mit (14.1)

(14.10) $I = \frac{U\,A}{\rho\,l} = \frac{\varkappa\,U\,A}{l}$ (mit $1/\rho = \varkappa$)

Durch Einsetzen von (14.9) und (14.10) in (14.6) bekommt man für die spezifische Leitfähigkeit

(14.11) $\frac{U\,A\,\varkappa}{l} = c\,A\,F\,(\frac{u^+\,U}{l} + \frac{u^-\,U}{l})$

(14.12) $\varkappa = c\,F\,(u^+ + u^-)$

Handelt es sich um mehrfach geladene Ionen, ist noch der Faktor z einzuführen:

(14.13) $\varkappa = z\,c\,F\,(u^+ + u^-)$

Hierin ist z die Summe der positiven (= Summe der negativen) Gesamtladung der kleinsten Formeleinheit, für $Al_2(SO_4)_3$ z. B. z = 6. Aus den Einheiten $cm^2\,V^{-1}\,s^{-1}$ für u, mol cm^{-3} für c und C mol^{-1} für F folgt die Einheit Ω^{-1} cm^{-1} oder S/cm für die spezifische Leitfähigkeit $\varkappa$. Eine weitere Modifikation von Gl. (14.12) ist dann erforderlich, wenn es sich um einen Elektrolyten handelt, dessen Moleküle in der Lösung nur teilweise in Ionen dissoziieren. Es ist sinnvoll, den in Abschn. 5.1 eingeführten Begriff des Protolysengrades (α) zu erweitern und ihn mit der Bezeichnung Dissoziationsgrad auch auf die (relativ wenigen) Fälle von Salzen auszudehnen, bei denen in der Lösung neben Ionen noch undissoziierte Teilchen vorhanden sind (z. B. bei $HgCl_2$):

(14.14) $\varkappa = \alpha\,c\,F\,(u^+ + u^-)$

Die molare Leitfähigkeit oder Äquivalentleitfähigkeit Λ ist der Quotient aus der spezifischen Leitfähigkeit und der Konzentration des Elektrolyten:

(14.15) $\Lambda = \varkappa/c$ (Einheit $\Omega^{-1}\,cm^2\,mol^{-1}$)

Daher gilt für einen starken Elektrolyten ($\alpha = 1$)

(14.16) $\Lambda = F\,(u^+ + u^-)$

und für einen schwachen Elektrolyten ($\alpha < 1$)

(14.17) $\Lambda = \alpha\,F\,(u^+ + u^-)$

Wie weiter unten noch besprochen wird, gelten die Gln. (14.16) und (14.17) streng nur für unendliche Verdünnung, d. h. in der Praxis, nur für stark verdünnte Elektrolyt-Lösungen.

14.2 DIE MESSUNG DER IONENBEWEGLICHKEIT UND DER SPEZIFISCHEN LEITFÄHIGKEIT

Zur Messung der Ionenbeweglichkeit wurde von W. Nernst eine Apparatur entwickelt, die sich bei farbigen Ionen (z. B. Cu^{2+}, MnO_4^-) besonders einfach anwenden läßt (Abb. 14.2).

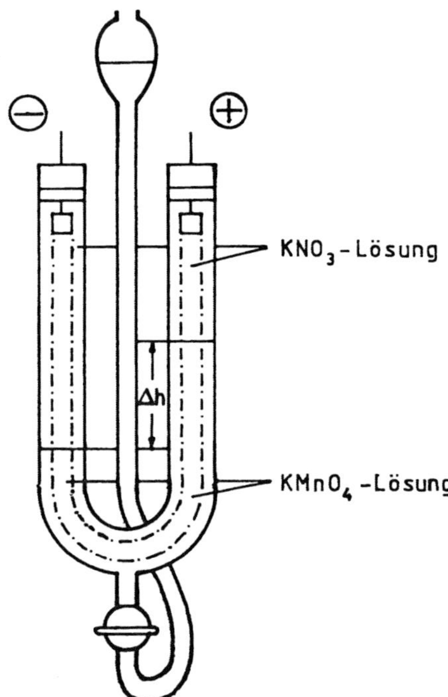

Abb. 14.2 Nernst'scher Apparat zur Messung der Ionenbeweglichkeit (Erklärung im Text)

Zunächst wird eine farblose Elektrolyt-Lösung (z. B. KNO_3) eingefüllt. Diese wird durch das mittlere Niveaugefäß sehr vorsichtig mit einer $KMnO_4$-Lösung unterschichtet, wenn man die Beweglichkeit des MnO_4^--Ions messen will. Die Dichte dieser Lösung erhöht man durch Zusatz eines Nichtelektrolyten (z. B. Harnstoff), um eine Vermischung der Lösungen zu verhindern. Nach Anlegen einer Spannung an die Elektroden bewegen sich die Grenzflächen zwischen der KNO_3- und der $KMnO_4$-Lösung in Richtung Anode.

Beispiel:

Die Länge der in Abb. 14.2 gestrichelt eingezeichneten U-förmigen Elektrolytsäule zwischen den Elektroden betrage l = 38 cm (A gibt den Querschnitt dieser Flüssigkeitssäule, nicht etwa den des U-Rohrs an), die Spannung zwischen den Elektroden U = 140 V und die Höhendifferenz Δh = 5 cm nach der Zeit t = 1200 s bei T = 291 K. Da jede Grenzfläche den Weg s = 2,5 cm zurückgelegt hat, ist die Wanderungsgeschwindigkeit des MnO_4^--Ions v = s/t = 2,5 cm/1200 s = 2,08 cm/s und die Ionenbeweglichkeit nach Gl. (14.8)

$$u^-(MnO_4^-) = \frac{2{,}5\ \text{cm}\ 38\ \text{cm}}{1200\ \text{s}\ 140\ \text{V}} = 5{,}65\quad 10^{-4}\ \text{cm}^2\ \text{V}^{-1}\ \text{s}^{-1}$$

Zur Bestimmung von v und u eines in Lösung farblosen Elektrolyten kann man die unterschiedlichen Lichtbrechungen benutzen, um die wandernde Grenzfläche zu erkennen. Tabelle 14.1 gibt die Ionenbeweglichkeiten einiger Ionen an. Bei mehrwertigen Ionen ist es üblich, die Ionenbeweglichkeit auf den entsprechenden Bruchteil der Ionenladung zu beziehen.

Tabelle 14.1 Beweglichkeiten einiger Ionen in 10^{-4} cm^2 V^{-1} s^{-1} bei 18 °C

Kationen	u	Kationen	u	Anionen	u	Anionen	u
H_3O^+	33	Li^+	3,4	OH^-	18,2	F^-	4,3
Na^+	4,5	K^+	6,6	Cl^-	6,8	Br^-	7,0
Ag^+	5,7	NH_4^+	6,7	I^-	6,8	NO_3^-	6,4
1/2 Zn^{2+}	6,3	1/2 Fe^{2+}	4,8	MnO_4^-	5,6	1/2 SO_4^{2-}	7,1

Die auffällig hohe Beweglichkeit des H_3O^+- und des OH^--Ions ist wahrscheinlich durch einen Sprungmechanismus zu erklären, wobei ein Proton durch eine Kette von H_2O-Molekülen, die durch Wasserstoffbrücken assoziiert sind, "weitergereicht" wird.

Eine für Leitfähigkeitsmessungen geeignete einfache Meßzelle zeigt Abb. 14.3. In das Gefäß, das den Elektrolyten enthält, tauchen 2 in Glasrohre eingeschmolzene Pt-Drähte als Elektroden. Sie ragen 3 mm aus dem unteren Ende der Glasrohre heraus und haben einen Abstand von 3 cm. Man verbindet die Elektroden mit einer Wechselstromquelle, deren Spannung regulierbar ist. Im Stromkreis befindet sich ein Milliamperemeter. Ein Voltmeter mit hohem Innenwiderstand (um den durch das Gerät fließenden Strom möglichst gering zu halten) mißt die an die Elektroden gelegte Spannung. Die Geometrie der Meßanordnung (Form und Größe des Gefäßes und der Elektroden, Eintauchtiefe und

Abstand der Elektroden) wird durch den Formfaktor f berücksichtigt. Aus Gl. (14.10) folgt dann

$$(14.18) \quad \varkappa = f \frac{I}{U} \frac{l}{A}$$

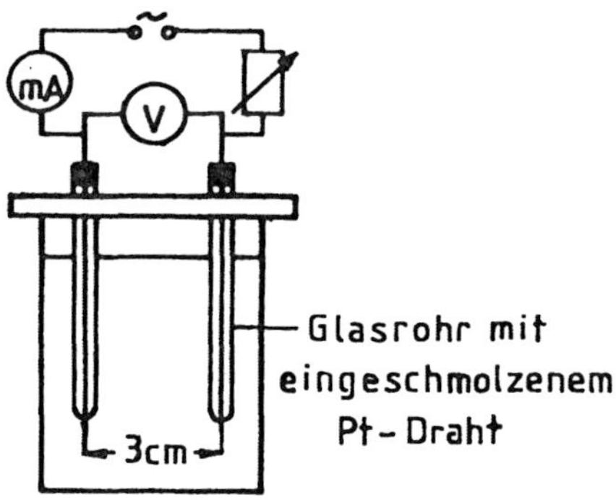

Abb. 14.3 Einfache Meßzelle zur Bestimmung der Leitfähigkeit eines Elektrolyten

In das zur Messung von $\varkappa$ benutzte Glas mit seinen stets in gleicher Weise angeordneten und in das gleiche Volumen eintauchenden Elektroden gibt man eine Eichlösung, deren spezifische Leitfähigkeit bekannt ist. Meistens verwendet man eine KCl-Lösung (Tabelle 14.2).

Tabelle 14.2 $\varkappa$(KCl) in Ω^{-1} cm^{-1}

	18°	20°	25°
c = 0,1 mol/l	$1{,}119 \; 10^{-2}$	$1{,}167 \; 10^{-2}$	$1{,}288 \; 10^{-2}$
c = 0,01 mol/l	$1{,}225 \; 10^{-3}$	$1{,}278 \; 10^{-3}$	$1{,}413 \; 10^{-3}$

Aus I und U berechnet man mit Hilfe des $\varkappa$-Wertes der benutzten KCl-Lösung die <u>Zellkonstante</u> $K_Z = f\ (l/A)$. Unter Benutzung der so bestimmten Zellkonstanten ergibt sich nun für alle Messungen, die man unter Beibehaltung der beschriebenen Meßgeometrie mit dieser Meßzelle ausführt

$$(14.19) \quad \varkappa = K_Z \frac{I}{U} \quad \text{(Einheit } cm^{-1}\ A\ V^{-1} \text{ oder } \Omega^{-1}\ cm^{-1}\text{)}$$

Hält man bei allen Messungen U konstant, ist $\varkappa$ direkt proportional der Stromstärke.

Beispiel:

c(KCl) = 0,01 mol/l; ϑ = 18 °C; U = 5,45 V; I = 2,3 mA
Nach (14.19) ist dann die Zellkonstante

$$K_Z = \frac{1{,}225 \quad 10^{-3}\ \Omega^{-1}\ \mathrm{cm}^{-1}\ 5{,}45\ \mathrm{V}}{2{,}3 \quad 10^{-3}\ \mathrm{A}} = 2{,}9\ \mathrm{cm}^{-1}$$

14.3 DIE LEITFÄHIGKEIT STARKER UND SCHWACHER ELEKTROLYTE

Starke Elektrolyte sind in der Lösung vollständig in Ionen dissoziiert, z. B. die starken anorganischen Säuren ($pK_S < 0$) und die meisten (in Wasser löslichen) Salze einschließlich der (löslichen) Metallhydroxide wie NaOH, KOH etc. Schwache Elektrolyte dissoziieren in der Lösung nur teilweise in Ionen. Hierbei stehen die Ionen im Gleichgewicht mit undissoziierten Molekülen. Typische schwache Elektrolyte sind die meisten organischen Säuren (z. B. Essigsäure), aber auch viele anorganische Säuren (z. B. schweflige Säure, Kohlensäure) und Basen (z. B. Ammoniak).
Da in den Gln. (14.16) und (14.17) die Konzentration c nicht auftritt, sollte die molare Leitfähigkeit Λ sowohl bei starken als auch bei schwachen Elektrolyten unabhängig von c sein. Mißt man jedoch Λ in Abhängigkeit von c, so zeigt sich das in Abb. 14.4 (links) dargestellte Verhalten.

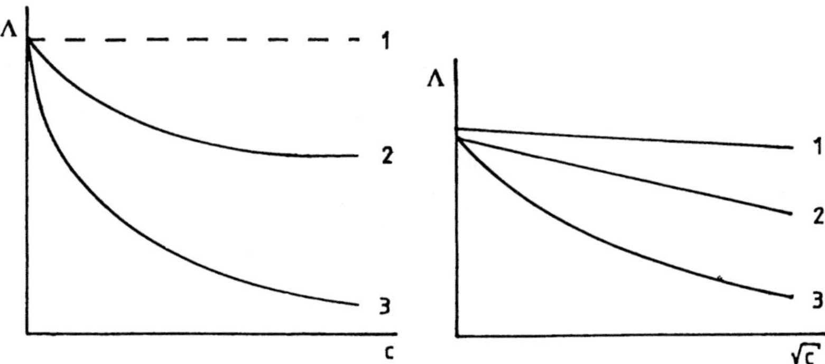

Abb. 14.4 Λ als Funktion von c (links) bzw. $\sqrt{c}$ (rechts) bei starken (2) und schwachen Elektrolyten (3); die gestrichelte Linie (1) entspricht dem idealen Verhalten

Die Begriffe "starker Elektrolyt" und "schwacher Elektrolyt" stellen nur qualitative Umschreibungen dar. Dementsprechend gibt es auch Übergänge zwischen den typischen Verlaufsformen. Woran liegt es nun, daß c doch von Bedeutung ist?

1. Mit zunehmender Konzentration werden die Wechselwirkungen zwischen den Ionen immer stärker (s. Abschn. 3.5). Durch die gegenseitige Anziehung der Kationen und Anionen wird deshalb die Ionenbeweglichkeit vermindert. Dieser Effekt ist für starke und schwache Elektrolyte von Bedeutung. Darum gelten die Gln. (14.16) und (14.17), wie schon im Abschn. 14.1 angemerkt, streng nur für unendliche Verdünnung, d. h. sie erfassen Λ in Abhängigkeit von der Ionenbeweglichkeit u umso genauer, je stärker verdünnt die Lösung ist.
2. Bei schwachen Elektrolyten nimmt gemäß dem Ostwald'schen Verdünnungsgesetz (s. Abschn. 5.1) der Dissoziationsgrad α mit steigender Konzentration ab, so daß mit zunehmender Konzentration immer weniger Ladungsträger zur Verfügung stehen. Dieser Effekt spielt nur bei schwachen Elektrolyten eine Rolle, da bei starken Elektrolyten α konzentrationsunabhängig ist.

Für starke Elektrolyte fand F. W. Kohlrausch auf empirischem Wege das nach ihm benannte <u>Quadratwurzelgesetz</u>

(14.20) $\Lambda = \Lambda_\infty - k\sqrt{c}$

Der Graph dieser Funktion ist eine Gerade mit der Steigung - k und dem Ordinatenabschnitt Λ_∞ (s. Abb. 14.4 rechts; die beiden mit 2 bezeichneten Geraden). Die Grenzleitfähigkeit Λ_∞ ist die molare Leitfähigkeit bei unendlicher Verdünnung ($c \rightarrow 0$), d. h. bei verschwindenden interionischen Wechselwirkungen. Man ermittelt Λ_∞ für einen starken Elektrolyten, indem man Λ über $\sqrt{c}$ aufträgt und durch lineare Extrapolation den Schnittpunkt der Geraden mit der Ordinate bestimmt (k hat die Einheit $cm^{3,5}\ \Omega^{-1}\ mol^{-1,5}$, wenn man c in mol/cm^3 mißt).

Beispiel:

Man benutzt die in Abb. 14.3 dargestellte Meßzelle ($K_Z = 2,9\ cm^{-1}$). Die spezifische Leitfähigkeit $\varkappa$ ergibt sich aus (14.19), die molare Leitfähigkeit Λ aus (14.15). Tabelle 14.3 faßt die Daten für eine Messung mit Salzsäure bei 18 °C zusammen.

Trägt man die Werte der letzten Reihe über denen der 3. Reihe auf, erhält man eine Gerade, die die Ordinate bei $\Lambda = 380\ cm^2\ \Omega^{-1}\ mol^{-1}$ (= Λ_∞) schneidet.

Tabelle 14.3 Daten zur Bestimmung der Grenzleitfähigkeit von Salzsäure bei 18 °C

c in mol/l	0,0025	0,01	0,04	0,09
c in 10^{-5} mol/cm^3	0,25	1	4	9
$\sqrt{c}$ in $(mol/l)^{0,5}$	0,05	0,1	0,2	0,3
U in V	10	10	10	10
I in 10^{-3} A	3,05	11,3	37,9	68,9
$\varkappa$ in 10^{-4} Ω^{-1} cm^{-1}	8,9	32,8	110	199,8
Λ in cm^2 Ω^{-1} mol^{-1}	354	328	275	222

Die im Abschn. 5.1 angegebene Gl. (5.17) läßt sich auch in der Form $K_S = \alpha^2 c$ oder allgemeiner (für Elektrolyte mit geringem Dissoziationsgrad α) in der Form $K_D = \alpha^2 c$ schreiben, worin K_D die Dissoziationskonstante ist. Unter der vereinfachenden Annahme, daß bei schwachen Elektrolyten die Abnahme von Λ ausschließlich durch die mit zunehmender Konzentration zurückgedrängte Dissoziation bedingt ist (wovon man bei Lösungen geringer Konzentration und daher vernachlässigbaren interionischen Wechselwirkungen ausgehen darf), gilt

(14.21) $\alpha = \Lambda/\Lambda_\infty$

Setzt man (14.21) in $K_D = \alpha^2 c$ ein, bekommt man

(14.22) $K_D \Lambda_\infty^2 = \Lambda^2 c$

und durch Multiplikation mit c

(14.23) $K_D \Lambda_\infty^2 c = \Lambda^2 c^2$

Ersetzt man jetzt nach (14.15) Λ c durch $\varkappa$ und stellt den daraus resultierenden Term nach $\varkappa$ um, gelangt man zu

(14.24) $\varkappa = \sqrt{K_D} \Lambda_\infty \sqrt{c}$

Mit Hilfe dieser Gl. kann man durch Leitfähigkeitsmessung die Dissoziationskonstante eines schwachen Elektrolyten bestimmen.

Beispiel:

Zur Bestimmung der Säurekonstanten K_S der Essigsäure bedient man sich wieder der Meßzelle (Abb. 14.3) mit $K_Z = 2,9$ cm^{-1} (ϑ = 18 °C). Tabelle 14.4 enthält die notwendigen Daten.

Tabelle 14.4 Daten zur Bestimmung der Säurekonstanten von Essigsäure bei 18 °C

c in mol/l	10^{-3}	$9\ 10^{-3}$	$2,5\ 10^{-2}$	$6,4\ 10^{-2}$
c in 10^{-6} mol/cm^3	1	9	25	64
$\sqrt{c}$ in 10^{-4} (mol/cm^3)^{0,5}	10	30	50	80
U in V	20	20	20	20
I in 10^{-3} A	0,33	0,99	1,65	2,63
$\varkappa$ in 10^{-5} Ω^{-1} cm^{-1}	4,8	14,3	23,9	38,1

Trägt man $\varkappa$ über $\sqrt{c}$ auf, erhält man eine Gerade, deren Steigung gemäß Gl. (14.24) $\tan \beta = \sqrt{K_D}\ \Lambda_\infty$ ist. Da aber bei einem schwachen Elektrolyten Λ nicht in einem linearen Zusammenhang mit $\sqrt{c}$ steht (s. Abb. 14.4 rechts), läßt sich Λ_∞ nicht wie in dem vorhergehenden Beispiel (Salzsäure) durch Extrapolation ermitteln. Am Schluß dieses Abschnitts wird erläutert, wie man bei einem schwachen Elektrolyten Λ_∞ berechnen kann. Zunächst sei der Wert für Essigsäure vorgegeben: $\Lambda_\infty = 362$ cm^2 Ω^{-1} mol^{-1} (bei 18 °C). Die Säurekonstante der Essigsäure ergibt sich nun mit (14.24):

$$\sqrt{K_S} = \frac{\varkappa}{\sqrt{c}\ \Lambda_\infty}$$

Durch Einsetzen eines beliebigen Wertepaares aus der 3. und 6. Zeile der Tabelle 14.4 gelangt man zu dem Ergebnis

$$\sqrt{K_S} = \frac{4,8\ \ 10^{-5}}{10^{-3}\ \ 362}\ (\text{mol/cm}^3)^{0,5} = 1,32\ \ 10^{-4}\ (\text{mol/cm}^3)^{0,5}$$

$$K_S = 1,74\ \ 10^{-8}\ \text{mol/cm}^3 = 1,74\ \ 10^{-5}\ \text{mol/l}$$

$pK_S = 4,76$; s. Gl. (5.8)

Es läßt sich experimentell zeigen (auf Einzelheiten wird hier verzichtet), daß die molare Leitfähigkeit einer unendlich verdünnten Elektrolyt-Lösung sich additiv aus den Teilleitfähigkeiten (Ionenleitfähigkeiten) λ der einzelnen Ionen zusammensetzt (Gesetz von der Unabhängigkeit der Ionenleitfähigkeiten):

(14.25) $\Lambda_\infty = \lambda^+ + \lambda^-$

Wie schon aus den Gln. (14.16) und (14.17) hervorgeht, ist die Ionenleitfähigkeit das Produkt aus der Ionenbeweglichkeit und der Faraday-Konstanten:

(14.26) $\lambda^+ = u^+ F$ und $\lambda^- = u^- F$

So ist z. B. $\lambda^-(MnO_4^-) = 5{,}6 \; 10^{-4}$ cm^2 V^{-1} s^{-1} 96485 C mol^{-1} = 54 cm^2 Ω^{-1} mol^{-1} (zur Umformung der Einheiten s. A 2.2). λ muß natürlich dieselbe Einheit haben wie Λ. Da F die Ladung von 1 mol einwertiger Ladungsträger angibt (s. Abschn. 13.4), wird λ bei mehrwertigen Ionen auf den entsprechenden Bruchteil der Ionenladung bezogen, wie das auch schon bei den in Tabelle 14.1 aufgeführten Ionenbeweglichkeiten der Fall ist. Tabelle 14.5 können die Ionenleitfähigkeiten einiger Ionen entnommen werden.

Tabelle 14.5 Ionenleitfähigkeiten einiger Ionen in cm^2 Ω^{-1} mol^{-1} bei 18 °C

Kationen	λ^+	Kationen	λ^+	Anionen	λ^-	Anionen	λ^-
H_3O^+	315	Na^+	43,5	OH^-	174	Cl^-	65,5
K^+	64,6	Ag^+	54,4	NO_3^-	61,7	MnO_4^-	54
1/2 Mg^{2+}	45	1/2 Cu^{2+}	45,3	CH_3COO^-	47	1/2 SO_4^{2-}	68,3

Nach dem Gesetz der Unabhängigkeit der Ionenleitfähigkeiten gelten also für unendlich verdünnte Lösungen die folgenden Beziehungen, wobei das Zeichen ∞ vereinfachend weggelassen wird:

(1) $\Lambda(\text{HCl, aq}) = \lambda^+(H_3O^+) + \lambda^-(Cl^-) = 380{,}5$ Ω^{-1} cm^2 mol^{-1}

(2) $\Lambda(\text{Na-acetat, aq}) = \lambda^+(Na^+) + \lambda^-(CH_3COO^-) = 90{,}5$ Ω^{-1} cm^2 mol^{-1}

(3) $\Lambda(\text{NaCl, aq}) = \lambda^+(Na^+) + \lambda^-(Cl^-) = 109$ Ω^{-1} cm^2 mol^{-1}

Indem man die Gln. (1) und (2) addiert und von der Summe die Gl. (3) subtrahiert, erhält man

$\Lambda(\text{HCl, aq}) + \Lambda(\text{Na-acetat, aq}) - \Lambda(\text{NaCl, aq}) = \lambda^+(H_3O^+) + \lambda^-(CH_3COO^-)$

$= \Lambda(CH_3COOH) = 362$ cm^2 Ω^{-1} mol^{-1}

Dieser Wert wurde oben bei der Bestimmung der Säurekonstanten der Essigsäure verwendet.

14.4 DIE KONDUKTOMETRISCHE BESTIMMUNG DES LÖSLICHKEITSPRODUKTES

Unter Konduktometrie versteht man Analyseverfahren, die auf der Messung von Leitfähigkeiten beruhen. Aus diesem großen und wichtigen Gebiet soll lediglich die Messung des Löslichkeitsproduktes K_L eines schwer löslichen Salzes erläutert werden.

Man schüttelt reinstes, mehrfach destilliertes Wasser mit einem Überschuß des Salzes, so daß nach dem Absetzen ein Bodenkörper von ungelöstem Salz verbleibt. Die gesättigte Lösung läßt man in einem verschlossenen Gefäß längere Zeit über dem Bodenkörper stehen und filtriert dann ab. Das Filtrat verwendet man zur Leitfähigkeitsmessung.

In Lösungen schwer löslicher Salze sind die Ionenkonzentrationen natürlich sehr gering. Durch Vereinigung der Gln. (14.10) und (14.13) sieht man, daß die Stärke des durch die Lösung fließenden Stromes direkt proportional der Spannung (U), der Konzentration (c), dem Leiterquerschnitt (A), also dem Querschnitt der Flüssigkeitssäule zwischen den Elektroden, und antiproportional der Länge der Flüssigkeitssäule (l) ist:

$$(14.27)\quad I = \frac{U\ A\ c\ F\ z\ (u^+ + u^-)}{l}$$

Es kommt also darauf an, diese Parameter so zu wählen, daß die Stromstärke zuverlässig gemessen werden kann. Die Zellkonstante K_Z bestimmt man, wie im Abschn. 14.2 beschrieben, wobei die Temperaturabhängigkeit von $\varkappa$ zu beachten ist. Ferner muß man berücksichtigen, daß auch reinstes Wasser wegen der Autoprotolyse (s. Abschn. 5.1) eine geringe Leitfähigkeit besitzt. Daher ist es erforderlich, $\varkappa$ ebenfalls bei dem verwendeten Wasser zu messen und den ermittelten Wert von dem bei der Salzlösung gemessenen Wert abzuziehen. Auf diese Weise eliminiert man den auf der Autoprotolyse und auf eventuell doch noch in Spuren vorhandenen Fremdionen beruhenden Anteil der Leitfähigkeit.

Beispiel:

Die gemessene spezifische Leitfähigkeit einer gesättigten CaF_2-Lösung sei $\varkappa = 3{,}63\ 10^{-5}\ \Omega^{-1}\ cm^{-1}$. Die Beweglichkeiten des Ca^{2+}- und des F^--Ions sind $u^+(1/2\ Ca^{2+}) = 5{,}3\ 10^{-4}\ cm^2\ s^{-1}\ V^{-1}$ bzw. $u^-(F^-) = 4{,}3\ 10^{-4}\ cm^2\ s^{-1}\ V^{-1}$ bei 18 ^oC. Dann beträgt die Konzentration des Salzes gemäß (14.13)

$$c = \frac{3{,}63 \quad 10^{-5}\ \Omega^{-1}\ \mathrm{cm}^{-1}}{96485\ \mathrm{C\ mol}^{-1} \quad 2 \quad 9{,}6 \quad 10^{-4}\ \mathrm{cm}^2\ \mathrm{s}^{-1}\ \mathrm{V}^{-1}} = 1{,}96 \quad 10^{-7}\ \mathrm{mol/cm}^3$$

$c = 1{,}96 \quad 10^{-4}$ mol/l

Nach (4.8) ist

$c(CaF_2) = \sqrt[3]{K_L/4} = (K_L/4)^{1/3}$

Indem man beide Seiten mit 3 potenziert, bekommt man
$c^3 = K_L/4$ oder $K_L = 4\ c^3 = 4\ (1{,}96 \quad 10^{-4}\ \mathrm{mol/l})^3$
$K_L = 3{,}01 \quad 10^{-11}\ \mathrm{mol}^3/\mathrm{l}^3$

15 Transportvorgänge durch Biomembranen

15.1 PASSIVER UND AKTIVER TRANSPORT

Der Betrag an Gibbs-Energie, der beim Transport von 1 mol eines Nichtelektrolyten zwischen zwei durch eine Membran getrennten Räumen (Kompartimenten) R 1 und R 2 umgesetzt wird, hängt von dem Verhältnis der Aktivitäten des zu transportierenden Stoffes in R 1 und R 2 ab:

(15.1 a) $(\Delta G)_{Transp} = R\,T\,\ln a_1/a_2$

Diese Gl. folgt aus (9.28 a), wenn man für die Absolutbeträge der Gibbs-Energie des Stoffes in R 1 und R 2 $G_1 = G_1^o + R\,T\,\ln a_1$ bzw. $G_2 = G_2^o + R\,T\,\ln a_2$ setzt und berücksichtigt, daß für einen bestimmten Stoff $(\Delta G^o)_{Transp} = G_1^o - G_2^o = 0$ ist; denn unter Standardbedingungen besitzt der Stoff in beiden Räumen die Aktivität a = 1 mol/l. Durch Bildung der Differenz $G_1 - G_2 = (\Delta G)_{Transp}$ erhält man Gl. (15.1 a). In verdünnten Lösungen ($a \approx c$), von denen im weiteren ausgegangen wird, kann man mit Konzentrationen statt Aktivitäten rechnen:

(15.1 b) $(\Delta G)_{Transp} = R\,T\,\ln c_1/c_2$

Für $c_1 < c_2$ ist $(\Delta G)_{Transp} < 0$, der Transport von R 2 nach R 1 ein exergonischer Vorgang (passiver Transport); für $c_1 > c_2$ ist $(\Delta G)_{Transp} > 0$, der Transport von R 2 nach R 1 ein endergonischer Vorgang und nur durch Kopplung an einen exergonischen Prozeß möglich (aktiver Transport).
Zur Behandlung der Energetik des Ionentransports bedarf es einer Erweiterung von Gl. (9.28 a), und zwar ist für 1 mol eines Kations

(15.2 a) $G = G^o + R\,T\,\ln a + z\,F\,\varphi$

und für 1 mol eines Anions

(15.2 b) $G = G^o + R\,T\,\ln a - z\,F\,\varphi$

In (15.3 a) und (15.3 b) entfällt das ΔG^o-Glied aus dem oben schon im Zusammenhang mit dem Nichtelektrolyt-Transport genannten Grund.
Beim Ionentransport ist die Berücksichtigung der elektrischen Energiekomponente $z\ F\ \Delta\varphi$ erforderlich, weil die Bewegung von Ladungsträgern in einem Potentialgefälle mit einem Energieumsatz verbunden ist (s. Abschn. 12.3). Wird positive Ladung von einem Ort stärker positiven (weniger negativen) zu einem Ort weniger positiven (stärker negativen) Potentials oder negative Ladung von einem Ort stärker negativen (weniger positiven) zu einem Ort weniger negativen (stärker positiven) Potentials verschoben, so gehen diese Vorgänge mit einer Energieabgabe einher. In den umgekehrten Fällen muß für die Verschiebung der Ladungsträger Energie aufgewandt werden.
Beim Transport einer Kationenart von R 2 nach R 1 sind folgende Konzentrations- und Potentialgefälle möglich:

(a) $c_1 > c_2$ und $\varphi_1 > \varphi_2$,
(b) $c_1 > c_2$ und $\varphi_1 < \varphi_2$,
(c) $c_1 < c_2$ und $\varphi_1 > \varphi_2$,
(d) $c_1 < c_2$ und $\varphi_1 < \varphi_2$

In (a) erfolgt der Transport gegen das Konzentrations- und gegen das Potentialgefälle; $(\Delta G)_{Transp} > 0$, d. h. der Transport kann nur durch Kopplung an einen exergonischen Vorgang ablaufen. Dieser Fall liegt z. B. an der Nervenmembran vor. Da im Extracellularraum $c(Na^+)$ größer ist als im Intracellularraum und außerdem die Außenseite der Membran gegenüber der Innenseite positiv geladen ist, muß die sog. Ionenpumpe (s. Abschn. 15.3) unter Energieaufwand Na^+-Ionen aus dem Intra- in den Extracellularraum befördern. In (d) liegt der umgekehrte Fall vor: Die Transportrichtung entspricht sowohl dem Konzentrations- als auch dem Potentialgefälle, so daß der Vorgang exergonisch verläuft. In den Fällen (b) und (c) bestimmen die Beträge der Konzentrationen und der Potentialdifferenzen, ob $(\Delta G)_{Transp} > 0$ oder < 0 ist.

Beispiel:

$c_1(K^+) = 50$ mmol/l, $c_2(K^+) = 30$ mmol/l; $\varphi_1 = 20$ mV, $\varphi_2 = 100$ mV, $\Delta\varphi = -0{,}08$ V.

Für den Transport von 1 mol K^+ von R 2 nach R 1 ist dann gemäß Gl. (15.3 a) bei Standardtemperatur

$$(\Delta G)_{Transp} = 8{,}31\ J\ K^{-1}\ mol^{-1}\ 298{,}15\ K\ \ln(50/30) + 96485\ C\ mol^{-1}\ (-\ 0{,}08\ V)$$

$$(\Delta G)_{Transp} = -\ 6{,}45\ kJ/mol$$

Trotz der Transportrichtung gegen das Konzentrationsgefälle ist der Vorgang exergonisch.

$(\Delta G)_{Transp}$ wird 0, d. h. der Transport einer Ionenart zwischen zwei Kompartimenten erreicht den Gleichgewichtszustand, wenn die durch das Konzentrationsverhältnis und die durch die Potentialdifferenz bedingte Komponente einander ausgleichen.
Ein Beispiel für die energetische Kopplung eines aktiven mit einem passiven Transportvorgang ist der Cotransport von Na^+-Ionen und Glucose (Glc) aus dem Darmlumen in die Zellen des Dünndarmepithels. Im Darmlumen ist $c(Na^+)$ größer als innerhalb der Epithelzellen, während umgekehrt c(Glc) im Darmlumen kleiner ist als innerhalb der Epithelzellen. Bei den meisten Zellen hat der Intracellularraum (i), hier das Innere der Epithelzellen, ein negatives Potential gegenüber dem Extracellularraum (e), hier dem Darmlumen. Es sei angenommen, daß $\Delta\varphi$ = 60 mV und $c_e(Na^+) : c_i(Na^+) = 10 : 1$ ist. Der Na^+-Einwärtstransport entspricht also den oben unter (d) angeführten Verhältnissen, während Glucose gegen das Konzentrationsgefälle im Intracellularraum angereichert werden muß. Der Cotransport ist thermodynamisch möglich, wenn gilt:

$$(\Delta G)_{Transp}(Na^+_e \rightarrow Na^+_i) < (\Delta G)_{Transp}(Glc_e \rightarrow Glc_i)$$

$$-\left(R\,T\,\ln\frac{c_e(Na^+)}{c_i(Na^+)} + F\,\Delta\varphi\right) < R\,T\,\ln\frac{c_e(Glc)}{c_i(Glc)}$$

$$\ln\frac{c_e(Glc)}{c_i(Glc)} > -4{,}6\ ;\ \frac{c_e(Glc)}{c_i(Glc)} > 0{,}01 \text{ oder } \frac{c_i(Glc)}{c_e(Glc)} < 100$$

Die Glucose kann unter den angenommenen Bedingungen durch den Cotransport mit Na^+-Ionen höchstens 100-fach im Zellinneren gegenüber dem Darmlumen konzentriert werden. In Wirklichkeit muß bei den genannten Voraussetzungen das Anreicherungsverhältnis geringer bleiben, weil die durch den exergonischen Na^+-Transport bereitgestellte Gibbs-Energie nicht vollständig von dem endergonischen Glucose-Transport beansprucht werden darf. Der Gesamtvorgang besäße andernfalls keine thermodynamische Triebkraft.
Eine sehr viel höhere Anreicherung liegt bei der Sekretion von Salzsäure durch die Belegzellen der Magenschleimhaut vor. Der Magensaft des Menschen reagiert bekanntlich stark sauer (pH ≈ 1 bis 1,5). Nimmt man für das Innere

der Belegzellen einen pH-Wert von etwa 6 bis 6,5 an, so bedeutet das, daß die H^+-Ionen im Magensaft um den Faktor 10^5 gegenüber dem Inneren der Belegzellen angereichert werden. Das geschieht - wie in vielen anderen Fällen bei den Organismen - durch aktiven Transport.

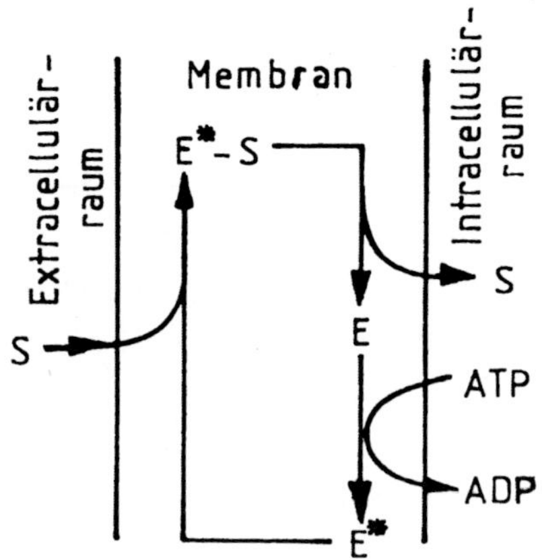

Abb. 15.1 Modell des aktiven Transports (Erklärung im Text)

Aktive Transportvorgänge werden durch membrangebundene Carrier-Proteine vermittelt (Abb. 15.1). Als Energie-Donator dient das ATP. Der Carrier tritt in zwei Konformationen auf. In der aktiven Konformation E* belädt er sich an der dem extracellulären Raum zugewandten Membranseite mit dem zu transportierenden Substrat S. Der Carrier-Substrat-Komplex E*-S dissoziiert auf der dem intracellulären Raum zugewandten Membranseite in die inaktive Carrier-Konformation E und das Substrat, das dabei in das Zellinnere entlassen wird. Durch ATP-Spaltung wird E wieder in E* umgewandelt. Die Konformationsänderung E → E* kommt wahrscheinlich durch Phosphorylierung des Carriers zustande, wobei das übertragene Phosphat aus dem ATP stammt, während die Inaktivierung des Carriers E* → E mit einer Dephosphorylierung einhergeht. Vermutlich bewegt sich nicht der gesamte Carrier bzw. Carrier-Substrat-Komplex durch die Membran von einer Seite auf die andere, sondern die Konformationsänderung bewirkt lediglich eine räumliche Verlagerung der Substratbindungsstelle von der Außen- zur Innenseite und umgekehrt.

15.2 DAS DONNAN-GLEICHGEWICHT

Primär werden unterschiedliche Konzentrationen einer Ionenart auf den beiden Seiten einer von dem betreffenden Ion passierbaren Biomembran immer mit Hilfe aktiver Transportprozesse ("Ionenpumpe") herbeigeführt. Permeationsfähige Ionen sind bestrebt, die aktiv aufgebauten Konzentrationsunterschiede zu beseitigen, weil die Diffusion in Richtung abnehmender Konzentration ein exergonischer Vorgang ist. Eine spezielle Form des Ionenverteilungs-Gleichgewichts wird erreicht, wenn in einem der beiden durch eine Membran getrennten Räume sich eine Ionenart befindet, für die die Membran nicht permeabel ist. Das trifft in biologisch bedeutsamen Fällen besonders für Makromoleküle mit vielfacher positiver oder negativer Nettoladung zu, vor allem für Proteine. Die theoretischen Grundlagen der Untersuchung derartiger Verteilungs-Gleichgewichte stammen von F. G. Donnan. Zur Einführung in diese Zusammenhänge sei von einem einfachen Modell ausgegangen. Man stelle sich zwei gleich große Kompartimente R 1 und R 2 vor, die durch starre Wände (zum Ausschluß einer Volumenänderung) begrenzt und durch eine ebenfalls starre, selektiv ionenpermeable Membran voneinander getrennt sind. Besäßen die Kompartimente dehnbare Wände, käme es infolge des höheren osmotischen Drucks in R 1 zu einem Wassereinstrom aus R 2 und damit zu Konzentrationsänderungen in beiden Räumen, wodurch das gleich zu besprechende Donnan-Gleichgewicht gestört würde. Zunächst möge folgende Ionenverteilung vorliegen (in mmol/l):

	R 1	Membran	R 2
$c(K^+)$	500	‖	100
$c(Cl^-)$	300	‖	100
$c(A^-)$	200	‖	0

A^- steht für große, nicht permeationsfähige Anionen. Da es sich hierbei um Teilchen mit zahlreichen negativen Ladungen handelt (also um Polyelektrolyte), bezieht sich bei A^- die Konzentrationsangabe auf die Zahl der negativen Überschußladungen, die größer ist als die Zahl der Teilchen. Dem Konzentrationsgefälle folgend, diffundieren K^+- und Cl^--Ionen von R 1 nach R 2. Die Netto-Diffusion der Ionen kommt zum Stillstand, wenn das Donnan-Gleichgewicht erreicht ist, d. h. wenn für beide Ionenarten $(\Delta G)_{Transp} = 0$ wird. Dann muß gelten

$$(15.4\ a) \quad R\,T\,\ln c_1(K^+) + F\,\varphi_1 = R\,T\,\ln c_2(K^+) + F\,\varphi_2$$

(15.4 b) $R\,T \ln c_1(Cl^-) - F\,\varphi_1 = R\,T \ln c_2(Cl^-) - F\,\varphi_2$

Die Addition dieser Gln. ergibt nach geeigneter algebraischer Vereinfachung die Donnan-Gleichung:

(15.5) $$\frac{c_1(K^+)}{c_2(K^+)} = \frac{c_2(Cl^-)}{c_1(Cl^-)} \quad \text{oder} \quad c_1(K^+)\,c_1(Cl^-) = c_2(K^+)\,c_2(Cl^-)$$

Verallgemeinert heißt das: Im Donnan-Gleichgewicht sind die Produkte der Konzentrationen der permeationsfähigen Ionen in beiden Kompartimenten gleich. Sind außer den K^+- und Cl^-- z. B. noch Na^+- und Ca^{2+}- als permeationsfähige Ionen anwesend, läßt sich die Donnan-Gleichung entsprechend erweitern:

(15.6) $$\frac{c_1(K^+)}{c_2(K^+)} = \frac{c_1(Na^+)}{c_2(Na^+)} = \sqrt{\frac{c_1(Ca^{2+})}{c_2(Ca^{2+})}} = \frac{c_2(Cl^-)}{c_1(Cl^-)}$$

In dem Zahlenbeispiel, von dem oben ausgegangen wurde, liegen nach Erreichen des Donnan-Gleichgewichtes folgende Konzentrationen (in mmol/l) vor: $c_1(K^+) = 500 - x$; $c_2(K^+) = 100 - x$; $c_1(Cl^-) = 300 - x$; $c_2(Cl^-) = 100 + x$. Das Donnan-Gleichgewicht wird also bei $c_1(K^+) = 360$; $c_1(Cl^-) = 160$; $c_2(K^+) = c_2(Cl^-) = 240$ mmol/l erreicht. Infolge der unterschiedlichen Ionen-Konzentrationen besteht zwischen den beiden Räumen eine Potentialdifferenz, die man als Donnan-Potential bezeichnet. Dessen Betrag kann man durch Kombination der Donnan-Gleichung mit der Nernst-Gleichung berechnen:

(15.7) $$\Delta\varphi = \frac{R\,T}{F} \ln \frac{c_1(K^+)}{c_2(K^+)} = \frac{R\,T}{F} \ln \frac{c_2(Cl^-)}{c_1(Cl^-)}$$

Im Gegensatz zu einer Konzentrationskette besteht diese Potentialdifferenz, die durch eine elektrische Doppelschicht (s. Abschn. 12.1) beiderseits der Membran bedingt ist, auch im Gleichgewicht, da die permeationsfähigen Ionen in den beiden Kompartimenten unterschiedliche Konzentrationen aufweisen, während in einer Konzentrationskette im Gleichgewicht die Konzentrationsunterschiede verschwinden. In dem Zahlenbeispiel ist das Donnan-Potential $\Delta\varphi = 10{,}4$ mV (bei 25 °C).

Aus den erläuterten Gesetzmäßigkeiten ergeben sich einige biologisch interessante Konsequenzen:

1. Da im Donnan-Gleichgewicht $c_1(K^+) = c_1(Cl^-) + c_1(A^-)$ und $c_2(K^+) = c_2(Cl^-)$

ist, muß gemäß der Donnan-Gleichung gelten: $[c_1(Cl^-) + c_1(A^-)]\, c_1(Cl^-) = c_2^2(Cl^-)$. Daraus folgt: $c_2(Cl^-) > c_1(Cl^-)$. Verallgemeinert (s. auch das Zahlenbeispiel) bedeutet das, daß die nicht permeablen, großen Ionen die gleichnamig geladenen, permeationsfähigen Ionen (im Beispiel die Cl^--Ionen) in den anderen Raum "verdrängen".

2. Gehören zu den permeationsfähigen Ionen auch H^+- und OH^--Ionen und befinden sich die A^--Ionen in Raum 1, so nimmt infolgedessen $c(OH^-)$ in R 1 ab und in R 2 zu (der pH-Wert sinkt in R 1 und steigt in R 2). Umgekehrt vermindert sich $c(H^+)$ bei Anwesenheit von A^+-Ionen in R 1 und wächst in R 2 (der pH-Wert steigt in R 1 und sinkt in R 2). Das Donnan-Gleichgewicht bewirkt somit auch pH-Differenzen der beiden Kompartimente. Hierdurch läßt sich die Tatsache erklären, daß der pH-Wert innerhalb der menschlichen Erythrocyten um 0,2 Einheiten geringer ist als im Blutplasma.
3. Das Zahlenbeispiel hat gezeigt (und das läßt sich auch verallgemeinern), daß im Donnan-Gleichgewicht die Gesamtkonzentration der permeablen Ionen in dem Raum, in dem sich die große, nicht permeable Ionenart befindet (im Beispiel R 1), größer ist als in dem anderen Raum. Daher beruht der höhere osmotische Druck (s. Abschn. 3.4 und 9.4) in R 1 nicht nur auf der Anwesenheit dieses hochmolekularen Polyelektrolyten ("kolloidosmotischer Druck"), sondern zusätzlich auf der höheren Konzentration der permeablen Ionen. In biologisch relevanten Fällen entspricht R 1 dem Intra- und R 2 dem Extracellularraum. Bei dehnbaren Wänden käme es also zu einem Wasserfluß von R 2 nach R 1.
4. Die Donnan-Effekte (Ungleichverteilung der permeablen Ionen und Donnan-Potential) hängen von der relativen Konzentration des Polyelektrolyten A^- oder A^+ in R 1 ab. Das wird durch Betrachtung der folgenden Verteilung klar:

	R 1	R 2
$c(K^+)$	$y + z$	x
$c(Cl^-)$	y	x
$c(A^-)$	z	

Nach der Donnan-Gleichung gilt im Gleichgewicht: $(y + z)\, y = x^2$ bzw. $x/y = (y + z)/x$. Je größer $z \mathrel{\hat{=}} c_1(A^-)$ wird, umso größer wird x/y, d. h. umso mehr wächst $x \mathrel{\hat{=}} c_2(Cl^-)$ gegenüber $y \mathrel{\hat{=}} c_1(Cl^-)$ und $x + y \mathrel{\hat{=}} c_1(K^+)$ gegenüber $x \mathrel{\hat{=}} c_2(K^+)$. Mit zunehmender relativer Konzentration des Polyelektrolyten bzw. mit wachsender relativer Zahl seiner Netto-Ladungen nimmt folglich die Ungleichverteilung der permeationsfähigen Ionen und damit das Donnan-Potential zu. So ergibt sich z. B. (alle Angaben in mmol/l) für y = 200, z = 100, y + z = 300 (Anteil von z = 100/600) x = 245 und damit $\Delta\varphi$ = 59 mV lg (300/245) = 5,2 mV; für y = 100, z = 200, y + z = 300 (Anteil von z = 200/600) x = 173 und damit $\Delta\varphi$ = 59 mV lg (300/173) = 14,1 mV.

5. Aus diesen Überlegungen folgt weiterhin, daß für z = 0 (kein Polyelektrolyt in R 1 oder bei dessen isoelektrischem Punkt; s. Abschn. 5.3) die Donnan-Effekte verschwinden, weil es dann zu einer vollkommenen Gleichverteilung aller permeationsfähigen Ionen kommt.

Die Donnan-Effekte haben zwar eine große Bedeutung für das Verständnis biologischer Membrantransport-Phänomene, andererseits sind jedoch reine Donnan-Gleichgewichte an den Zellmembranen der Organismen selten. Sie werden von anderen Vorgängen überlagert, vor allem durch aktiven Ionentransport und durch osmotische Wasserflüsse.

15.3 IONENTRANSPORTVORGÄNGE DURCH NERVENZELLMEMBRANEN

Die Funktionsfähigkeit von Nerven- und Sinneszellen sowie Muskelfasern setzt voraus, daß die Konzentrationsunterschiede verschiedener Ionenarten beiderseits der Membran unter permanentem Aufwand von chemischer Energie aufrecht erhalten werden. So sind bei dem neurophysiologisch wegen seines großen Durchmessers (bis 1 mm) besonders intensiv untersuchten Riesenaxon des Tintenfisches Loligo $c_e(K^+)$ = 20, $c_i(K^+)$ = 400, $c_e(Na^+)$ = 440, $c_i(Na^+)$ = 50, $c_e(Cl^-)$ = 560, $c_i(Cl^-)$ = 60 mmol/l. Selbstverständlich treten in beiden Kompartimenten noch weitere Ionenarten auf, z. B. Ca^{2+}, Mg^{2+}, HCO_3^-, Proteine, und gewährleisten Elektroneutralität. Es wurde nachgewiesen, daß die Ungleichverteilung der Na^+- und der K^+-Ionen durch eine ATP-getriebene Natrium-Kalium-Pumpe zustandekommt. Ein noch nicht in allen Einzelheiten gesichertes Modell geht von folgendem Ablauf des Ionentransports aus: Der Carrier bindet in seiner Konformation E_1 an der Innenseite der Membran Na^+, wird anschließend durch ATP phosphoryliert und ändert dabei seine Konformation zu E_2, die das Na^+ an der Außenseite abgibt und dort gleichzeitig K^+ bindet. Dann erfolgt eine Dephosphorylierung des Carriers, wodurch dieser wieder in E_1 übergeht. E_1 gibt das K^+ an der Innenseite ab und belädt sich dort gleichzeitig mit Na^+ u. s. w. Die Transport-Stöchiometrie von Na^+ : K^+

ist nach dem augenblicklichen Kenntnisstand an der Membran von Säugetier-Nervenzellen 3 : 2.

Die Membranen von erregbaren Zellen besitzen spezifische Ionenkanäle. Im typischen Fall sind bei Nervenzellen im nicht erregten Zustand die K^+-Kanäle für die K^+-Ionen viel leichter passierbar als die Na^+-Kanäle für die Na^+-Ionen und auch leichter als die Cl^--Kanäle für die Cl^--Ionen. Die K^+-Ionen fließen, dem durch die Ionenpumpe aufgebauten Konzentrationsgefälle folgend, aus dem Zellinneren nach außen. Dadurch verliert der Intracellularraum pro ausgewandertes K^+-Ion eine positive Ladung, während der Extracellularraum eine solche gewinnt, und es entsteht eine Ladungstrennung von 1 Paar Elementarladungen quer zur Membran. Je mehr K^+-Ionen von i nach e übertreten, umso stärker negativ lädt sich i gegenüber e auf und umso mehr wird die Auswanderung weiterer K^+-Ionen durch die zwischen ungleichnamig geladenen Teilchen herrschenden Anziehungskräfte behindert. Es kommt zu keiner Netto-Auswanderung von K^+-Ionen mehr, wenn der sich quer zur Membran aufbauende elektrische Gradient (das Potentialgefälle) dem entgegengerichteten Konzentrationsgradienten das Gleichgewicht hält. Die in diesem Zustand beiderseits der Membran vorliegenden Konzentrationen bestimmen das K^+-Gleichgewichtspotential, dessen Betrag mit der Nernst'schen Gleichung aus den vorliegenden Ionen-Konzentrationen berechenbar ist. Für das Tintenfisch-Axon erhält man aus den oben angegebenen $c(K^+)$-Werten bei 25 °C $\Delta\varphi = 59\ \text{mV}\ \lg\ (c_e/c_i) = -\ 77\ \text{mV}$. Das experimentell gemessene Membranpotential $\Delta\varphi_M$ liegt bei - 60 mV. Mit dem Minuszeichen wird angedeutet, daß in der elektrischen Doppelschicht die Innenseite der Membran einen Überschuß an negativer Ladung, die Außenseite einen Überschuß an positiver Ladung besitzt. Man muß beachten, daß mit dem Begriff "Membranpotential" eine Potentialdifferenz gemeint ist. Zur Messung des Membranpotentials $\Delta\varphi_M$ wird eine sehr dünne Kapillare, in deren Innerem sich eine AgCl-Elektrode befindet (s. Abschn. 12.5), in das Axoninnere eingeführt, während eine Bezugselektrode an der Außenseite des Axons liegt. Ein Kathodenstrahloszilloskop registriert $\Delta\varphi_M$.

Das sich aus den Na^+-Konzentrationen ergebende Na^+-Gleichgewichtspotential wäre am Tintenfisch-Axon bei 25 °C $\Delta\varphi(Na^+) = 59\ \text{mV}\ \lg\ (c_e/c_i) = +\ 56\ \text{mV}$. Aus den Cl^--Konzentrationen erhält man das Cl^--Gleichgewichtspotential:

$$\Delta\varphi(Cl^-) = \frac{R\ T}{-\ F} \ln \frac{c_e(Cl^-)}{c_i(Cl^-)} = \frac{R\ T}{F} \ln \frac{c_i(Cl^-)}{c_e(Cl^-)} = -\ 57\ \text{mV (bei } 25\,^{\circ}\text{C)}$$

Das tatsächliche Ruhe-Membranpotential liegt also zwischen $\Delta\varphi(K^+)$ und $\Delta\varphi(Cl^-)$ und weit entfernt von $\Delta\varphi(Na^+)$. In der Goldman'schen Gleichung wird der Anteil der 3 Ionenarten am Ruhe-Membranpotential durch Multiplikation der Konzentrationen mit den zugehörigen relativen Permeabilitätskoeffizienten (P) gewichtet:

$$(15.8) \quad \Delta\varphi_M = \frac{R\,T}{F} \ln \frac{c_e(K^+)\,P(K^+) + c_e(Na^+)\,P(Na^+) + c_i(Cl^-)\,P(Cl^-)}{c_i(K^+)\,P(K^+) + c_i(Na^+)\,P(Na^+) + c_e(Cl^-)\,P(Cl^-)}$$

Die relativen Permeabilitätskoeffizienten bezieht man auf das K^+-Ion mit $P(K^+) = 1$, weil dieses Ion die nicht erregte Membran am leichtesten passieren kann. Man bestimmt diese Koeffizienten durch Isotopenflußmessungen aus der Durchtrittsgeschwindigkeit radioaktiver Isotope dieser Ionen ($^{40}K^+$, $^{24}Na^+$, $^{36}Cl^-$). Beim Tintenfisch-Axon ist $P(K^+) : P(Na^+) : P(Cl^-) = 1 : 0{,}04 : 0{,}4$. Unter Benutzung dieser Koeffizienten und der o. a. Konzentrationen erhält man mit der Goldman'schen Gleichung $\Delta\varphi_M = -\ 59{,}4$ mV (bei 25 °C), also einen mit dem gemessenen Ruhe-Membranpotential ausgezeichnet übereinstimmenden Wert.

Durch Injektion positiver Ladungen in das Innere des Axons mit Hilfe einer Reizelektrode wird der negative Ladungsüberschuß, den die Innenseite der Membran im nicht erregten Zustand gegenüber der Außenseite besitzt, abgebaut (Depolarisation). Ist der injizierte Reizstrom so stark, daß das Membranpotential einen bestimmten Schwellenwert (beim Tintenfisch-Axon etwa - 30 mV) überschreitet, so erfolgt danach eine wenige Millisekunden anhaltende Umpolarisation der Membran, wobei die Innenseite kurzfristig einen positiven Ladungsüberschuß gegenüber der Außenseite aufweist. Auf dem Gipfel dieser als Aktionspotential bezeichneten Ladungsumkehrung beträgt die Potentialdifferenz am Tintenfisch-Axon etwa + 40 mV, nähert sich also dem Na^+-Gleichgewichtspotential. In Abb. 15.2 ist der Verlauf dieses Aktionspotentials dargestellt. Es ergibt sich demnach eine Änderung von etwa 100 mV gegenüber dem nicht erregten Zustand.

Nach Untersuchungen von A. L. Hodgkin, A. F. Huxley, B. Katz und R. D. Keynes beruht die Umpolarisation der Membran auf einer Öffnung der Na^+-Kanäle, so daß die Na^+-Permeabilität der Membran, verglichen mit dem unerregten Zustand, etwa 500-fach erhöht ist (daher auch die Annäherung an das Na^+-Gleichgewichtspotential). Na^+-Ionen fließen nun, dem Konzentrationsgefälle folgend, in das Innere des Axons. Kurz danach (1 - 2 ms später) hört der Na^+-Einstrom auf, und es setzt ein K^+-Ausstrom ein, der (vermutlich unter Beteiligung eines Cl^--Einstroms) zu einer Bewegung des Membranpotentials in negativer Richtung führt. Dabei wird der Ruhewert sogar geringfügig unterschritten (Hyperpolarisation). Wenn auch der K^+-Ausstrom und der Cl^--Einstrom zum Stillstand gekommen sind, kehrt das Membranpotential zum Ruhewert zurück (Repolarisation). Der gesamte Vorgang vom Beginn der Depolarisation bis zur beendeten Repolarisation dauert beim Tintenfisch-Axon bei 20 °C etwa 8 ms. Bei Axonen von gleichwarmblütigen Wirbeltieren verläuft der entsprechende Vorgang erheblich schneller. Die Signalübermittlung im Nervensystem beruht auf der Fortleitung von Aktionspotentialen längs der Axone, denn ein einmal ausgelöstes Aktionspotential führt in der Nachbarregion der Axonmembran zu einem weiteren Aktionspotential.

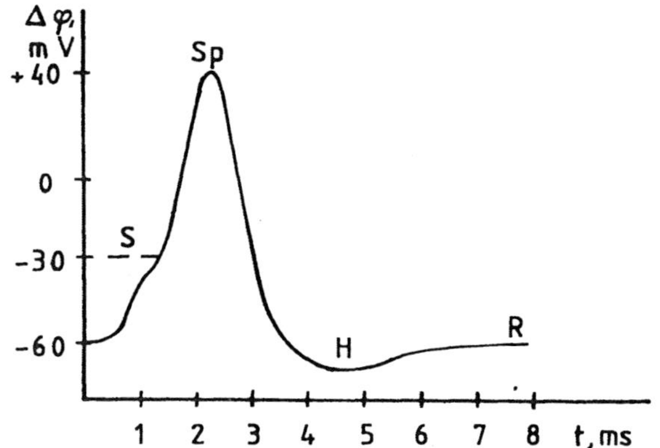

S Schwellenpotential
Sp Spitzenpotential
H Hyperpolarisierendes Nachpotential
R Ruhepotential

Abb. 15.2 Verlauf eines Aktionspotentials am Tintenfisch-Axon

Die aus hydrophoben Lipid-Molekülen aufgebaute Membran stellt einen sehr wirksamen elektrischen Isolator dar, der zwei erheblich besser leitende Medien, den Intra- und den Extracellularraum, voneinander trennt. Man kann daher die Innen- und die Außenseite der Membran als die beiden Platten eines Kondensators auffassen, der durch die Membranspannung (das Membranpotential) aufgeladen wird, wobei im Ruhezustand die Innenseite eine negative und die Außenseite eine positive Ladung zugeteilt bekommt. Für eine bestimmte Plattenanordnung eines Kondensators ist der Quotient aus der in den Platten gespeicherten Ladung Q und der anliegenden Spannung U konstant. Man bezeichnet diesen Quotienten als die Kapazität C des Kondensators. Sie wird in Farad (Einheitenzeichen F) gemessen: C (in F) = Q (in C)/U (in V). Man beachte hier die verschiedene Bedeutung des Symbols C; dieses Symbol tritt einmal als Größen- und zum andern als Einheitenzeichen auf. Die Kapazität eines Kondensators ist der Plattenfläche proportional und dem Plattenabstand antiproportional. Die Nervenzellmembran hat pro cm^2 die sehr hohe Kapazität $C = 1\ \mu F = 10^{-6}\ F = 10^{-6}\ C/V$. Da das Ruhe-Membranpotential am Tintenfisch-Axon - 60 mV beträgt, entspricht dem eine Ladung von $Q = 10^{-6}\ C/V\ 60\ 10^{-3}\ V = 6\ 10^{-8}\ C$. Das bedeutet, daß pro cm^2 Membranfläche lediglich $6\ 10^{-8}\ C/96485\ C\ mol^{-1} = 6{,}22\ 10^{-13}$ mol 1-wertige Ladungsträger voneinander getrennt werden müssen, um dieses Membranpotential zu bewirken. Der Kalmar (Loligo) erreicht eine Länge von höchstens 70 cm. Nimmt man für das Riesenaxon dieses Tintenfisches eine Länge von $l = 30$ cm an und stellt man sich das Axon als einen Zylinder mit dem Radius $r = 0{,}5$ mm vor, dann beträgt die Membranfläche $A_M = 2\ \pi\ r\ l = 9{,}4\ cm^2$. Um das Ruhe-Membranpotential hervorzurufen, müßten also an der gesamten Oberfläche eines Riesenaxons nur etwa $6\ 10^{-12}$ mol 1-wertige Ionen entgegengesetzter Ladung voneinander getrennt werden. Da - wie erläutert - beim Ablauf eines Aktionspotentials die maximale Änderung des Membranpotentials etwa 100 mV gegenüber dem nicht erregten Zustand beträgt (von - 60 auf + 40 mV), muß für diese Umladung pro cm^2 die Ladung $Q = 10^{-6}\ C/V\ 0{,}1\ V = 10^{-7}\ C$ die Ionenkanäle passieren, entsprechend etwa 10^{-12} mol = 1 pmol 1-wertige Ionen. Die Rückkehr zum Ruhepotential erfordert natürlich einen gleich großen Ladungsfluß in umgekehrter Richtung. Weder das Ruhe- noch das Aktionspotential basieren also auf einem massiven Ladungsfluß quer zur Membran. Dementsprechend lassen sich nach Ausschaltung der Ionenpumpe (durch Hemmung der ATP-Bildung) noch viele Tausende von Aktionspotentialen auslösen, ehe es zu einer verminderten Erregbarkeit der Membran kommt.

15.4 PROTONENGRADIENTEN ÜBER BIOMEMBRANEN UND ATP-BILDUNG

Wie im Abschn. 12.8 erläutert wurde, ist der Elektronentransport der Zellatmung (in den Mitochondrien) und der Photosynthese (in den Chloroplasten) mit der Synthese von ATP verknüpft. Die von P. Mitchell entwickelte chemiosmotische Theorie, die inzwischen durch experimentelle Untersuchungen gut gesichert ist, geht von folgenden (hier vereinfacht wiedergegebenen) Vorstellungen zur Kopplung zwischen Elektronenfluß und ATP-Synthese in den Mitochondrien aus:

Die bei den exergonischen Elektronentransport-Prozessen der Atmungskette freigesetzte Energie wird zum Aufbau eines H^+-Ionen- (Protonen-) Konzentrationsgradienten quer zur inneren Mitochondrienmembran benutzt. Die Redoxpaare des Typs Red $\rightleftarrows$ Ox + 2 H^+ + 2 e^- (s. Abschn. 12.8) sind so in der inneren Membran angeordnet, daß die zur Reduktion des Oxidators (Ox) erforderlichen 2 Protonen aus dem Matrixraum aufgenommen (Abb. 15.3 a) und bei der Oxidation des Reduktors (Red) in den Intermembranraum, den Raum zwischen innerer und äußerer Membran, abgegeben werden (Abb. 15.3 b).

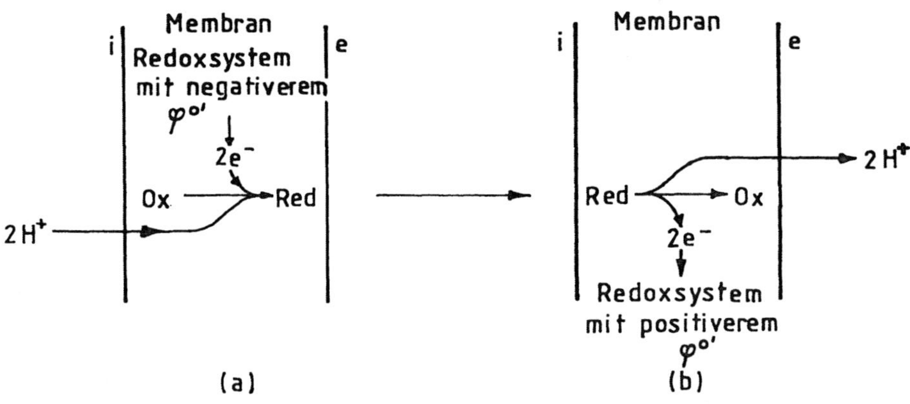

Abb. 15.3 Schema zum Verständnis des Aufbaus des H^+-Gradienten (i ≙ Matrixraum, e ≙ Intermembranraum)

In der Bilanz kommt es also pro Reduktions-Oxidations-Zyklus eines solchen Redoxsystems zum Transfer von 2 H^+ aus dem Matrix- in den Intermembranraum. Dadurch steigt in ersterem der pH-Wert ($c_i(OH^-) > c_i(H^+)$), während er in letzterem sinkt ($c_e(OH^-) < c_e(H^+)$). Die Konzentration dieser Ionenarten ist in Abb. 15.4 durch unterschiedliche Größe der entsprechenden Symbole angedeutet. Infolge dieses H^+- (und OH^--) Konzentrationsgradienten weist der Matrixraum auch ein negatives Potential ("protonenmotorisches Potential") gegenüber dem Intermembranraum auf. Die ATP-Synthese gemäß ADP + P_i $\rightleftarrows$ ATP + H_2O (ΔG^o = + 30 kJ/mol) wird durch eine membrangebundene ATPase katalysiert. Wenn nun die Bildung des Wassers bei der ATP-Synthese so erfolgt, daß die H^+-Ionen des Wassers in den Matrix- und die OH^--Ionen in den Intermembranraum gelangen, wo sie mit jeweils höheren Konzentrationen des Gegenions zu H_2O reagieren, wird das Gleichgewicht in Richtung ATP-Synthese verschoben (Abb. 15.4).

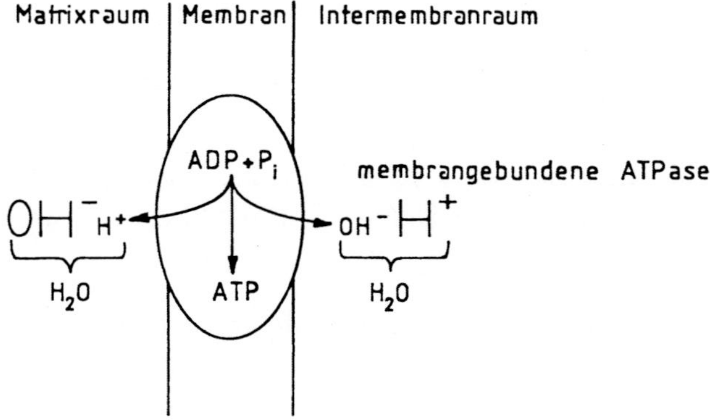

Abb. 15.4 Schema zur Veranschaulichung der ATP-Synthese mit Hilfe des pH-Gradienten

In der Bilanz gelangt pro synthetisiertes ATP-Molekül 1 H^+-Ion von e nach i bzw. 1 OH^--Ion von i nach e. Die ATP-Synthese baut dadurch den H^+- und den OH^--Ionen-Konzentrationsgradienten ab. Umgekehrt kann durch ATP-Spaltung der Konzentrationsgradient dieser Ionen verstärkt werden ("rückwärts laufende Protonenpumpe"). Als Enzym katalysiert die ATPase natürlich auch diesen Vorgang.

Die Mitchell'sche Theorie erklärt ebenso die ATP-Synthese in den Chloroplasten. Hierbei befördert der lichtinduzierte Elektronenfluß H^+-Ionen aus dem Matrixraum in die Thylakoide. Dementsprechend führt die Belichtung einer Suspension isolierter Thylakoide zu einem Anstieg des pH-Wertes im Außenmedium. Nach dem Abschalten der Lichtquelle sinkt der äußere pH-Wert wieder. Die Innenräume der Thylakoide sind dem Intermembranraum der Mitochondrien homolog.

In Analogie zu Gl. (15.3 a) gilt für die in dem Protonen-Konzentrationsgradienten gespeicherte Gibbs-Energie

(15.9) $\Delta G = R\ T \ln c_e(H^+)/c_i(H^+) + F\ \Delta\varphi$

(15.10) $\Delta G = R\ T\ 2{,}3026\ (pH_i - pH_e) + F\ \Delta\varphi$

Diese Energie muß beim Aufbau des Gradienten aufgewandt werden (sie stammt aus dem exergonischen Elektronenfluß) und wird bei Abbau des Gradienten in die ATP-Synthese investiert.

Beispiel:

Die pH-Differenz zwischen dem Matrix- (i) und dem Intermembranraum oder dem Thylakoidraum (e) möge 1 Einheit betragen. Daraus ergibt sich mit (12.23) bei 25 ^{o}C das protonenmotorische Potential $\Delta\varphi$ = 59 mV, so daß die auf dem Protonen-Konzentrationsgradienten beruhende Gibbs-Energie wie folgt zu berechnen ist:

$$\Delta G = 8{,}31\ \mathrm{J\ K^{-1}\ mol^{-1}}\ 298{,}15\ \mathrm{K}\ 2{,}3026\quad 1 + 96485\ \mathrm{C\ mol^{-1}}\ 0{,}059\ \mathrm{V}$$

$$\Delta G = 11{,}4\ \mathrm{kJ/mol}$$

Bei diesem pH-Unterschied müßten also etwa 3 mol Protonen aus dem Intermembran- in den Matrixraum übergehen, um die Energie für die Synthese von 1 mol ATP bei Standardbedingungen bereitzustellen.

Es ist aufschlußreich, sich noch einmal die wichtigsten Transformationen der von der Sonne in die Biosphäre eingestrahlten Energie vor Augen zu führen. Dem Leser sei es überlassen, das zu tun. Bei allen Transformationen des die Welt der Organismen durchfließenden Energiestroms geht ein beträchtlicher Teil der Energie sofort in Wärme über und wird dadurch unwiderruflich entwertet. Schließlich endet auch die vorübergehend in den organischen Verbindungen, den Konzentrationsgradienten und den Potentialdifferenzen gespeicherte Energie spätestens nach der Zersetzung der Körper toter Organismen als Wärme.

Anhang 1 Mathematische Hinweise

A 1.1 Der Zusammenhang zwischen natürlichen und dekadischen Logarithmen

Der Logarithmus einer Zahl x zur Basis b ist der Exponent n, mit dem b zu potenzieren ist, um x zu erhalten:

(A 1.1) $\log_b x = n \Leftrightarrow b^n = x$

Die in den Naturwissenschaften weitaus am häufigsten (und in diesem Buch ausschließlich) verwendeten Logarithmen sind die dekadischen (zur Basis 10) und die natürlichen Logarithmen (zur Basis e). Erstere werden üblicherweise durch das Symbol lg, letztere durch das Symbol ln gekennzeichnet:

(A 1.2) $\log_{10} x = \lg x = n \Leftrightarrow 10^n = x$

(A 1.3) $\log_e x = \ln x = n \Leftrightarrow e^n = x$

Die irrationale Zahl e (Euler'sche Zahl) ist

(A 1.4) $$e = \lim_{n\to\infty} \left(1 + \frac{1}{n}\right)^n = \lim_{n\to 0} (1 + n)^{1/n} = 2{,}718281828...$$

Mit Hilfe eines Rechners kann man sich schnell davon überzeugen, daß die Folge der Zahlenwerte von $(1 + 1/n)^n$ für $n \to \infty$ bzw. von $(1 + n)^{1/n}$ für $n \to 0$ gegen den Grenzwert e konvergiert, wenn man n = 1, 10, 100, 1000, 10000,... setzt.

Es sei nun $a^n = x$ und $b^m = x$. Dann gilt gemäß (A 1.1)

$n = \log_a x$ und $m = \log_b x$

Außerdem ist $a^n = b^m$. Logarithmiert man diese Gl. unter Verwendung von Logarithmen zur Basis a, erhält man

$n \log_a a = m \log_a b$

Nun ist $\log_a a = 1$, denn $a^1 = a$, woraus folgt:

$n = m \log_a b$

Setzt man hierin (s. o.) $n = \log_a x$ und $m = \log_b x$, wird

$$\log_b x = \frac{\log_a x}{\log_a b}$$

Für den wichtigen Fall b = e und a = 10 ergibt sich hieraus

(A 1.5) $\log_e x = \frac{\log_{10} x}{\log_{10} e}$ bzw. $\ln x = \frac{\lg x}{\lg e}$

Mit für die meisten rechnerischen Anwendungen genügender Genauigkeit ist

(A 1.6) $\lg e = 0{,}4343 \Leftrightarrow 10^{0{,}4343} = e$ und daher

(A 1.7) $\ln x = \frac{\lg x}{0{,}4343} = 2{,}3026 \lg x$

A 1.2 Die Differentiation (Ableitung) der Funktion $y = F(x) = \log_b x$

Der Graph dieser Funktion ist eine monoton steigende Kurve, die für jede beliebige Basis b durch den Punkt (1/0) geht; denn $\log_b 1 = 0$ (Abb. A 1.1).

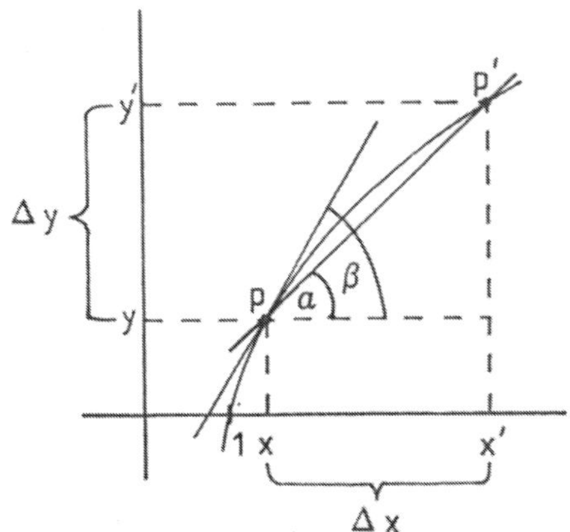

Abb. A 1.1 Zur Ableitung der Logarithmusfunktion

Wie man sich leicht überlegen kann, wächst die Steigung des Graphen mit abnehmendem Zahlenwert von b. In graphischer Darstellung ist die Ableitungsfunktion $f(x) = \frac{dy}{dx}$ der Stammfunktion F(x) an einer beliebigen Stelle, z. B. im Punkt P (x/y) in der Abb. A 1.1 durch die Steigung der Tangente an die Kurve in diesem Punkt gegeben. Wählt man noch einen 2. Punkt P' (x'/y') auf der Kurve und zeichnet durch P und P' eine Sekante, so ist deren Steigung

(A 1.8) $\tan \alpha = \frac{y' - y}{x' - x} = \frac{\Delta y}{\Delta x}$

Läßt man nun P' immer näher an P heranrücken, nähert sich die Steigung der Sekante PP' durch Drehung um P immer mehr der Steigung der Tangente tan β an die Kurve in P. Die Tangentensteigung ist der Grenzwert der Sekantensteigung, wenn P' beliebig nahe zu P längs der Kurve verschoben wird, wenn also Δx gegen Null geht:

(A 1.9) $\tan \beta = \lim_{\Delta x \to 0} \tan \alpha = \lim_{\Delta x \to 0} \frac{\Delta y}{\Delta x} = \frac{dy}{dx} = f(x)$

Für die Logarithmusfunktion gilt im Punkt P'

(A 1.10) $y + \Delta y = \log_b (x + \Delta x)$

(A 1.11) $\Delta y = \log_b (x + \Delta x) - \log_b x$

(A 1.12) $\Delta y = \log_b \frac{x + \Delta x}{x} = \log_b (1 + \frac{\Delta x}{x})$

Division durch Δx ergibt

(A 1.13) $\frac{\Delta y}{\Delta x} = \frac{1}{\Delta x} \log_b (1 + \frac{\Delta x}{x}) = \frac{x}{\Delta x} \frac{1}{x} \log_b (1 + \frac{\Delta x}{x})$

(A 1.14) $\frac{\Delta y}{\Delta x} = \frac{1}{x} \log_b (1 + \frac{\Delta x}{x})^{x/\Delta x}$

Indem man P' längs der Kurve beliebig nahe an P heranrücken läßt ($\Delta x \to 0$), erhält man

(A 1.15) $\frac{dy}{dx} = \lim_{\Delta x \to 0} \frac{1}{x} \log_b (1 + \frac{\Delta x}{x})^{x/\Delta x}$

Zur Vereinfachung werde n für x/Δx gesetzt:

(A 1.16) $\frac{dy}{dx} = \lim_{n \to \infty} \frac{1}{x} \log_b (1 + \frac{1}{n})^n$

(A 1.17) $\frac{dy}{dx} = \frac{1}{x} \lim_{n \to \infty} \log_b (1 + \frac{1}{n})^n$

Bei unbegrenzt wachsendem n strebt $(1 + 1/n)^n$ gegen e (s. A 1.4). Damit ist

(A 1.18) $\frac{dy}{dx} = \frac{d(\log_b x)}{dx} = \frac{1}{x} \log_b e$

und für den sehr wichtigen Fall b = e

(A 1.19) $$\frac{dy}{dx} = f(x) = \frac{d(\log_e x)}{dx} = \frac{d(\ln x)}{dx} = \frac{1}{x} \log_e e = \frac{1}{x}$$

($\log_e e = 1$; denn $e^1 = e$)

A 1.3 Das Integral $\int \frac{1}{x}\, dx$

Die Ableitungsfunktion einer Stammfunktion F(x) sei mit f(x) bezeichnet:

(A 1.20) $$\frac{dy}{dx} = \frac{dF(x)}{dx} = f(x)$$

Im Fall der Logarithmusfunktion ist also, wie im vorigen Abschnitt gezeigt wurde,

(A 1.21) $$\frac{d(\ln x)}{dx} = \frac{1}{x}$$

Dann ist umgekehrt die Stammfunktion F(x) das unbestimmte Integral der Ableitungsfunktion:

(A 1.22) $$\int f(x)\, dx = \int dF(x) = F(x) + C$$

Auf die Logarithmusfunktion angewandt, bedeutet das

(A 1.23) $$\int \frac{1}{x}\, dx = \int d(\ln x) = \ln x + C$$

Man erhält hieraus ein bestimmtes Integral (und die Integrationskonstante C verschwindet), wenn man Integrationsgrenzen festlegt:

(A 1.24) $$\int_{x_1}^{x_2} f(x)\, dx = \left[F(x) + C\right]_{x_1}^{x_2} = (F(x_2) + C) - (F(x_1) + C) = F(x_2) - F(x_1)$$

und wieder unter Anwendung auf die Logarithmusfunktion

(A 1.25) $$\int_{x_1}^{x_2} \frac{1}{x}\, dx = \ln x_2 - \ln x_1 = \ln \frac{x_2}{x_1}$$

Dieses Integral hat in allen naturwissenschaftlichen Disziplinen eine sehr große Bedeutung und tritt auch an zahlreichen Stellen dieses Buches auf. Das bestimmte Integral läßt sich geometrisch als der Flächeninhalt unter einer Kurve bzw. unter dem Graphen einer Funktion zwischen zwei Abszissenwerten x_1 und x_2 deuten, sofern die durch den Graphen dargestellte Funktion stetig ist, d. h. anschaulich ausgedrückt: keine Sprünge aufweist (s. z. B. Abschn. 6.2 und 8.2). Unterteilt man nämlich (gedanklich) diese Fläche zwischen x_1 und x_2 in eine unendlich große Zahl von Rechtecken mit der infinitesimalen (gegen Null gehenden) Breite dx, so ergibt die Summierung der Flächen dieser "Rechtecke" die Gesamtfläche. Unabhängig von dieser geometrischen Veranschaulichung stellt das bestimmte Integral den Grenzwert einer Folge von Summen mit einer unendlich großen Zahl von Summanden dar, wobei der Wert jedes einzelnen Summanden gegen Null strebt. Wichtige physikalisch-chemische Anwendungen dieser Zusammenhänge werden bei der isothermen reversiblen Expansion und Kompression eines idealen Gases (Abschn. 6.2) und bei der Bestimmung der absoluten Entropie eines Reinstoffes mit Hilfe des Dritten Hauptsatzes (Abschn. 8.2) behandelt.

Vertauscht man in einem bestimmten Integral die Integrationsgrenzen, wechselt das Vorzeichen des Integrals:

(A 1.26) $$\int_{x_1}^{x_2} f(x)\,dx = -\int_{x_2}^{x_1} f(x)\,dx$$

Man kann sich hiervon leicht überzeugen, indem man z. B. in (A 1.25) bestimmte Zahlenwerte für x_1 und x_2 wählt.

Das im Literaturverzeichnis aufgeführte Handbook of Chemistry and Physics (herausgegeben von R. C. Weast) enthält eine sehr umfangreiche Sammlung von Lösungen der Integrale, die für die Physik und die Physikalische Chemie von Bedeutung sind.

A 1.4 Die Integration einiger Differentialgleichungen der Reaktionskinetik

(1) Für eine Reaktion 1. Ordnung gilt nach (10.7)

(A 1.27) $$-\frac{dc}{dt} = k\,c$$

Integration:

(A 1.28) $$\int_{c_o}^{c_t} \frac{dc}{c} = -k \int_0^t dt$$

(A 1.29) $$[\ln c]_{c_o}^{c_t} = -k\,t$$

(A 1.30) $$\ln (c_t/c_o) = \ln c_t - \ln c_o = -k\,t$$

(A 1.31) $$\ln (c_o/c_t) = k\,t$$

(2) Für eine Reaktion 2. Ordnung gilt nach (10.14), wenn $c_o(A) = c_o(B)$ ist,

(A 1.32) $$- \frac{dc}{dt} = k\,c^2$$

Integration:

(A 1.33) $$\int_{c_o}^{c_t} \frac{dc}{c^2} = -k \int_o^t dt$$

(A 1.34) $$\left[-\frac{1}{c}\right]_{c_o}^{c_t} = -k\,t$$

(A 1.35) $$-\left(\frac{1}{c_t} - \frac{1}{c_o}\right) = -k\,t$$

(A 1.36) $$\frac{1}{c_t} - \frac{1}{c_o} = k\,t$$

(3) Für eine Reaktion 2. Ordnung gilt nach (10.18), wenn $c_o(A) \neq c_o(B)$ ist,

(A 1.37) $$- \frac{dc(A)}{dt} = - \frac{dc(B)}{dt} = k\,[c_o(A) - x]\,[c_o(B) - x]$$

Darin ist x die umgesetzte Stoffkonzentration. Zur Vereinfachung werde geschrieben $c_o(A) = a$ und $c_o(B) = b$:

(A 1.38) $$\frac{dx}{dt} = - \frac{d(a - x)}{dt} = - \frac{d(b - x)}{dt} = k\,(a - x)\,(b - x)$$

Integration:

(A 1.39) $$\int \frac{1}{(a - x)\,(b - x)}\,dx = k \int dt$$

Zur Lösung wird das linke Integral in Partialbrüche zerlegt:

(A 1.40) $$\frac{1}{(a - x)\,(b - x)} = \frac{A}{a - x} + \frac{B}{b - x}$$

(A 1.41) $$1 = A\,(b - x) + B\,(a - x)$$

Da diese Gleichung für jeden Wert von x erfüllt sein muß, also auch für $x = a$ und $x = b$, bekommt man für $x = a$

(A 1.42) $$1 = A\,(b - a) \rightarrow A = \frac{1}{b - a} = - \frac{1}{a - b}$$

und für $x = b$

(A 1.43) $$1 = B\,(a - b) \rightarrow B = \frac{1}{a - b}$$

Damit ist das linke Integral in (A 1.27)

$$-\frac{1}{a-b}\int\frac{1}{a-x}\,dx+\frac{1}{a-b}\int\frac{1}{b-x}\,dx \tag{A 1.44}$$

Nun ist, was hier nicht im einzelnen gezeigt werden soll (s. Integraltafeln),

$$\int\frac{1}{a-x}\,dx = \ln\frac{1}{a-x}+C = -\ln(a-x)+C \tag{A 1.45}$$

Die Lösung des linken Integrals in (A 1.27) ergibt nunmehr

$$\frac{1}{a-b}\ln(a-x)-\frac{1}{a-b}\ln(b-x)+C \tag{A 1.46}$$

$$\frac{1}{a-b}\left[\ln(a-x)-\ln(b-x)\right]+C \tag{A 1.47}$$

$$\frac{1}{a-b}\ln\frac{a-x}{b-x}+C \tag{A 1.48}$$

Die integrierte Gl. (A 1.27) lautet jetzt

$$\frac{1}{a-b}\ln\frac{a-x}{b-x}+C = k\,t \tag{A 1.49}$$

Zur Bestimmung der Integrationskonstanten C legt man zweckmäßig fest, daß zur Zeit t = 0 auch x = 0 ist, m. a. W., man beginnt beim Zusammengeben der Reaktanten A und B mit der Zeitmessung:

$$\frac{1}{a-b}\ln\frac{a}{b}+C = 0 \rightarrow C = -\frac{1}{a-b}\ln\frac{a}{b} \tag{A 1.50}$$

und daher

$$\frac{1}{a-b}\ln\frac{a-x}{b-x}-\frac{1}{a-b}\ln\frac{a}{b} = k\,t \tag{A 1.51}$$

$$\frac{1}{a-b}\ln\frac{(a-x)\,b}{(b-x)\,a} = k\,t \tag{A 1.52}$$

Durch Resubstitution der ursprünglichen Größen für a und b erhält man daraus die im Abschn. 10.2 angegebene Gl. (10.19). Verwendet man den dekadischen Logarithmus, steht im Zähler des Bruches vor dem Logarithmusterm gemäß (A 1.7) noch der Faktor 2,3026.

(4) Für eine Reaktion 3. Ordnung gilt nach (10.20), wenn $c_o(A) = c_o(B) = c_o(C)$ ist,

(A 1.53) $$-\frac{dc}{dt} = k\,c^3$$

Integration:

(A 1.54) $$\int_{c_o}^{c_t} \frac{dc}{c^3} = -k \int_o^t dt$$

(A 1.55) $$\left[-\frac{1}{2\,c^2}\right]_{c_o}^{c_t} = -k\,t$$

(A 1.56) $$-\left(\frac{1}{2\,c_t^2} - \frac{1}{2\,c_o^2}\right) = -k\,t$$

(A 1.57) $$\frac{1}{2\,c_t^2} - \frac{1}{2\,c_o^2} = k\,t$$

Anhang 2 Physikalische Konstanten und Größen

A 2.1 Naturkonstanten

Avogadro-Konstante	$N_A = 6{,}0221\ 10^{23}\ mol^{-1}$
universelle Gaskonstante	$R = 8{,}3144\ J\ K^{-1}\ mol^{-1}$
Boltzmann-Konstante	$k = R/N_A = 1{,}3806\ 10^{-23}\ J\ K^{-1}$
Planck-Konstante	$h = 6{,}6262\ 10^{-34}\ J\ s$
elektrische Elementarladung	$e_o = \pm\ 1{,}6022\ 10^{-19}\ C$
Faraday-Konstante	$F = e_o\ N_A = \pm\ 96485\ C\ mol^{-1}$
atomare Masseneinheit	$1\ u = 1\ g/N_L = 1{,}66055\ 10^{-24}\ g$
Elektronen-Ruhemasse	$m(e^-) = 9{,}1095\ 10^{-28}\ g$
Protonen-Ruhemasse	$m(p^+) = 1{,}6726\ 10^{-24}\ g$
Neutronen-Ruhemasse	$m(n^o) = 1{,}6749\ 10^{-24}\ g$
absoluter Nullpunkt der Temperatur	$T_o = 0\ K \mathrel{\hat{=}} \vartheta_o = -\ 273{,}15\ ^oC$
physikalischer Normdruck	$p_o = 101{,}325\ kPa = 1013{,}25\ mbar$
molares Normvolumen eines idealen Gases (p_o, 0 ^oC)	$V_{m,o} = 22{,}414\ dm^3\ mol^{-1}$
Norm-Fallbeschleunigung auf der Erde	$g = 9{,}80665\ m\ s^{-2}$

A 2.2 Wichtige Verknüpfungen zwischen physikalischen Größen

Größe	Verknüpfung	Einheit
Kraft F	$F = m\,a$	$1\ N = 1\ kg\ m\ s^{-2}$
Arbeit, Energie w	$w = F\,s$	$1\ J = 1\ N\ m = 1\ kg\ m^2\ s^{-2}$
Leistung P	$P = w/t$	$1\ W = 1\ J\ s^{-1} = 1\ kg\ m^2\ s^{-3}$
Impuls $\vec{p}$	$\vec{p} = m\,v$	$1\ N\ s = 1\ kg\ m\ s^{-1}$
Wirkung H	$H = w\,t$	$1\ J\ s = 1\ kg\ m^2\ s^{-1}$
Druck	$p = F/A$	$1\ Pa = 1\ N\ m^{-2} = 1\ kg\ m^{-1}\ s^{-2}$
elektrische Ladung Q	$Q = I\,t$	$1\ C = 1\ A\ s$
elektrisches Potential	$\varphi = w/Q$	$1\ V = 1\ J\ C^{-1} = 1\ kg\ m^2\ s^{-3}\ A^{-1}$
elektrische Spannung U	$U = w/Q$	$1\ V = 1\ J\ C^{-1} = 1\ W\ A^{-1}$
elektrischer Widerstand R	$R = U/I$	$1\ \Omega = 1\ V\ A^{-1}$
elektrische Kapazität C	$C = Q/U$	$1\ F = 1\ C\ V^{-1}$
Stromleistung P	$P = U\,I$	$1\ W = 1\ V\ A$
elektrische Feldstärke $\vec{E}$	$\vec{E} = U/s$	$1\ V\ m^{-1}$

Nach dem SI-System nicht mehr zulässige, aber vor allem in der älteren Fachliteratur noch auftretende Einheiten:

alte Einheit	SI-Einheit
1 atm	101,325 kPa = 1,01325 bar
1 Torr = 1 mm Hg	1,3332 mbar
1 cal	4,1868 J

Anhang 3 Physikalisch-chemisches Zahlenmaterial

A 3.1 Thermodynamisches Zahlenmaterial

(ΔH^o_f und ΔG^o_f in kJ mol^{-1}, S^o in J K^{-1} mol^{-1})

Anorganische Stoffe, geordnet nach den Gruppen des Periodensystems

Stoff	Zustand	ΔH^o_f	ΔG^o_f	S^o
H_2	g	0	0	131
H^+	aq	0	0	0
Li^+	aq	- 278	- 293	14
Na^+	aq	- 240	- 262	59
NaF	s	- 574	- 544	51
NaCl	s	- 411	- 384	72
NaBr	s	- 360	- 347	87
NaI	s	- 288	- 282	98
$NaNO_3$	s	- 467	- 366	116
Na_2SO_4	s	- 1384	- 1267	149
NaOH	s	- 427	- 381	64
K^+	aq	- 251	- 282	103
KCl	s	- 436	- 408	83
KOH	s	- 425	- 379	79
Rb^+	aq	- 246	- 282	124
Cs^+	aq	- 248	- 282	133

Stoff	Zustand	ΔH^o_f	ΔG^o_f	S^o
Cu^+	aq	52	50	- 26
Cu^{2+}	aq	65	66	- 100
$CuSO_4$	s	- 771	- 662	109
$CuSO_4$ 5 H_2O	s	- 2280	- 1880	305
Ag^+	aq	106	77	74
AgCl	s	- 127	- 110	96
AgBr	s	- 100	- 97	107
AgI	s	- 62	- 66	115
$AgNO_3$	s	- 124	- 33	141
Mg^{2+}	aq	- 462	- 455	- 118
$MgCl_2$	s	- 642	- 592	90
Ca^{2+}	aq	- 543	- 554	- 55
$CaCl_2$	s	- 796	- 748	114
Sr^{2+}	aq	- 546	- 560	- 39
Ba^{2+}	aq	- 538	- 561	12
Zn^{2+}	aq	- 154	- 147	- 106
$ZnSO_4$	s	- 983	- 874	125
Cd^{2+}	aq	- 72	- 78	- 61
Al^{3+}	aq	- 525	- 481	- 313
Al_2O_3	s	- 1670	- 1576	51
CO	g	- 110	- 137	198
CO_2	g	- 393	- 394	214
CO_2	aq	- 413	- 386	121
HCO_3^-	aq	- 692	- 587	95
CO_3^{2-}	aq	- 677	- 528	- 53
N_2	g	0	0	192

Stoff	Zustand	ΔH^o_f	ΔG^o_f	S^o
NH_3	g	- 46	- 16	192
NH_4^+	aq	- 132	- 79	113
NO	g	90	87	211
NO_2	g	34	52	240
NO_3^-	aq	- 207	- 111	146
PO_4^{3-}	aq	- 1290	- 1032	- 222
HPO_4^{2-}	aq	- 1299	- 1094	- 36
$H_2PO_4^-$	aq	- 1302	- 1135	89
O_2	g	0	0	205
O_2	aq	- 12	16	111
OH^-	aq	- 230	- 157	- 11
H_2O	g	- 242	- 229	189
H_2O	l	- 285	- 237	70
H_2S	g	- 21	- 34	206
SO_2	g	- 297	- 300	248
SO_3	g	- 396	- 372	257
SO_4^{2-}	aq	- 909	- 742	17
HSO_4^-	aq	- 886	- 753	127
CrO_4^{2-}	aq	- 863	- 706	39
$Cr_2O_7^{2-}$	aq	- 1460	- 1257	214
F_2	g	0	0	204
F^-	aq	- 329	- 276	- 10
HF	g	- 269	- 271	174
Cl_2	g	0	0	223
Cl_2	aq	- 23	7	121
Cl^-	aq	- 167	- 131	55

Stoff	Zustand	ΔH^o_f	ΔG^o_f	S^o
HCl	g	- 92	- 95	187
HCl	aq	- 167	- 131	55
Br_2	l	0	0	152
Br_2	g	31	3	245
Br_2	aq	- 3	4	130
Br^-	aq	- 121	- 104	83
HBr	g	- 36	- 53	199
I_2	s	0	0	116
I_2	g	62	19	261
I_2	aq	23	16	137
I^-	aq	- 57	- 52	107
HI	g	26	2	206
Mn^{2+}	aq	- 219	- 223	- 84
He	g	0	0	126
Ne	g	0	0	146
Ar	g	0	0	155
Kr	g	0	0	164
Xe	g	0	0	170
Rn	g	0	0	176
Fe^{2+}	aq	- 88	- 85	- 113
Fe^{3+}	aq	- 48	- 10	- 293
$FeCl_2$	s	- 342	- 302	118
$FeCl_3$	s	- 399	- 334	142
FeO	s	- 264	- 245	59
Fe_2O_3	s	- 824	- 742	87
Fe_3O_4	s	- 1118	- 1015	146

Stoff	Zustand	ΔH^o_f	ΔG^o_f	S^o
$FeSO_4$	s	- 928	- 821	108
$FeSO_4$ 7 H_2O	s	- 3015	- 2510	409
Organische Stoffe				
Methan	g	- 75	- 51	186
Ethan	g	- 85	- 33	230
Propan	g	- 104	- 24	270
Butan	g	- 126	- 17	310
Ethen	g	52	68	220
Ethin (Acetylen)	g	227	209	201
Benzol	l	49	125	173
Methanol	l	- 239	- 166	238
Ethanol	l	- 277	- 175	161
Glycerin	l	- 671	- 480	205
Diethylether	l	- 279	- 123	252
Formaldehyd	g	- 116	- 110	219
Acetaldehyd	g	- 166	- 133	264
Aceton	l	- 247	- 154	199
Ameisensäure	l	- 409	- 346	129
Essigsäure	l	- 485	- 390	160
Formiat	aq	- 410	- 335	92
Acetat	aq	- 486	- 377	113
Palmitinsäure	s	- 891	- 315	456
Palmitinsäure	aq		- 288	
Palmitat	aq		- 260	
L-(+)-Milchsäure	aq	- 687	- 539	222

Stoff	Zustand	ΔH^o_f	ΔG^o_f	S^o
Brenztraubensäure	aq	- 608	- 487	180
Essigsäure-ethylester	l	- 482	- 338	263
α-D-Glucose	s	- 1274	- 911	212
α-D-Glucose	aq	- 1264	- 915	264
β-Maltose	aq	- 2235	- 1573	401
Glycin (Zwitterion)	aq	- 523	- 380	159
L-(+)-Alanin (Zwitterion)	aq	- 555	- 371	159
Glycyl-glycin (Zwitterion)	aq	- 734	- 492	231
Harnstoff	aq	- 318	- 203	167

A 3.2 Standardpotentiale

Reduktor	Oxidator	z e^-	φ^o (in Volt)
Ag	Ag^+	1	+ 0,81
Al	Al^{3+}	3	- 1,66
Ba	Ba^{2+}	2	- 2,90
2 Br^-	$Br_2(aq)$	2	+ 1,09
Ca	Ca^{2+}	2	- 2,76
Cd	Cd^{2+}	2	- 0,40
2 Cl^-	$Cl_2(g)$	2	+ 1,36
2 Cr^{3+} + 7 H_2O	$Cr_2O_7^{2-}$ + 14 H^+	6	+ 1,33
Cs	Cs^+	1	- 2,92
Cu	Cu^{2+}	2	+ 0,35
2 F^-	$F_2(g)$	2	+ 2,85
Fe	Fe^{2+}	2	- 0,41
Fe	Fe^{3+}	3	- 0,04

Reduktor	Oxidator	z e^-	φ^o (in Volt)
Fe^{2+}	Fe^{3+}	1	+ 0,77
H_2	$2\ H^+$	2	0,00 (pH = 0)
$H_2 + 2\ OH^-$	$2\ H_2O$	2	- 0,41 (pH = 7)
2 Hg	Hg_2^{2+}	2	+ 0,80
Hg	Hg^{2+}	2	+ 0,85
$2\ I^-$	I_2	2	+ 0,54
K	K^+	1	- 2,92
Li	Li^+	1	- 3,05
Mg	Mg^{2+}	2	- 2,37
Mn	Mn^{2+}	2	- 1,18
$Mn^{2+} + 4\ H_2O$	$MnO_4^- + 8\ H^+$	5	+ 1,51
$MnO_2 + 4\ OH^-$	$MnO_4^- + 2\ H_2O$	3	+ 0,59
Na	Na^+	1	- 2,71
$2\ H_2O$	$O_2 + 4\ H^+$	4	+ 0,81 (pH = 7)
$4\ OH^-$	$O_2 + 2\ H_2O$	4	+ 0,40 (pH = 14)
$2\ H_2O$	$H_2O_2 + 2\ H^+$	2	+ 1,77
H_2O_2	$O_2 + 2\ H^+$	2	+ 0,68
Pb	Pb^{2+}	2	- 0,13
Pb^{2+}	Pb^{4+}	2	+ 1,80
Rb	Rb^+	1	- 2,93
$H_2S(aq)$	$S + 2\ H^+$	2	+ 0,14
$2\ S_2O_3^{2-}$	$S_4O_6^{2-}$	2	+ 0,09
Sn	Sn^{2+}	2	- 0,14
Sn^{2+}	Sn^{4+}	2	+ 0,15
Sr	Sr^{2+}	2	- 2,89
Zn	Zn^{2+}	2	- 0,76

Anhang 4 Biographische und wissenschaftshistorische Angaben

Die folgenden Angaben berücksichtigen keineswegs sämtliche Arbeitsgebiete und wissenschaftlichen Leistungen der in diesem Buch genannten Personen, sondern beschränken sich vorwiegend auf die Daten und Fakten, die im direkten Zusammenhang mit den behandelten Sachgebieten stehen.

Amontons, Guillaume (1663 - 1705), frz. Physiker. Trat durch zahlreiche Erfindungen und Entdekkungen hervor. Fand u. a., daß sich ein Gas proportional zur Temperatur ausdehnt und vermutete die Existenz eines absoluten Temperatur-Nullpunktes. Das 2. Gay-Lussac'sche Gesetz wird nach ihm auch als Gesetz von Amontons bezeichnet.

Ampère, André Marie (1775 - 1836), frz. Physiker, Prof. in Bourg und Paris. Führte entscheidende Arbeiten über den Zusammenhang zwischen elektrischen und magnetischen Erscheinungen durch. Nach ihm wurde die Einheit der Stromstärke benannt.

Arrhenius, Svante (1859 - 1927), schwed. Physikochemiker, Prof. in Stockholm und ab 1905 Direktor des Nobel-Instituts für Physikalische Chemie. Bahnbrechende Arbeiten über die elektrolytische Dissoziation und über Reaktionskinetik (Arrhenius-Gleichung 1889). 1903 Nobelpreis für Chemie.

Avogadro, Lorenzo Romano Amedeo Carlo, Conte di Quaregna e Ceretto (1776 - 1856), it. Physiker, Prof. in Turin. Erkannte, daß Moleküle höhere Teilcheneinheiten darstellen und sich aus mehreren Atomen aufbauen. Formulierte 1811 das nach ihm benannte Gesetz (den Satz von Avogadro).

Becquerel, Antoine Henri (1852 - 1908), frz. Physiker, Prof. in Paris. Entdeckte 1896 die von Uransalzen ausgehende natürliche radioaktive Strahlung. Nach ihm wurde die heute benutzte Einheit der radioaktiven Zerfallsrate benannt. 1903 Nobelpreis für Physik.

Beer, August (1825 - 1863), dt. Physiker, Prof. in Bonn. Gab 1852 eine allgemein gültige Fassung des von J. H. Lambert entdeckten Grundgesetzes der Photometrie.

Berthelot, Marcelin Pierre Eugène (1827 - 1907), frz. Chemiker, Prof. in Paris. Hatte zeitweilig auch Ministerämter inne. Befaßte sich u. a. mit der Thermochemie (Prinzip von Berthelot und Thomsen 1869).

Boltzmann, Ludwig (1844 - 1906), österr. Physiker, Prof. in Graz, München, Leipzig und Wien. Bahnbrechende Arbeiten über statistische Thermodynamik und kinetische Gastheorie (Boltzmann-Konstante, Maxwell-Boltzmann-Verteilung).

Bosch, Carl (1874 - 1940), dt. Chemiker und Industrieller, ab 1937 Präsident der Kaiser-Wilhelm-Gesellschaft zur Förderung der Wissenschaften, die 1948 in Max-Planck-Gesellschaft zur Förderung der Wissenschaften umbenannt wurde. Entwickelte 1908 - 1913 ein großtechnisches Verfahren zur Synthese von Ammoniak, für das F. Haber die theoretischen Grundlagen schuf. 1931 Nobelpreis für Chemie.

Boyle, Robert (1627 - 1691), brit. Physiker. Entdeckte den Zusammenhang zwischen dem Druck und dem Volumen eines Gases (Boyle-Mariotte'sches Gesetz).

Brönsted, Johannes Nicolaus (1879 - 1947), dän. Physikochemiker, Prof. in Kopenhagen. Entwikkelte 1923 zusammen mit N. J. Bjerrum, aber unabhängig von T. M. Lowry die moderne Säure-Base-Theorie.

Bunsen, Robert Wilhelm (1811 - 1899), dt. Chemiker, Prof. in Marburg, Breslau und Heidelberg. Führte die Iodometrie in die Maßanalyse ein. Mitbegründer der Gasanalyse. Entwickelte zusammen mit G. R. Kirchhoff die Spektralanalyse, mit deren Hilfe die beiden Forscher die Elemente Rubidium und Cäsium entdeckten. Bunsen erfand auch mehrere Geräte, u. a. das galvanische Kohle-Zink-Element, die Wasserstrahlpumpe und den nach ihm benannten Gasbrenner.

Calvin, Melvin (geb. 1911), US-am. Chemiker, Prof. in Berkeley. Klärte die sog. Sekundärreaktionen der Photosynthese auf (Calvin-Zyklus). Arbeiten zur Biochemie der Evolution. 1961 Nobelpreis für Chemie.

Carnot, Nicolas Léonard Sadi (1796 - 1832), frz. Ingenieur. Carnot war zunächst Ingenieur-Offizier in der Armee Napoleons I. 1824 verfaßte er eine Schrift über die physikalischen Grundlagen von Wärmeenergiemaschinen, in der er ein Gedankenexperiment, den nach ihm benannten Kreisprozeß, behandelte. Auf der Grundlage des Carnot-Prozesses leitete später R. J. Clausius den 2. Hauptsatz der Thermodynamik ab und führte den Entropie-Begriff ein.

Clausius, Rudolf Julius Emanuel (1822 - 1888), dt. Physiker, Prof. in Zürich, Würzburg und Bonn. Gilt als Begründer der mechanischen Wärmetheorie. Formulierte 1865 den 2. Hauptsatz der Thermodynamik und führte die Entropie als neue Zustandsfunktion in die Thermodynamik ein.

Coulomb, Charles Augustin de (1736 - 1806), frz. Physiker. Entdeckte 1785 das nach ihm benannte Gesetz. Die Einheit der elektrischen Ladung trägt seinen Namen.

Curie, Marie, geb. Sklodowska (1867 - 1934), frz. Physikerin und Chemikerin poln. Herkunft, Prof. in Paris. Entdeckte 1898 zusammen mit ihrem Mann Pierre Curie die radioaktiven Elemente Polonium und Radium. Von ihr stammen viele bedeutende Arbeiten auf dem Gebiet der Radiochemie. Nach ihr wurde die ältere Einheit der radioaktiven Zerfallsrate benannt. 1903 Nobelpreis für Chemie und 1911 Nobelpreis für Chemie.

Dalton, John (1766 - 1844), brit. Chemiker. 1803 stellte er zusammen mit W. Henry das nach den beiden Forschern benannte Gesetz über die Löslichkeit der einzelnen Komponenten eines Gasgemisches in Abhängigkeit vom Partialdruck auf, 1807 fand er das Gesetz von der Additivität der Partialdrücke (Dalton'sches Gesetz). Er schuf den Begriff des Atomgewichts, fand das Gesetz der multiplen Proportionen (1803) und formulierte 1808 seine Atomtheorie.

Daniell, John Frederic (1790 - 1845), brit. Physiker und Chemiker, Prof. in London. Entwickelte 1836 das nach ihm benannte Kupfer-Zink-Element.

Debye, Peter Joseph Wilhelm (1884 - 1966), US-am. Physiker niederl. Herkunft, Prof. in Zürich, Utrecht, Göttingen, Leipzig, Berlin und Ithaca (N. Y.). Schuf u. a. die Theorie der Dissoziation und Leitfähigkeit starker Elektrolyte (Debye-Hückel-Theorie). 1936 Nobelpreis für Chemie.

Dewar, James (1842 - 1923), brit. Physiker und Chemiker, Prof. in Cambridge und London. Bedeutende Arbeiten über Gasverflüssigung. Stellte 1898/99 flüssigen und festen Wasserstoff her. Erfand 1893 das nach ihm benannte Thermoisoliergefäß.

Donnan, Frederick George (1870 - 1956), brit. Chemiker, Prof. in Liverpool und London. Arbeiten über Lösungen hochmolekularer Polyelektrolyte (Donnan-Gleichgewicht).

Faraday, Michael (1791 - 1867), brit. Physiker und Chemiker. Obwohl er naturwissenschaftlicher Autodidakt war (er begann seine Laufbahn als Laborgehilfe von Humphrey Davy an der Royal Institution in London), gehört er zu den bedeutendsten Naturwissenschaftlern der Neuzeit. Zu seinen zahlreichen hervorragenden Leistungen zählt die Entdeckung der quantitativen Gesetzmäßigkeiten der elektrolytischen Stoffabscheidung (Faraday-Gesetze 1834).

Galvani, Luigi (1737 - 1798), it. Arzt und Naturforscher, Prof. in Bologna. 1791 veröffentlichte er seine (später von A. Volta richtig gedeutete) Entdeckung, daß die Oberschenkelmuskeln des Frosches zucken, wenn sie mit zwei verschiedenen, miteinander verbundenen Metallen in Kontakt gebracht werden. Zunächst veranlaßte diese Entdeckung Spekulationen über "tierische Elektrizität" und "Lebenskräfte", führte dann aber (vor allem durch A. Volta) zur Entwicklung der galvanischen Elemente.

Gay-Lussac, Joseph Louis (1778 - 1850), frz. Physiker und Chemiker, Prof. in Paris. Fand 1802 das nach ihm benannte Gesetz der Volumenausdehnung von Gasen, 1805 - 08 zusammen mit Alexander von Humboldt das Volumengesetz, wonach Reaktionen zwischen Gasen in kleinen, ganzzahligen Volumenverhältnissen ablaufen.

Gibbs, Josiah Willard (1839 - 1903), US-am. Mathematiker und Physikochemiker, Prof. in New Haven. Gibbs ist einer der Begründer der modernen Thermodynamik. Er führte u. a. die nach ihm benannte Zustandsfunktion ein.

Guldberg, Cato Maximilian (1836 - 1902), norw. Mathematiker und Chemiker, Prof. in Christiania (heute Oslo). Stellte 1864 zusammen mit seinem Schwager P. Waage das Massenwirkungsgesetz auf.

Haber, Fritz (1868 - 1934), dt. Chemiker, Prof. in Karlsruhe, später Direktor des Kaiser-Wilhelm-Instituts für Physikalische Chemie und Elektrochemie in Berlin. Arbeiten über Elektrochemie, Thermodynamik und Stickstoffverbindungen. Entwickelte die theoretischen Grundlagen der Ammoniak-Synthese (Haber-Bosch-Verfahren). 1933 emigrierte er nach England. 1918 Nobelpreis für Chemie.

Haldane, John Burdon Sanderson (1892 - 1964), vielseitiger brit. Biologe. Bedeutsam sind seine Arbeiten über Enzymkinetik (Briggs-Haldane-Ansatz) und seine mathematische Behandlung genetischer Grundlagen der Evolution.

Helmholtz, Hermann Ludwig Ferdinand (1821 - 1894), dt. Physiker und Physiologe. Helmholtz war zunächst Militärarzt, dann Prof. für Anatomie an der Berliner Kunstakademie, bevor er als Prof. für Physiologie in Königsberg, Bonn und Heidelberg und schließlich als Prof. für Physik in Berlin lehrte. Ab 1888 leitete er die neugegründete Physikalisch-Technische Reichsanstalt in Berlin. Er gilt als einer der vielseitigsten und genialsten Naturwissenschaftler der Neuzeit. Seine Arbeiten und Entdeckungen erstrecken sich auf verschiedene Gebiete der Mathematik, Physik, Meteorologie, Medizin, Physiologie, Philosophie, Psychologie und sogar Musik. 1847 formulierte er unabhängig von J. R. Mayer das Prinzip der Erhaltung der Energie. 1882 wurde er in den Adelsstand erhoben.

Henry, William (1774 - 1836), brit. Chemiker. Fand zusammen mit seinem Freund J. Dalton das Gesetz über die Abhängigkeit der Löslichkeit eines Gases vom Partialdruck.

Hess, Germain Henri (1802 - 1850), russ. Chemiker schweiz. Herkunft, Prof. in Petersburg (heute Leningrad). Stellte 1840 den nach ihm benannten Wärmesatz auf, der auch als Gesetz der konstanten Wärmesummen bezeichnet wird.

Hodgkin, Alan Lloyd (geb. 1914), brit. Physiologe, Prof. in Cambridge. Erforschte zusammen mit A. F. Huxley den Ionenmechanismus des Ruhe- und Aktionspotentials. 1963 Nobelpreis für Medizin oder Physiologie.

Hofmann, August Wilhelm (1818 - 1892), dt. Chemiker, Schüler J. v. Liebigs, Prof. in Bonn, London und Berlin. Besonders verdient um die Farbstoff-Chemie. Der bekannte Wasserzersetzungsapparat wurde von ihm erfunden. 1888 verlieh ihm der Kaiser das Adelsprädikat.

Hückel, Erich (1896 - 1980), dt. Physiker und Physikochemiker, Prof. in Marburg. Bekannt durch die zusammen mit P. Debye entwickelte Theorie starker Elektrolyte (1922-25). Wandte die Quantentheorie auf chemische Probleme an und gab eine Deutung des aromatischen Zustands (Hückel-Regel).

Huxley, Andrew Fielding (geb. 1917), brit. Physiologe, Prof. in London. A. F. Huxley ist ein Bruder des bedeutenden Biologen Julian Huxley und des Schriftstellers Aldous Huxley und Enkel des Darwin-Freundes und geistvollen Verfechters der Evolutionstheorie Thomas Henry Huxley. Zusammen mit A. L. Hodgkin klärte A. F. Huxley die Ionenaustauschvorgänge an Nervenmembranen auf. 1963 Nobelpreis für Medizin oder Physiologie.

Joule, James Prescott (1818 - 1889), brit. Brauereibesitzer und Physiker. Bestimmte erstmals 1843 das mechanische Wärmeäquivalent (später verfeinerte Messungen). Zusammen mit W. Thomson (Lord Kelvin) arbeitete er an einem Ausbau der Thermodynamik (Joule-Thomson-Effekt 1853). Joule ist einer der Entdecker des Energieerhaltungssatzes (1843).

Katz, Bernard (geb. 1911), brit. Biophysiker dt. Herkunft, Prof. in London. Bedeutende Arbeiten auf dem Gebiet der Nervenphysiologie, vor allem über die Funktion der Synapsen. 1970 Nobelpreis für Medizin oder Physiologie.

Kelvin s. Thomson

Kirchhoff, Gustav Robert (1824 - 1887), dt. Physiker, Prof. in Breslau, Heidelberg und Berlin. Bedeutende Entdeckungen auf dem Gebiet der Elektrizitätslehre (Kirchhoff'sche Gesetze der Stromverzweigung) und der Thermodynamik (Kirchhoff'sche Gleichung). Mitentdecker der Spektralanalyse (s. R. Bunsen).

Kohlrausch, Friedrich Wilhelm Georg (1840 - 1910), dt. Physiker, Prof. in Göttingen, Zürich, Darmstadt, Würzburg, Straßburg und Berlin, 1895 - 1905 Präsident der Physikalisch-Technischen Reichsanstalt in Berlin. Untersuchungen über die elektrolytische Leitfähigkeit (Kohlrausch'sches Quadratwurzelgesetz, Gesetz der unabhängigen Ionenwanderung in Elektrolyten 1876).

Lambert, Johann Heinrich (1728 - 1777), dt. Mathematiker, Physiker und Astronom. Entdeckte u. a. das nach ihm benannte Grundgesetz der Photometrie (Lambert-Beer'sches Gesetz).

Le Chatelier, Henri Louis (1850 - 1936), frz. Chemiker, Prof. in Paris. Fand 1888 das Prinzip der Flucht vor dem Zwang (Prinzip des kleinsten Zwanges).

Lewis, Gilbert Newton (1875 - 1946), US-am. Physikochemiker, Prof. in Cambridge (Mass.) und in Berkeley. Arbeitete über Thermodynamik, über Valenz- und Bindungstheorie und schuf eine besonders für die Organische Chemie bedeutsame Säure-Base-Theorie.

Libby, Willard Frank (geb. 1908), US-am. Chemiker, Prof. in Berkeley, Chicago und Los Angeles. Entwickelte das Verfahren der Altersdatierung mit Hilfe des radioaktiven Kohlenstoff-Isotops (Radiocarbon-Methode). 1960 Nobelpreis für Chemie.

Loschmidt, Joseph (1821 - 1895), österr. Physiker und Chemiker, Prof. in Wien. Bestimmte im Zusammenhang mit seinen Arbeiten über Gaskinetik 1865 erstmals die Zahl der in 1 cm^3 eines Gases enthaltenen Moleküle, die heute für 1 mol angegeben wird (Loschmidt-Zahl).

Lowry, Thomas Martin (1874 - 1936), brit. Physikochemiker, Prof. in London und Cambridge. Entwickelte 1923 unabhängig von J. N. Brönsted die nach den beiden Forschern benannte Säure-Base-Theorie.

Mariotte, Edme (1620 - 1684), frz. Physiker. Fand 1679 unabhängig von R. Boyle den Zusammenhang zwischen dem Druck und dem Volumen eines Gases (Boyle-Mariotte'sches Gesetz).

Maxwell, James Clerk (1831 - 1879), brit. Physiker, Prof. in Aberdeen, London und Cambridge. J. C. Maxwell ist Schöpfer der modernen Elektrodynamik und der elektromagnetischen Theorie des Lichtes. Bedeutende Arbeiten über kinetische Gastheorie (Maxwell-Boltzmann-Verteilung) und über statistische Thermodynamik ("Maxwell'scher Dämon").

Mayer, Julius Robert (1814 - 1878), dt. Arzt und Physiker. Während einer Fahrt als Schiffsarzt in die Tropen fand er bei Studien über die Farbe von venösem und arteriellem Blut in gemäßigten und tropischen Breiten die Äquivalenz von Wärme und Arbeit. Später wirkte er als Arzt in Heilbronn und berechnete 1845 das mechanische Wärmeäquivalent (s. J. P. Joule). 1842 vertrat er den Satz von der Erhaltung der Energie.

Michaelis, Leonor (1875 - 1949), US-am. Chemiker dt. Herkunft. Entwickelte 1913 zusammen mit M. Menten die Grundlagen der Enzymkinetik (Michaelis-Menten-Theorie).

Millikan, Robert Andrews (1868 - 1953), US-am. Physiker, Prof. in Chicago und Pasadena. Bestimmte 1909 - 1913 erstmals einen genauen Wert der Elementarladung mit Hilfe der in einem homogenen elektrischen Feld eines Plattenkondensators schwebenden, elektrostatisch aufgeladenen Öltröpfchen (Millikan-Versuch). 1923 Nobelpreis für Physik.

Mitchell, Peter Dennis (geb. 1920), brit. Biochemiker. Entwickelte die chemiosmotische Theorie, die die Kopplung der ATP-Synthese mit dem Elektronentransport der Atmungskette und der Photosynthese deutet. 1978 Nobelpreis für Chemie.

Nernst, Walther Hermann (1864 - 1941), dt. Physiker und Physikochemiker, Prof. in Göttingen und Berlin, 1922 - 24 Präsident der Physikalisch-Technischen Reichsanstalt in Berlin. Er ist einer der Begründer der Physikalischen Chemie und leistete Pionierarbeit auf dem Gebiet der modernen Elektrochemie (Theorie der Elektrodenpotentiale, Nernst'sche Gleichung 1889). 1899 stellte er eine Theorie der elektrischen Nervenreizung auf. 1905 fand er das nach ihm benannte Wärmetheorem (den 3. Hauptsatz der Thermodynamik). 1920 Nobelpreis für Chemie.

Ohm, Georg Simon (1787 - 1854), dt. Physiker, Prof. in München. 1826 entdeckte er das Grundgesetz der Elektrizitätsleitung.

Ostwald, Wilhelm (1853 - 1932), dt. Physikochemiker, Prof. in Riga und Leipzig. Ostwald war einer der führenden Vertreter der Physikalischen Chemie (1887 begründete er mit van't Hoff die renommierte Zeitschrift für Physikalische Chemie). Bedeutende Arbeiten über Katalyse, Thermodynamik, chemisches Gleichgewicht, Elektrochemie, elektrolytische Dissoziation (Ostwald'sches Verdünnungsgesetz 1889). Befaßte sich auch mit Naturphilosophie und gab ab 1889 die Schriftenreihe "Ostwalds Klassiker der Naturwissenschaften" heraus. 1909 Nobelpreis für Chemie.

Pauling, Linus Carl (geb. 1901), US-am. Chemiker, Prof. in Pasadena und San Diego. Bedeutende Arbeiten über die chemische Bindung. Klärte mit Hilfe der Röntgenstrukturanalyse die Helix-Struktur der Proteine auf. Forschungen über Struktur und Eigenschaften der Antikörper und zu Problemen der Molekularevolution. 1954 Nobelpreis für Chemie und 1963 Friedensnobelpreis für sein engagiertes Eintreten gegen Kernwaffen.

Pfeffer, Wilhelm (1845 - 1920), dt. Botaniker, Prof. in Bonn, Basel, Tübingen und Leipzig. Leistete Pionierarbeit auf dem Gebiet der Osmose (Pfeffer'sche Zelle). Die späteren Arbeiten van't Hoffs über die Theorie des osmotischen Drucks bauten auf den Ergebnissen Pfeffers auf.

Planck, Max Karl Ernst Ludwig (1858 - 1947), dt. Physiker, Prof. in Kiel und Berlin, 1930 - 1937 und 1945/46 Präsident der Kaiser-Wilhelm-Gesellschaft. Planck gilt als einer der bedeutendsten Physiker der Neuzeit. Begründer der Quantentheorie. Fand 1900 sein Strahlungsgesetz und eine neue Naturkonstante, das Wirkungsquantum. 1918 Nobelpreis für Physik.

Poggendorff, Johann Christian (1796 - 1877), dt. Physiker, Prof. in Berlin. Entwickelte 1841 seine Kompensationsschaltung.

Poisson, Siméon Denis (1781 - 1840), frz. Mathematiker und Physiker, Prof. in Paris. Stellte bei seinen Arbeiten über die Wärmeleitung die Adiabaten-Gleichung auf.

Raoult, Francois Marie (1830 - 1901), frz. Chemiker, Prof. in Grenoble. Arbeiten über das Verhalten verdünnter Lösungen (Raoult'sches Gesetz 1886).

Siemens, Werner (1816 - 1892), dt. Ingenieur und Industrieller, Erfinder wichtiger technischer Neuerungen. Baute u. a. die erste Dynamomaschine (1866) und leitete damit die Entwicklung der Starkstromtechnik ein. Die Einheit der elektrischen Leitfähigkeit ist nach ihm benannt. 1888 wurde er geadelt.

Thomsen, Hans Peter Jorgen Julius (1826 - 1909), dän. Chemiker, Prof. in Kopenhagen. Arbeitete hauptsächlich auf dem Gebiet der Thermochemie (Prinzip von Berthelot und Thomsen).

Thomson, William (1824 - 1907), seit 1892 Lord Kelvin of Largs, brit. Physiker, Prof. in Glasgow. Er zählt zu den bedeutendsten Physikern der Neuzeit. Gleichzeitig mit R. J. Clausius stellte er den 2. Hauptsatz der Thermodynamik auf. Er gab eine exakte Definition der thermodynamischen Temperatur (Kelvin-Temperaturskala).

van der Waals, Johannes Diderik (1837 - 1923), niederl. Physiker, Prof. in Amsterdam. Von ihm stammen grundlegende Arbeiten über den flüssigen und gasförmigen Zustand der Materie (van der Waals-Kräfte, Zustandsgleichung für reale Gase 1873). 1910 Nobelpreis für Physik.

van't Hoff, Jacobus Henricus (1852 - 1911), niederl. Physikochemiker, Prof. in Amsterdam und Berlin. Durch seine Theorie des asymmetrischen Kohlenstoff-Atoms begründete er 1874 die Stereochemie (gleichzeitig mit, aber unabhängig von J. A. Le Bel). Er war außerdem einer der Begründer und führenden Vertreter der Physikalischen Chemie (s. W. Ostwald). Seine Arbeiten befaßten sich mit der Thermodynamik (van't Hoff'sche Gleichung), mit Problemen des chemischen Gleichgewichts, mit der Reaktionskinetik (van't Hoff'sche RGT-Regel) und mit der Theorie von Lösungen (van't Hoff'sche Gleichung des osmotischen Drucks). 1901 erhielt er den zum erstenmal verliehenen Nobelpreis für Chemie.

Volta, Alessandro Giuseppe Antonio Anastasio (1745 - 1827), it. Physiker, Prof. in Como und Pavia. Die Entwicklung der galvanischen Elektrizität ist vor allem ihm zu verdanken. 1800 erfand er die Volta-Säule, die erste brauchbare Einrichtung zur Erzeugung stärkerer Ströme. Die Einheit der elektrischen Spannung ist nach ihm benannt. 1810 wurde ihm der Titel eines Grafen verliehen.

Waage, Peter (1833 - 1900), norweg. Chemiker, Prof. in Christiania (heute Oslo). In Zusammenarbeit mit C. M. Guldberg stellte er 1864 das Massenwirkungsgesetz auf.

Warburg, Otto Heinrich (1883 - 1970), dt. Biochemiker und Physiologe, Prof. in Berlin, ab 1931 Direktor des dortigen Kaiser-Wilhelm-Instituts (späteren Max-Planck-Instituts) für Zellphysiologie. Bedeutende Arbeiten über die Biochemie der Zellatmung und der Photosynthese. Entdekkung und Isolierung mehrerer Enzyme und Coenzyme (NADP 1931). Entwickelte ein Verfahren zur Messung des Gasumsatzes bei biochemischen Reaktionen (Warburg-Manometrie). 1931 Nobelpreis für Medizin oder Physiologie.

Wöhler, Friedrich (1800 - 1882), dt. Chemiker, Prof. in Berlin, Kassel und Göttingen. Viele bedeutende Arbeiten auf den Gebieten der analytischen und synthetischen Chemie. 1828 stellte er Harnstoff als erste synthetisch gewonnene organische Verbindung her. Ab 1838 gab er mit J. von Liebig die "Annalen für Chemie und Pharmacie" heraus.

Literatur

Adam G, Läuger P, Stark G (1977) Physikalische Chemie und Biophysik. Springer, Berlin Heidelberg New York

Asmus E (1963) Einführung in die höhere Mathematik, 4. Aufl: de Gruyter, Berlin

Atkins PW (1987) Physikalische Chemie. Verlag Chemie, Weinheim

Aylward GH, Findlay TJV (1975) Datensammlung Chemie. Verlag Chemie, Weinheim

Barrow GM (1974) Physical Chemistry for the Life Sciences. McGraw-Hill, New York

Batschelet E (1979) Introduction to Mathematics for Life Scientists, 3rd Ed: Springer, Berlin Heidelberg New York

Bergmeyer HU (1977) Grundlagen der enzymatischen Analyse. Verlag Chemie, Weinheim

Brdicka R (1976) Grundlagen der Physikalischen Chemie, 13. Aufl: VEB Deutscher Verlag der Wissenschaften, Berlin

Bukatsch F, Glöckner W (1977) Experimentelle Schulchemie, Bd 5, Physikalische Chemie 1. Aulis, Köln

Chang R (1981) Physical Chemistry with Applications to Biological Systems, 2nd Ed: Macmillan Publishing Co, New York

Christen HR (1985) Grundlagen der Allgemeinen und Anorganischen Chemie, 8. Aufl: Salle und Sauerländer, Frankfurt Aarau

Christensen HN, Palmer GA (1974) Lehrprogramm Enzymkinetik. Verlag Chemie, Physik Verlag, Weinheim

Cohen E (1912) Jacobus Henricus van't Hoff - Sein Leben und Wirken. Akademische Verlagsgesellschaft, Leipzig

Daniels F, Alberty RA (1975) Physical Chemistry, 4th Ed: Wiley, New York

Ebert H (1949) Hermann von Helmholtz. Wissenschaftliche Verlagsgesellschaft, Stuttgart

Eggert J (1968) Lehrbuch der Physikalischen Chemie, 9. Aufl: Hirzel, Stuttgart

Försterling H-D, Kuhn H (1971) Physikalische Chemie in Experimenten. Verlag Chemie, Weinheim

Gulbins C, Heu B, Meloefski R, Böhmer V, Deveaux J (1983) Allgemeine und Physikalische Chemie. Dümmler, Bonn

Harold FM (1986) The Vital Force. A Study of Bioenergetics. Freeman, New York

Harrison RD, Ellis H (1984) Book of Data. Longman, London

Herder Lexikon Naturwissenschaftler (1979). Herder, Freiburg Basel Wien

Höfling O (1979) Physik, 12. Aufl: Dümmler, Bonn

Holleman AF, Wiberg E (1971) Lehrbuch der Anorganischen Chemie, 71. - 80. Aufl: de Gruyter, Berlin

Jansen W, Ralle B, Pieper R (1984) Reaktionskinetik und chemisches Gleichgewicht. Aulis, Köln

Karlson P (1974) Kurzes Lehrbuch der Biochemie, 9. Aufl: Thieme, Stuttgart

Kayser D (ohne Jahresangabe) Manometrische Methoden. Informationsschrift der B Braun Melsungen AG

Klotz IM (1971) Energetik biochemischer Reaktionen, 2. Aufl: Thieme, Stuttgart

Klotz IM, Rosenberg RM (1974) Chemical Thermodynamics. The Benjamin Cummings Publishing Co, Menlo Park

Laidler KJ (1978) Physical Chemistry with Biological Applications. The Benjamin Cummings Publishing Co, Menlo Park

Lasch J (1987) Enzymkinetik. Springer, Berlin Heidelberg New York

Lehninger AL (1970) Bioenergetik. Thieme, Stuttgart

Lehninger AL (1975) Biochemie. Verlag Chemie, Weinheim

Libby WF (1969) Altersbestimmung mit der C^{14}-Methode. Bibliographisches Institut, Mannheim

Mendelssohn K (1976) Walther Nernst und seine Zeit. Physik Verlag, Weinheim

Meyers Enzyklopädisches Lexikon (1971), 9. Aufl: Bibliographisches Institut, Mannheim Wien Zürich

Morris JG (1976) Physikalische Chemie für Biologen. Verlag Chemie, Weinheim

Morrison RT, Boyd RN (1974) Lehrbuch der Organischen Chemie. Verlag Chemie, Weinheim

Mortimer CE (1976) Chemie, 2. Aufl: Thieme, Stuttgart

Näser K-H (1983) Physikalische Chemie für Techniker und Ingenieure, 16. Aufl: VEB Deutscher Verlag für Grundstoffindustrie, Leipzig

Nash LK (1970) Elements of Chemical Thermodynamics, 2nd Ed: Addison-Wesley Publishing Co, Reading

Nebe E (1982) Die kleine pH/mV-Fibel. Selbstverlag der Wissenschaftlich-Technische Werkstätten, Weilheim i. OB.

Netter H (1969) Theoretical Biochemistry. Oliver & Boyd, Edinburgh

Pauling L (1968) Die Natur der chemischen Bindung, 3. Aufl: Verlag Chemie, Weinheim

Pimentel GC, Spratley RD (1971) Understanding Chemistry. Holden-Day, San Francisco

Pine SH, Hendrickson JB, Cram DJ, Hammond GS (1987) Organische Chemie. Vieweg, Braunschweig Wiesbaden

Price NC, Dwek RA (1979) Physikalische Chemie für Biologen und Biochemiker. Steinkopff, Darmstadt

Rauen HM, Hrsg (1964) Biochemisches Taschenbuch, 2. Aufl: Springer, Berlin Göttingen Heidelberg

Stockhausen M (1979) Mathematische Behandlung naturwissenschaftlicher Probleme. Steinkopff, Darmstadt

Vodrazka Z (1976) Physikalische Chemie für Biologen, Mediziner, Pharmazeuten. de Gruyter, Berlin New York

Weast RC, Ed (1976 - 1977) Handbook of Chemistry and Physics, 57th Ed: CRC Press, Cleveland

Wieser W (1986) Bioenergetik. Thieme, Stuttgart New York

Williams VR, Williams HB (1973) Basic Physical Chemistry for the Life Sciences, 2nd Ed: Freeman, San Francisco

Quellenangaben

van der Waals-Konstanten (Tabelle 2.1) aus Christen;

kritische Daten (Tabelle 2.2) aus Brdicka;

Bunsen-Koeffizienten (Tabelle 3.1) aus Kayser;

Aktivitätskoeffizienten (Tabelle 3.3) aus Näser;

Löslichkeitsprodukte (Tabelle 4.1) aus Aylward/Findlay und Christen;

Bindungsenergien (Tabelle 6.3) aus Nash und Pimentel/Spratley;

Zahlenwerte für Abbildung 8.2 aus Barrow (S. 203);

Zahlenwerte für Tabelle 10.1 aus Barrow (S. 317);

Zahlenwerte für Tabelle 10.2 aus Williams/Williams (S. 225);

enzymkinetische Daten (Kapitel 11) aus Bergmeyer und Rauen;

biochemische Standardpotentiale (Tabelle 12.1) aus Karlson und Wieser;

Ionenbeweglichkeiten (Tabelle 14.1) und spezifische Leitfähigkeiten (Tabelle 14.2) aus Eggert;

Ionenleitfähigkeiten (Tabelle 14.5) aus Näser;

Naturkonstanten (A 2.1) aus Höfling;

Standard-Bildungsenthalpien, Freie Standard-Bildungsenthalpien und Standard-Entropien aus Aylward/Findlay, Barrow, Chang, Harrison, Laidler, Weast und Williams/Williams;

elektrochemische Potentiale aus Aylward/Findlay, Brdicka, Christen, Eggert, Holleman/Wiberg, Näser und Weast;

biographische und wissenschaftshistorische Daten und Angaben aus Cohen, Ebert, Herder Lexikon Naturwissenschaftler, Holleman/Wiberg, Mendelssohn und Meyers Enzyklopädisches Lexikon

Sachverzeichnis

Tritt ein Begriff auf mehreren aufeinander folgenden Seiten eines Abschnittes auf, wird die erste Fundstelle mit dem Zusatz f angegeben. Man beachte auch abgewandelte Formulierungen mit inhaltlich gleicher Bedeutung, z. B. Molwärme und Wärmekapazität, sowie die Verwendung von Symbolen, z. B. dT = 0 für isotherme Bedingungen, ΔG^{o}_{f} für Standard-Gibbs-Energie der Bildung oder Freie Standard-Bildungsenthalpie.

G. Adam, P. Läuger, G. Stark,
Universität Konstanz, BRD

Physikalische Chemie und Biophysik

Hochschultext

2. Auflage. 1988. 271 Abbildungen. Etwa 532 Seiten.
Broschiert. ISBN 3-540-19141-0

Inhaltsübersicht: Grundlagen der thermodynamischen Beschreibung makroskopischer Systeme. – Hauptsätze der Thermodynamik. – Thermodynamische Potentiale und Gleichgewichte. – Mehrkomponentensysteme. – Chemische Gleichgewichte. – Elektrochemie. – Grenzflächenerscheinungen. – Transporterscheinungen in Kontinuierlichen Systemen. – Biologische Membranen. – Kinetik. – Strahlenbiophysik und Strahlenbiologie.

Basierend auf einem Vorlesungskurs vermittelt das Buch Grundlagen in physikalischer Chemie und Biophysik, die für ein vertieftes Verständnis moderner biologischer Fragestellungen notwendig sind. Übungsbeispiele, die zu einem gründlichen Durchdenken des Stoffes anregen, ergänzen die einzelnen Kapitel.
Die vorliegende Neuauflage folgt dem Konzept der Erstauflage, enthält jedoch eine Reihe von Erweiterungen und Akzentverschiebungen, die infolge neuer Forschungsergebnisse nach einem Jahrzehnt notwendig erschienen. Behandelt werden insbesondere Themen aus der Thermodynamik, Elektrochemie, Enzymkinetik und Strahlenbiophysik, wie Grenzflächenerscheinungen, Mehrkomponentensysteme und Transportvorgänge in Lösungen und Membranen.
Ziel des Buches ist, trotz seines einführenden Charakters eine exakte Darstellung des gewählten Stoffgebietes zu geben, die auch dem praktisch tätigen Wissenschaftler hilfreich ist.

Springer-Verlag
Berlin Heidelberg New York
London Paris Tokyo Hong Kong